移动应用系列丛书
丛书主编　倪光南

Android 程序设计实用教程
——Android Studio 版

主　编　冯　贺　许　研　李天峰
副主编　张　阳　郭洪涛

中国铁道出版社
CHINA RAILWAY PUBLISHING HOUSE

内容简介

全书采用Google官方推荐的全新开发工具Android Studio，结合当前最流行的案例驱动教学模式进行编写。全书共10章，主要讲解了Android快速入门、Android用户界面设计、应用基本单元Activity、使用Fragment、Android数据存储、ContentProvider实现数据共享、Android中的多线程与消息处理、广播机制与BroadcastReceiver、隐性劳模Service、Android高级编程等内容。

本书适合作为高等院校计算机科学与技术、软件工程、信息管理、电子商务等相关专业的教材，也可供从事移动开发的工作者学习和参考。

图书在版编目（CIP）数据

Android程序设计实用教程：Android Studio版/冯贺，许研，李天峰主编. —北京：中国铁道出版社，2017.8（2018.12重印）
（移动应用系列丛书/倪光南主编）
ISBN 978-7-113-23498-0

Ⅰ.①A… Ⅱ.①冯… ②许… ③李… Ⅲ.①移动终端-应用程序-程序设计-教材 Ⅳ.①TN929.53

中国版本图书馆CIP数据核字（2017）第191721号

书　　名：Android程序设计实用教程——Android Studio版
作　　者：冯　贺　许　研　李天峰　主编

策　　划：韩从付
责任编辑：吴　楠　徐盼欣　　**读者热线：**（010）63550836
封面设计：乔　楚
责任校对：张玉华
责任印制：郭向伟

出版发行：中国铁道出版社（100054，北京市西城区右安门西街8号）
网　　址：http://www.tdpress.com/51eds/
印　　刷：三河市航远印刷有限公司
版　　次：2017年8月第1版　2018年12月第2次印刷
开　　本：787 mm×1 092 mm　1/16　印张：20.5　字数：527千
书　　号：ISBN 978-7-113-23498-0
定　　价：55.00元

PREFACE 前言

Android是Google公司开发的基于Linux的开源操作系统，自2007年11月推出以来，在短短的几年时间里就超越了称霸移动设备领域十年的诺基亚Symbian系统，成为全球最受欢迎的智能手机平台。尤其是最近几年，Android系统的市场占有率越来越高，基于Android的手机应用也越来越丰富，正在席卷当今整个智能手机产业和移动互联网行业。由于Android的迅速发展，就业市场对Android开发人才的需求猛增，越来越多的开发者纷纷转向Android应用的开发，以适应市场需求，寻求更广阔的发展空间。

目前市面上有很多讲解Android开发基础的图书，但真正适合初学者的并不多。编者从2014年开始接触Android，并于随后的几年中参与了多个项目实践，在此过程中深刻感受到：只有打好、夯实基础，才能更高效、更深入地学习和掌握Android的相关开发知识和技巧，更好地进行Android程序的开发工作。因此，本书面向广大初学者，立足Android基础知识，内容讲解由浅入深，采用Google官方推荐的全新开发工具Android Studio，并结合当前最流行的案例驱动教学模式，通过40余个应用实例来讲解Android基础知识在实际开发中的运用，更适合初学者循序渐进地掌握Android应用程序开发的方方面面。

本书共分为10章，具体如下：

第1、2章主要讲解了Android的基础知识，包括Android的起源与发展、Android系统架构、Android Studio开发环境搭建、布局管理器和UI控件等。通过这两章的学习，读者可以创建简单的应用界面。

第3章主要讲解了Activity，包括Activity的创建、生命周期、启动模式、应用Intent进行数据传递等。通过本章的学习，读者可以实现简单的界面交互操作。

第4章主要讲解了轻量级Activity——Fragment，包括Fragment的创建与使用、生命周期、与Activity间的数据交互等。在应用程序中使用Fragment已经成为Android开发的流行趋势，因此本章特别重要。

第5章主要讲解了Android中的数据存储，包括SharedPreferences、文件存储、SQLite数据库等知识。几乎每个Android应用都会涉及数据存储，因此本章的内容需要读者熟练掌握。

第 6 章主要讲解了 Android 四大组件之一的 ContentProvider，包括 ContentResolver 的使用、自定义 ContentProvider、ListView 控件等内容。内容提供者是 Android 推荐的实现跨应用共享数据的唯一方式。

第 7 章主要讲解了多线程与消息处理在 Android 中的应用，包括多线程基础、Handler消息处理机制、AsyncTask 异步任务等，可以综合运用这些技术处理后台的耗时操作。

第 8、9 章主要讲解了 Android 中的两个重要组件：广播接收者和服务，通过这两章的学习，读者可以使用广播接收者和服务实现后台程序。

第 10 章主要讲解了 Android 开发中的高级知识，包括动画的实现、多媒体、传感器、Android 新版本特性等知识。通过本章的学习，读者可以掌握动画的处理、音视频的播放、传感器的使用、最新的 Material Design 设计规范等技术。

在此提醒各位读者，在学习技术的过程中难免会遇到困难，此时不要纠结于某个知识点，可以先继续往后学习，通常情况下，看过后面的知识讲解或者其他小节的内容后，前面不懂的技术就能够理解了。如果读者在实战演练的过程中遇到问题，建议多思考，理清思路，认真分析问题产生的原因，并在问题解决后多总结。

本书由安阳工学院冯贺、许研和南阳理工学院李天峰担任主编，安阳工学院张阳、洛阳师范学院郭洪涛担任副主编。编写分工如下：冯贺编写了第 3 章、第 4 章；许研编写了第 1 章、第 2 章；李天峰编写了第 7 章、第 10 章；张阳编写了第 8 章、第 9 章；郭洪涛编写了第 5 章、第 6 章。全书由冯贺负责统稿、定稿。

要特别感谢本书的编辑，没有他们的策划、指导、无私帮助和辛勤工作，就不会有这本教材的出版，在此一并对在本书的编写和出版过程中付出了辛勤汗水的各位表示衷心的感谢！

尽管我们尽了最大的努力，但教材中难免会有不妥之处，欢迎各界专家和读者朋友来函给予批评指正。您在阅读本书时，如发现任何问题或有不认同之处，可以通过电子邮件与我们取得联系，E-mail：jxnffh@163.com。

编者

2017 年 6 月于河南安阳

CONTENTS 目录

第 1 章 Android 快速入门

教学目标：

（1）了解 Android 平台架构和系统版本的发展历程。

（2）掌握 Android Studio 开发环境的搭建。

（3）掌握使用 Android Studio 开发 Android 应用的基本步骤。

Android 是 Google 公司基于 Linux 平台开发的手机及平板电脑的操作系统。自问世以来，受到了前所未有的关注，并成为移动平台最受欢迎的操作系统之一。本章将引导读者对 Android 进行快速入门。

1.1 Android 系统概述

Android 是专门为移动设备开发的平台，其中包含操作系统、中间件和核心应用等。Android 最早由 Andy Rubin 创办，于 2005 年被 Google 收购。2007 年 11 月 5 日，Google 正式发布 Android 平台，三星、HTC、摩托罗拉、Sony Ericsson 等公司都推出了各自系列的 Android 手机，Android 市场上百花齐放。近几年，国内的手机厂商也是各显神通，华为、小米、魅族等品牌都推出了相当不错的 Android 手机，并且得到了国内外用户的广泛认可。

1.1.1 Android 平台架构

为了更好地理解 Android 的工作方式，可以参看图 1-1，从中可以看出 Android 平台主要包括 Linux Kernel、Libraries、Application Framework 和 Applications 四个部分。

1. Linux Kernel（Linux 内核层）

Linux Kernel 是 Android 所基于的核心。这一层包括了一个 Android 设备的各种硬件组件的所有底层设备驱动程序。

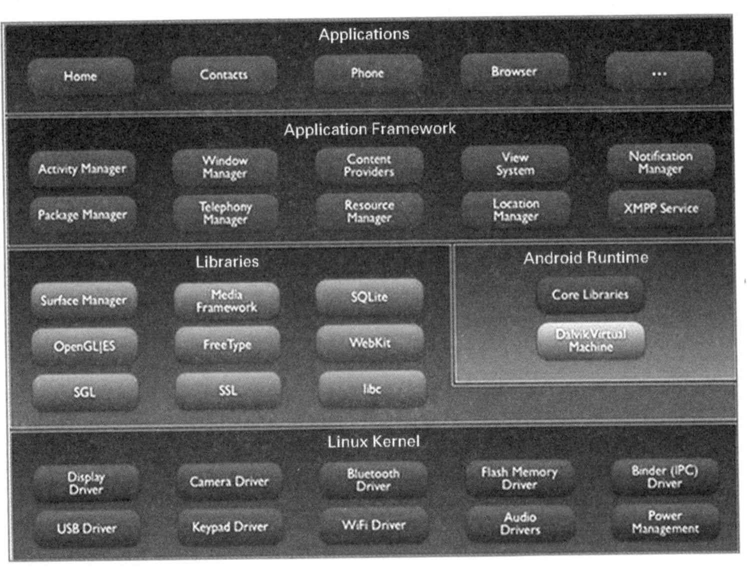

图 1-1 Android 平台架构

2. Libraries（系统运行库层）

Libraries 包含程序库和 Android 运行时。程序库中包含了一些 C/C++ 库，通过应用框架为开发者提供服务，如 Webkit 库为浏览 Web 提供了众多功能，SQLite 库提供了支持应用程序进行数据存储的数据库。

Android 运行时包括核心库和 Dalvik 虚拟机两部分。核心库中提供了 Java 语言核心库中包含的大部分功能，使得开发人员可以使用 Java 编程语言来编写 Android 应用程序。Android 运行时还包括 Dalvik 虚拟机。每一个 Android 应用程序都在自己的进程中运行，都拥有一个独立的 Dalvik 虚拟机实例。Dalvik 虚拟机专门针对移动设备进行编写，不仅效率更高，而且占用内存更少。

3. Application Framework（应用框架层）

Application Framework 主要提供了构建应用程序时可能用到的各种 API，Android 自带的一些核心应用就是使用这些 API 完成的。开发者也可以通过使用这些 API 来构建自己的应用程序。

4. Applications（应用程序层）

Applications 是面向用户的应用程序，比如系统自带的拨打电话、联系人、浏览器等程序，或者是从 Google Play 上下载的第三方应用程序，当然还包括开发者自己开发的应用。

1.1.2　Android 版本

Android 自发布以来历经了相当多数量的更新版本。从 1.5 版本开始，Android 用甜点作为它们系统版本的代号。并且，作为每个版本代表的甜点的尺寸越变越大，然后按照 26 个字母排序：从 Cupcake（纸杯蛋糕）、Donut（甜甜圈）、Éclair（松饼）、Froyo（冻酸奶），到近几年发布的 Lollipop（棒棒糖）、Marshmallow（棉花糖）和 Nougat（牛轧糖）。表 1-1 列出了 Android 不同版本及其相应的代号。

表 1-1　Android 不同版本及其对应的代号

版本号	代　号	发布日期
1.1	—	2009 年 2 月 9 日
1.5	Cupcake（纸杯蛋糕）	2009 年 4 月 30 日
1.6	Donut（甜甜圈）	2009 年 9 月 15 日
2.0/2.1	Éclair（松饼）	2009 年 10 月 26 日
2.2	Froyo（冻酸奶）	2010 年 5 月 20 日
2.3	Gingerbread（姜饼）	2010 年 12 月 6 日
3.0/3.1/3.2	Honeycomb（蜂巢）	2011 年 2 月 22 日
4.0	Ice Cream Sandwich（冰激凌三明治）	2011 年 10 月 19 日
4.1/4.2/4.3	Jelly Bean（果冻豆）	2012 年 6 月 28 日
4.4	KitKat（奇巧）	2013 年 9 月 4 日
5.0/5.1	Lollipop（棒棒糖）	2014 年 10 月 15 日
6.0	Marshmallow（棉花糖）	2015 年 5 月 28 日
7.0	Nougat（牛轧糖）	2016 年 8 月 22 日

Android 5.0 是 Google 于 2014 年 10 月 15 日（美国太平洋时间）发布的全新 Android 操作系统。北京时间 2014 年 6 月 26 日 0 时，Google I/O 2014 开发者大会在旧金山正式召开，发布了 Android 5.0 的开发者预览。本次 Android 5.0 系统代号为 Lollipop（棒棒糖），所以大家也很亲切地称呼它为 Android L 系统。Android 5.0 提供的新特性包括：

- 全新 Material Design 设计风格。
- 支持多种设备。
- 全新的通知中心设计。
- 支持 64 位 ART 虚拟机。
- Project Volta 电池续航改进计划。
- 全新的“最近应用程序”。
- 改进安全性等。

Android 的 6.0 版本,即当时盛传已久的 Android M,在 Google 2015 年的 I/O 大会上被正式发布。一个在业内已经被热议的议题是:Android M"为工作升级而生"(Android for Work Update)。有业内人士解释道:"Android M 将把 Android 的强大功能拓展至任何你所能看到的工作领域。"

根据 Android 系统以往的惯例,每一代新系统往往会根据其字母代号,对应一个关于甜点的全名。按照这种命名的传统,Android[字母]这种新模式也将意味着,一款新口味 Android"甜点"即将出现。

Google I/O 2015 大会于 2015 年 5 月 28 日举行。在发布会上代号为 Marshmallow(棉花糖)的 Android 6.0 系统正式推出。在原有 Android 5.x 新特性的基础之上,Android 6.0 进一步提供了以下更实用的功能:

- 大量漂亮流畅的动画。
- 相机新增专业模式。
- 支持文件夹拖动应用。
- 原生的应用权限管理。
- Now on Tap 功能。
- 支持 RAW 格式照片。

Android 7.0 即 Nougat(牛轧糖)已于2016 年8 月22 日正式推送。但目前的市场占有率不高,根据 Google 官方的最新统计数据显示,目前安装率最高的版本是"棒棒糖",其次是"棉花糖"。

1.1.3 Android 功能

鉴于 Android 的开源以及制造商可对其自由定制的特点,因此没有固定的软硬件配置。然而,Android 操作系统本身支持如下功能。

1. 数据存储

Android 内置 SQLite 轻量级关系型数据库管理系统来负责存储数据。

2. 网络

Android 操作系统支持所有的网络制式,包括 GSM/EDGE、IDEN、CDMA、TD-SCDMA、EV-DO、UMTS、Bluetooth、Wi-Fi、LTE、NFC 和 WiMAX。

3. 消息传递

Android 支持 SMS 和 MMS。

4. 浏览器

Android 基于开源的 WebKit 核心,并集成 Chrome 的 V8 JavaScript 引擎。在 Android 4.0 内置的浏览器测试中,HTML5 和 Acid3 故障处理中均获得了满分。

5. 媒体支持

Android 支持以下媒体:WebM,H.263、H.264(in 3GP or MP4 container),MPEG-4 SP,AMR、AMR-WB(in 3GP container),AAC、HE-AAC(in MP4 or 3GP container),MP3,MIDI,FLAC,WAV,JPEG,PNG,GIF,BMP。如果用户需要播放更多格式的媒体,可以安装其他第三方应用程序。

6. 硬件支持

Android 支持加速度传感器、陀螺仪、气压计、摄像头、GPS、键盘、鼠标和无线设备。

7. 多点触控

Android 支持多点触摸控制屏幕。

8. 多任务处理

Android 支持多任务应用。

9. 流媒体支持

Android 支持 RTP/RTSP 的流媒体以及(HTML5 <video>)的流媒体，同时还支持 Adobe 的 Flash，在安装了 RealPlayer 之后，还支持苹果公司的流媒体。

10. 无线共享功能

Android 支持用户使用本机充当“无线路由器”，并且将本机的网络共享给其他智能手机，其他设备只需要通过 Wi-Fi 查找到共享的无线热点，就可以上网。

1.1.4 Android 五大优势特色

1. 开放性

在优势方面，Android 平台首先就是其开放性，开放的平台允许任何移动终端厂商加入 Android 联盟中来。显著的开放性可以使其拥有更多的开发者，随着用户和应用的日益丰富，一个崭新的平台也将很快走向成熟。开放性对于 Android 的发展而言，有利于积累人气，这里的人气包括消费者和厂商；而对于消费者来讲，最大的受益正是丰富的软件资源。开放的平台也会带来更大竞争，如此一来，消费者将可以用更低的价位购得心仪的手机。

2. 挣脱运营商的束缚

在过去很长的一段时间，特别是在欧美地区，手机应用往往受到运营商制约，使用什么功能接入什么网络，几乎都受到运营商的控制。自从 Android 上市以来，用户可以更加方便地连接网络，运营商的制约减少。随着 3G 至 4G 移动网络的逐步过渡和提升，手机随意接入网络已不是运营商口中的笑谈。

3. 丰富的硬件选择

这一点还是与 Android 平台的开放性相关，由于 Android 的开放性，众多的厂商会推出千姿百态、各具功能特色的多种产品。功能上的差异和特色，却不会影响到数据同步甚至软件的兼容。

4. 不受任何限制的开发商

Android 平台提供给第三方开发商一个十分宽泛、自由的环境。因此不会受到各种条条框框的限制。可想而知，会有多少新颖别致的软件诞生。但“不受限制”也有其两面性，血腥、暴力、情色方面的程序和游戏如何控制正是留给 Android 的难题之一。

5. 无缝结合的 Google 应用

如今叱咤互联网的 Google 已经走过十多年的历史。从搜索巨人到全面的互联网渗透，Google 服务（如地图、邮件、搜索引擎等）已经成为连接用户和互联网的重要纽带，而 Android 平台手机将无缝结合这些优秀的 Google 服务。

1.2 搭建开发环境——Android Studio

“工欲善其事，必先利其器。”Android 应用开发因为涉及代码编辑、UI 布局、打包等工序，最好使用一款 IDE。并且，选择一个好的 IDE 可以极大幅度地提升开发效率。Google 最早提供了基于 Eclipse 的 ADT 作为开发工具，后于 2013 年 Google I/O 大会发布基于 IntelliJ IDEA 开发的 Android Studio。后者正式版发布之后，Google 宣布不再持续支持 ADT。自 Android Studio 发布以来，更新的速度非常快。Android Studio 相较 ADT 而言，有更快的运行速度、更智能的代码自动补全、更好的版本管理等特性。因此，后面的章节将采用 Android Studio 作为应用程序的开发工具。本节先来介绍如何搭建 Android Studio 开发环境。

1.2.1 系统要求

Android Studio 的系统要求如表 1-2 所示。

表 1-2 Android Studio 的系统要求

系统指标	具体要求
操作系统版本	Microsoft Windows 10/8.1/8/7/Vista/2003(32 位或 64 位)
内存	最低 2 GB，推荐 4 GB 内存或更高
硬盘空间(for Android Studio)	600 MB
硬盘空间(for Android SDK)	至少 4 GB
JDK 版本	JDK 7 或更高版本
屏幕分辨率	最低 1 280 × 800

结合上表，对于硬件方面，要求 CPU 和内存尽量大。由于开发过程中需要经常重启模拟器，而每次重启都会消耗一定的时间(视机器配置而定)，因此使用高配置的机器能节省不少时间；此外，硬盘空间也要充足。Android SDK(7.0)全部下载大概需要 4 GB 左右的硬盘空间，并且 Android Studio 的安装目录也会随着使用时间的推移逐渐占用更多的存储空间，具体原因下一小节会进行介绍。

对于软件需求，需要注意的是 JDK 的版本不能低于 7。接下来，正式安装 Android Studio 之前，我们先来学习一下如何下载、安装与配置 JDK。

1.2.2 JDK 的下载

Java Development Kit(JDK)即 Java 开发工具包，是 Sun 公司(2009 年被 Oracle 收购)针对Java 开发人员发布的免费软件开发工具包，也就是 Java SDK(Software Development Kit)。自从 Java 推出以来，JDK 已经成为使用最广泛的 Java SDK。作为 Java 语言的 SDK，普通用户并不需要安装 JDK 来运行 Java 程序，只需要安装 JRE(Java Runtime Environment)。JDK 包含了 JRE，同时包含编译 Java 源码的编译器 javac. exe，包含很多 Java 程序调试和分析的工具，如 jconsole、jvisualvm等，还包含了 Java 程序编写所需的文档和 demo 示例程序。下面以 JDK 8 为例，介绍下载 JDK 的方法。具体步骤如下：

(1)打开浏览器，在地址栏中输入 https://www. oracle. com/index. html，进入 Oracle 的官方主页，如图 1-2 所示。

(2)选择 Downloads 选项卡，选择 Java for Developers，如图 1-3 所示，然后跳转到如图 1-4 所示的下载页面。

(3)接下来，在下载页面中选择“Java Platform(JDK)8u131”(当前 JDK 的最新版本)，跳转到如图 1-5 所示的页面。

(4)在新打开的页面中同意协议并根据计算机硬件和操作系统选择适当的版本进行下载，如图 1-6 所示。

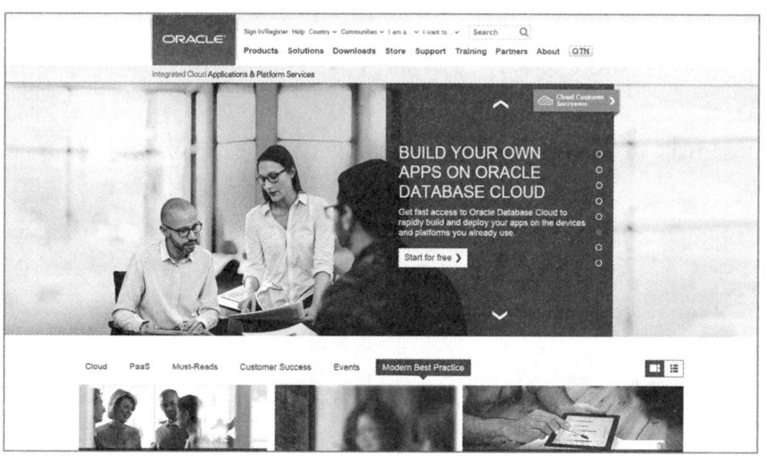

图 1-2　Oracle 官方主页

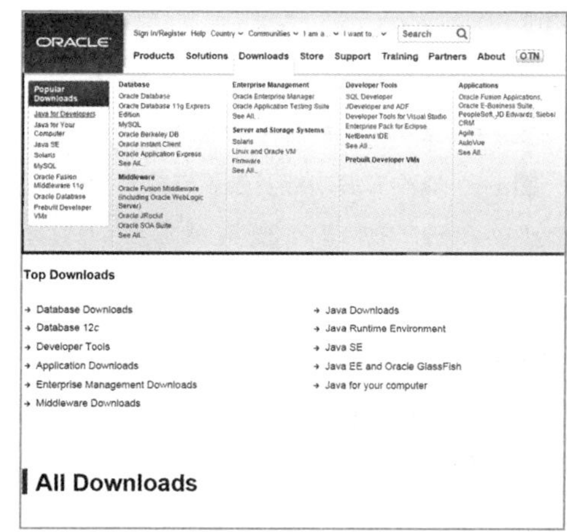

图 1-3　选择 Java for Developers

图 1-4　Java SE 下载页面

图 1-5　JDK 下载页面

图 1-6　下载适当的 JDK 版本

1.2.3　JDK 的安装

下载完适合自己系统的 JDK 版本后，就可以进行安装了。下面以 Windows 系统为例，讲解

JDK 的安装步骤。

(1)双击刚刚下载的 JDK 安装程序,弹出如图 1-7 所示的 JDK 安装向导对话框。然后单击“下一步”按钮。

(2)在打开的如图 1-8 所示的对话框中,单击“更改”按钮,将安装的位置修改为“D:\Java\jdk1.8.0_131\”。

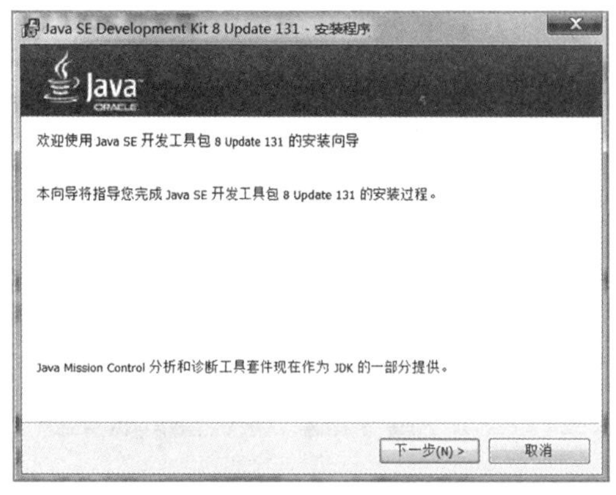

图 1-7 JDK 安装向导对话框

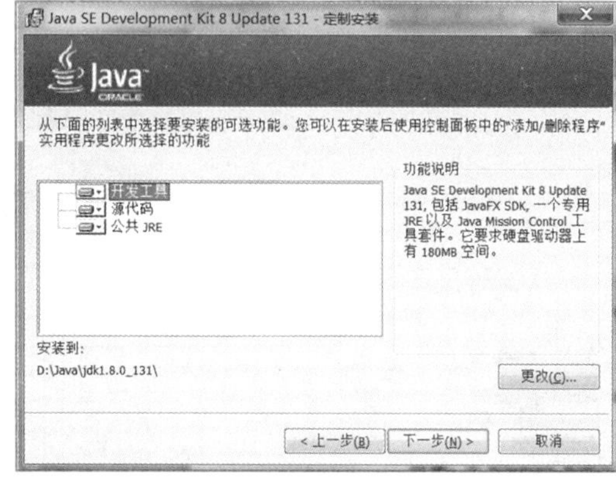

图 1-8 JDK 安装功能及位置选择对话框

注意:

在 Windows 系统中,软件默认安装到 Program Files 文件夹中,该路径中包含一个空格。通常建议将 JDK 安装到没有空格且不带中文字符的路径中。

(3)单击“下一步”按钮开始安装,如图 1-9 所示。

(4)安装结束后,弹出如图 1-10 所示的 JRE 安装路径选择对话框,单击“更改”按钮,将安装路径修改为“D:\Java\jre”。

(5)单击“下一步”按钮进行安装,安装完成后,弹出图 1-11 所示的对话框,单击“关闭”按钮,JDK 就安装好了。

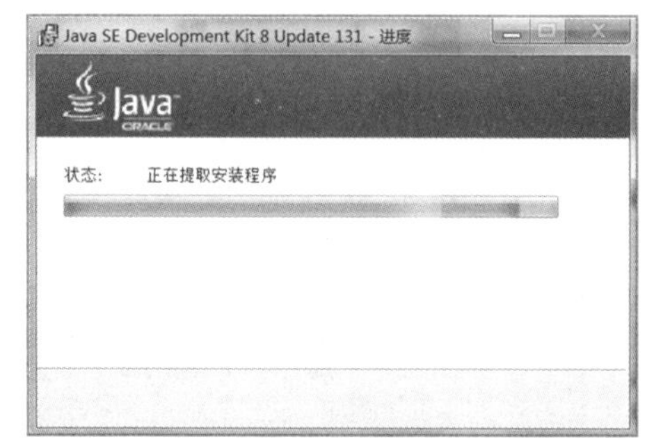

图 1-9 JDK 安装进度窗口

图 1-10 JRE 安装路径选择对话框

图 1-11 JDK 安装完成对话框

1.2.4 JDK的环境变量配置

前面的步骤只是完成了 JDK 的开发环境安装。接下来还要通过一系列的环境变量的配置才能使用 JDK 环境进行 Android/Java 开发。环境变量的配置包括 JAVA_HOME、PATH 和 CLASSPATH 三个部分。

(1)右击"计算机",依次选择"属性"→"高级系统设置"→"环境变量"→"系统变量"→"新建",如图 1-12 所示。

(2)在打开的"新建系统变量"对话框的"变量名"文本框中输入 JAVA_HOME,在"变量值"文本框中输入 D:\Java\jdk1.8.0_131,即 JDK 的安装路径。然后单击"确定"按钮,完成 JAVA_HOME 的配置,如图 1-13 所示。

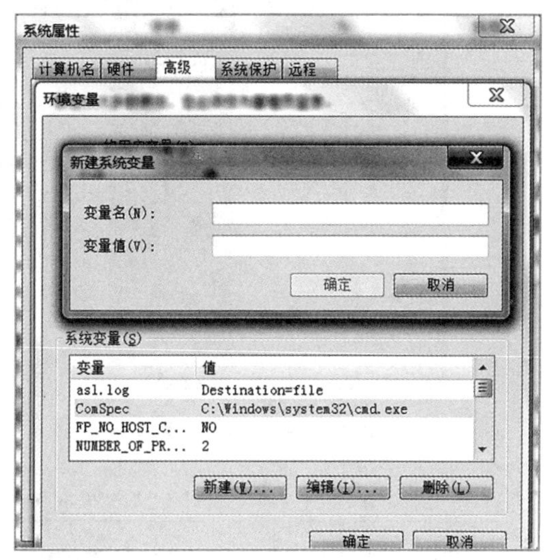

图 1-12 配置环境变量

图 1-13 配置 JAVA_HOME 环境变量

注意:

环境变量名不区分大小写,即 JAVA_HOME 也可以写成 java_home。

(3)配置 CLASSPATH。在图 1-12 所示的"环境变量"对话框中,查看"系统变量"一栏是否有 CLASSPATH 变量。如果没有,则单击"新建"按钮;如果已经存在,则选中 CLASSPATH 选项,单击"编辑"按钮,然后在"变量名"文本框中输入 CLASSPATH,在"变量值"文本框中输入 D:\Java\jre\lib(根据 JRE 的安装路径填写)。这里需要注意,如果 CLASSPATH 变量已经存在,"变量值"新添加的部分与前面的部分用";"号隔开,如图 1-14 所示。

图 1-14 配置 CLASSPATH 环境变量

(4)配置 PATH。与配置 CLASSPATH 相似,在"变量名"文本框中输入 PATH,在"变量值"文本框中输入 D:\Java\jdk1.8.0_131\bin(根据 JDK 安装路径填写)。依然需要注意,如果 PATH 环境变量已经存在,添加的部分须与前面部分用“;”号隔开,如图 1-15 所示。

(5)至此,JDK 的环境变量已经配置完成,接下来检查安装是否成功。首先单击“开始”按钮,然后依次选择“所有应用程序”→“附件”→“命令提示符”,如图 1-16 所示。

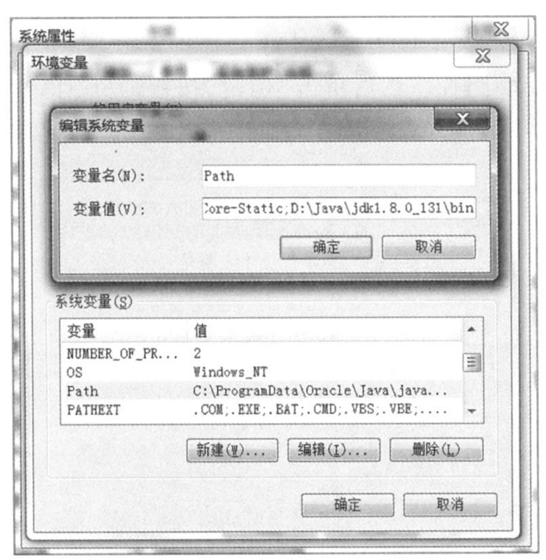

图 1-15 配置 PATH 环境变量

图 1-16 打开 Windows 的命令提示符窗口

(6)完成上一步的操作之后,就进入了命令提示符窗口。在该窗口中输入 java -version 命令,然后按 Enter 键,如图 1-17 所示。

(7)如果这时可以看到如图 1-17 所示 Java 版本的相关信息,即表明 JDK 的安装和配置已经成功。下面可以开始安装 Android Studio 了。

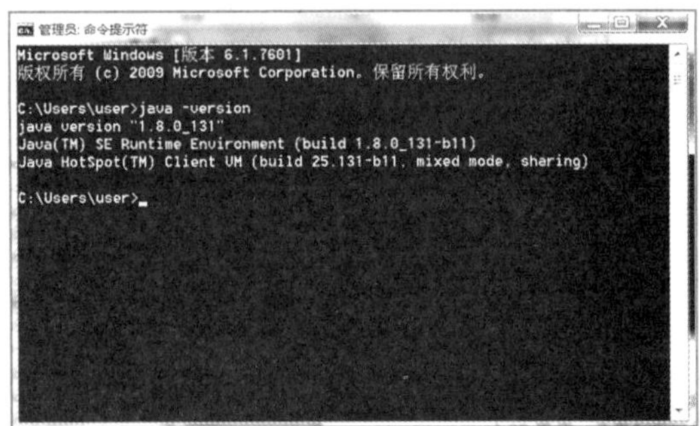

图 1-17 运行 java -version 命令

1.2.5 安装 Android Studio

与 ADT 的发展类似,Google 为了简化搭建开发环境的过程,已经将使用 Android Studio 进行开发时所有需要用到的工具都集成好了,到 Android 的官网就可以下载最新的开发工具,下载网址为 https://developer.android.com/studio/index.html。不过,在国内访问 Google 并不便利,因此推荐大家到 http://www.android-studio.org 或者 http://www.androiddevtools.cn 去下载。

上面两个国内的下载地址中,前面一个只提供了最新版本的 Android Studio 开发工具的下载,相较而言,第二个网址提供了更为丰富的相关下载内容,包括若干 Android Studio 历史版本的下载及 Android SDK 各个版本的下载等。接下来,我们就以第二个网址为例,具体介绍 Android Studio 的下载、安装和配置过程。

1. Android Studio 的下载

在浏览器中输入 http://www.androiddevtools.cn,打开如图 1-18 所示的 AndroidDevTools 主页。

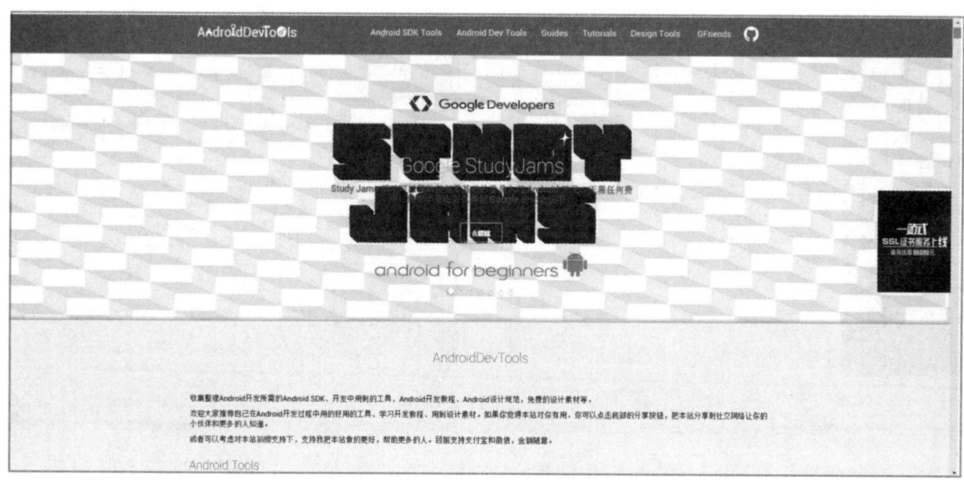

图 1-18　AndroidDevTools 主页

接下来，将页面滚动至 Android Studio 一栏，可以看到网站当前提供的所有 Android Studio 历史版本的列表，如图 1-19 所示。然后根据实际的需要和开发环境所安装的操作系统选择合适的版本进行下载即可。需要注意的是，下载时推荐选择集成了 SDK 的链接，省去了后续再使用 SDK 管理工具下载的麻烦。

AndroidDevTools　Android SDK Tools　Android Dev Tools　Guides　Tutorials　Design Tools　GFriends

Android Studio

注意:以下 Android Studio 下载链接全是 dl.google.com 开头的官方下载，无需tizi，建议用浏览器直接从官方原始链接下载，不要用迅雷下载、不要用迅雷下载、不要用迅雷下载，重要的事情说三遍，避免类似XCodeGhost的事件！！！

版本	平台	下载	大小	SHA-1/SHA-256校验码	官方SHA-1/SHA-256校验码截图
2.4 Preview7	Windows	android-studio-ide-171.3934896-windows.zip	542.96 MB	b87180c4fcb7dc224d182f75c46f7457ce83da2a8b31dd824fceacd6fc94fdc5	查看
		android-studio-ide-171.3934896-windows32.zip	542.45 MB	8d56bcc3ce0add9622582dbba8cceb18f015b4e74156bd17af86742a396bffba	
	Mac OS X	android-studio-ide-171.3934896-mac.dmg	542.03 MB	66d82f8aaa8124a9420f15faf22e58f573961e0f2314bb40bfe51867772810c9	
	Linux	android-studio-ide-171.3934896-linux.zip	541.39 MB	40c0ff79790d2ed51eb21afb204cd6830b55d1a8182de981c4a08300f566b7e8	
2.4 Preview6	Windows	android-studio-ide-171.3909050-windows.zip	541.28 MB	4ba92bf19ef5555ef09095046e43007a01b7acd9662e7602dccde7f75d339992	查看
		android-studio-ide-171.3909050-windows32.zip	540.77 MB	a2bd97a0787eb0169749cf48f9c5fa4da5f8f477b669bcdd5399a32cf973d2a9	
	Mac OS X	android-studio-ide-171.3909050-mac.dmg	540.34 MB	7ee2d3daf79489dff15cf70dcec72b85d75c602261851396112b9b6e9385bd15	
	Linux	android-studio-ide-171.3909050-linux.zip	539.80 MB	b856e76425731e4936f2fcc1525495eea30d0c0cd1458c6c035fb92ee68a337e	
	Windows	android-studio-ide-171.3883974-windows.zip	537.5 MB	0232804328a832eaf5edc1e3fd226b0eedcd2129e9d5ca1777306387b86e8533	
		android-studio-ide-171.3883974-	536.97		

图 1-19　可供下载的 Android Studio 版本列表

2. Android Studio 的安装

成功下载安装包之后，下一步可以开始 Android Studio 的安装了。双击安装文件，进入 Welcome to Android Studio Setup 界面，如图 1-20 所示。

单击 Next 按钮打开如图 1-21 所示的组件选择界面。其中，有三个组件可供选择，第一项 Android Studio 为必选项，其他两项分别为 Android SDK 和 Android Virtual Device 选项，这里建议全部勾选。

继续单击 Next 按钮，进入 License Agreement 界面，如图 1-22 所示。

单击 I Agree 按钮后打开 Configuration Settings 对话框，如图 1-23 所示。这里需要分别选择 Android Studio 和 Android SDK 的安装目录，系统默认为 C 盘，建议安装到磁盘可用空间比较富裕的盘符下。

图 1-20　Welcome to Android Studio Setup 界面

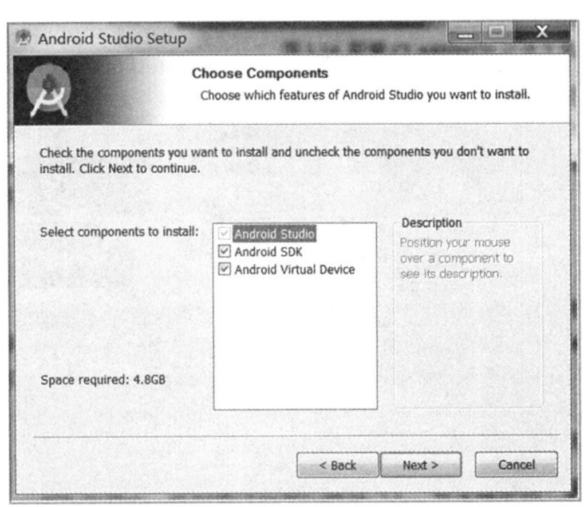

图 1-21　Choose Components 界面

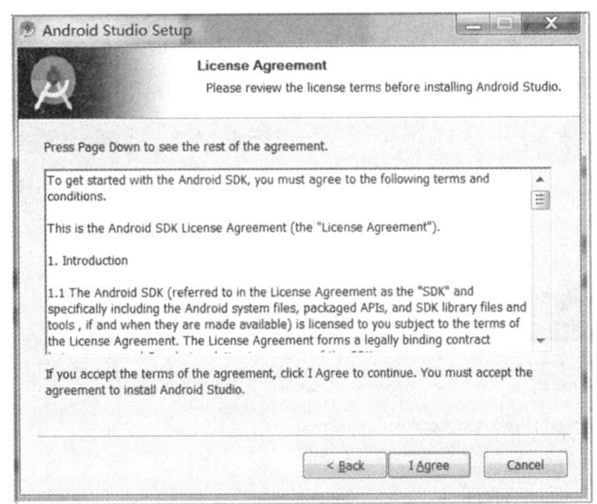

图 1-22　License Agreement 界面

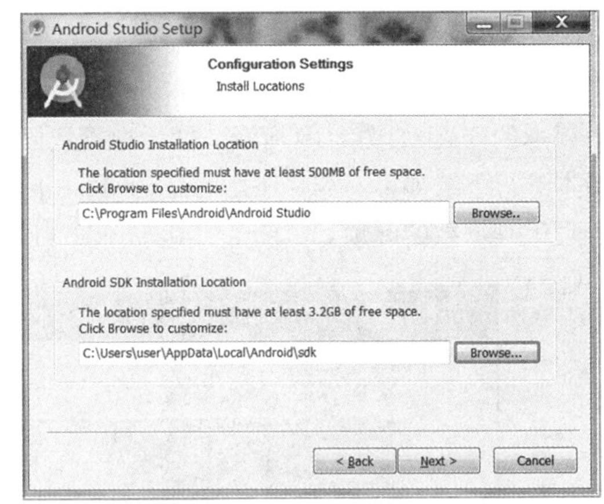

图 1-23　Configuration Settings 对话框

注意：

随着使用时间的推移，Android Studio 安装目录所占存储空间将会持续增大，原因在于运行过程中会生成大量的缓存数据，此外，实际开发过程中可能还需要下载其他 SDK 版本，鉴于以上两点，选择安装目录时应该保证充裕的磁盘空间可供扩展使用。

选择好安装目录后，单击 Next 按钮进入 Choose Start Menu Folder 界面，在此设置“开始”菜单文件夹的名称，如图 1-24 所示。

这里的名称一般无须修改，直接单击 Install 按钮开始执行安装任务，如图 1-25 所示。

Android Studio 的安装过程中不需要执行任何操作，待安装任务完成后，将显示 Installation Complete 界面，如图 1-26 所示。

单击 Next 按钮进入 Completing Android Studio Setup 界面，如图 1-27 所示。至此，Android Studio的安装已经大功告成了。

3. Android Studio 的配置

相信各位读者看到如图 1-27 所示的完成安装界面后，已经迫不及待地想第一时间运行 Android Studio 来一睹它的庐山真面目了。但这里奉劝各位先不要着急，第一次启动 Android Studio之前，强烈建议大家首先做如下的配置操作。打开 Android Studio 的安装目录，找到 bin 目录下的 idea. properties 文件，如图 1-28 所示。

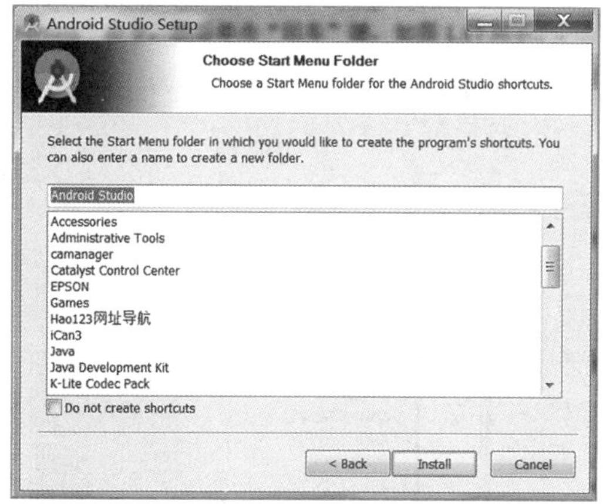

图 1-24　“开始”菜单文件夹名称设置界面

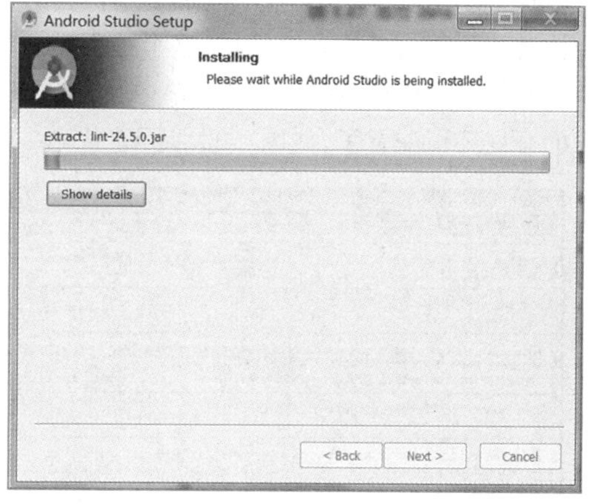

图 1-25　开始安装界面

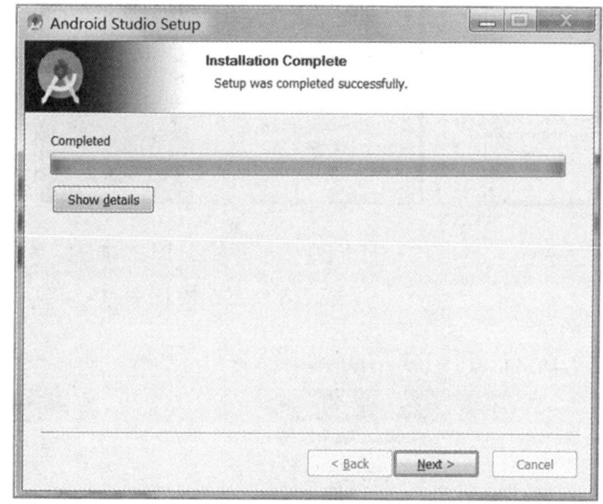

图 1-26　Installation Complete 界面

图 1-27　Completing Android Studio Setup 界面

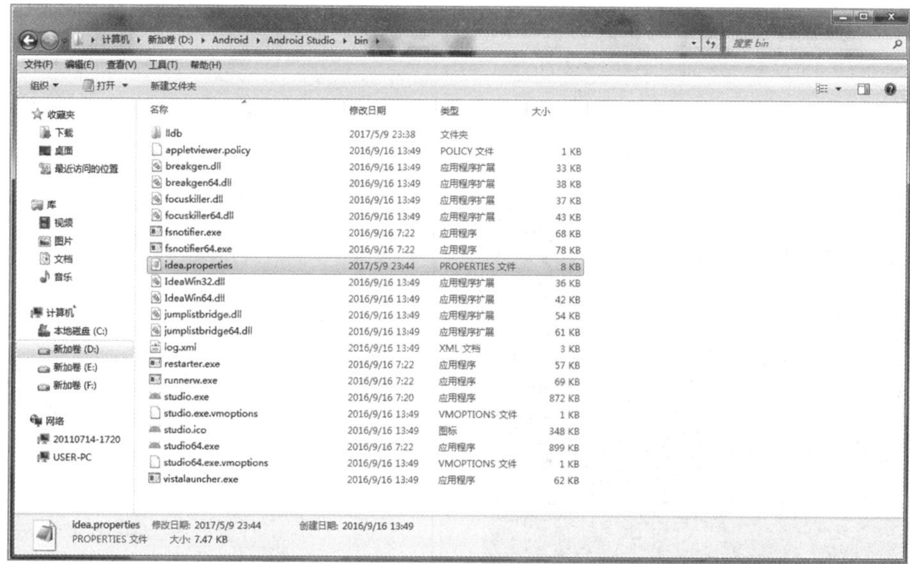

图 1-28　bin 目录下的 idea.properties 文件

使用记事本等文本编辑工具打开上述文件，并在文件的末尾添加如图 1-29 所示的代码。

在 idea. properties 文件中添加上述代码的作用，是为了禁止第一次运行 Android Studio 时工具会自动执行的检查和升级操作，这个过程完全没有必要，并且等待的时间一般会相当漫长。完成修改并保存文件后，在“开始”菜单中找到 Android Studio 快捷方式并单击运行，即可以执行进一步的开发环境配置了，如图 1-30 所示。

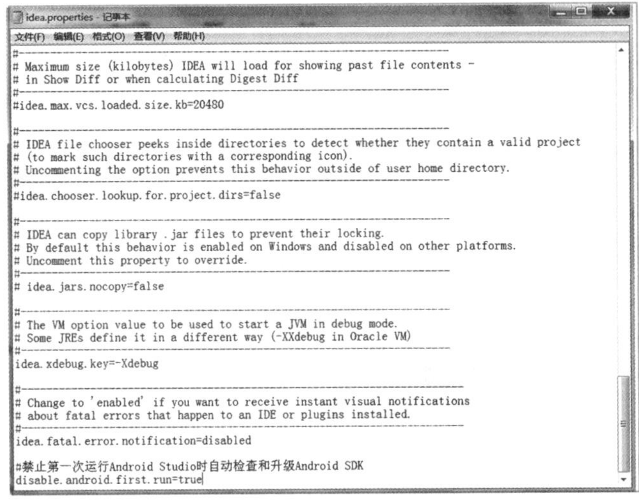

图 1-29　需要在 idea.properties 文件末尾添加的代码

图 1-30　“开始”菜单中的 Android Studio 快捷方式

通过快捷方式启动 Android Studio 后，会进入导入配置文件的界面，如图 1-31 所示。第一个选项表示导入某一个目录下的配置信息，主要针对已经有 Android Studio 使用经验的开发者，用来导入自己习惯的配置文件；第二个选项表示不导入配置文件。由于是首次安装，这里选择不导入，直接单击 OK 按钮即可。接下来进入 Android Studio 的启动界面，如图 1-32 所示。

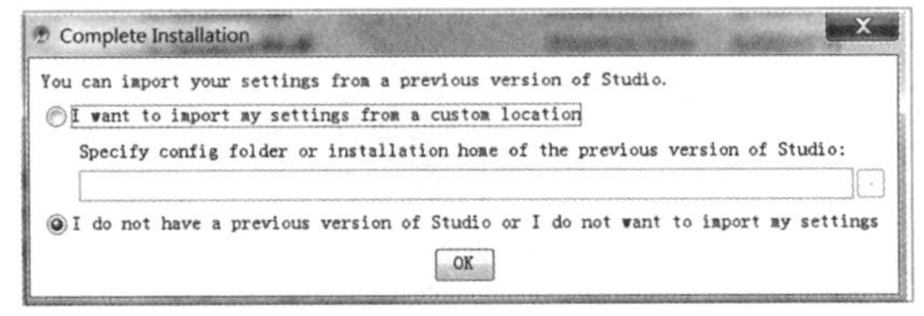

图 1-31　导入配置文件界面

当启动完成之后，打开如图 1-33 所示的欢迎界面。为了确保 Android Studio 正常使用，接下来单击界面右下角的 Configure 菜单，然后依次选择 Project Defaults→Project Structure 命令，如图 1-34 所示。

图 1-32　Android Studio 的启动界面

图 1-33　Android Studio 欢迎界面

打开 Project Structure 对话框后，检查 Android SDK location 和 JDK location 两项的内容是否设置正确，如图 1-35 所示。正常情况下 Android Studio 会自动进行关联，否则需要自行配置相关位置信息。

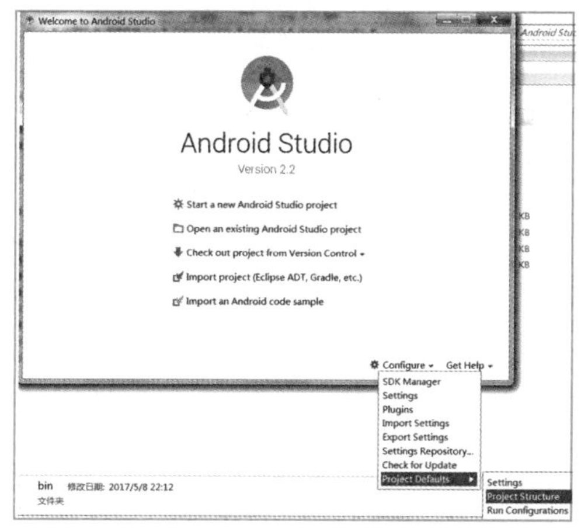

图 1-34　打开 Project Structure 进行配置

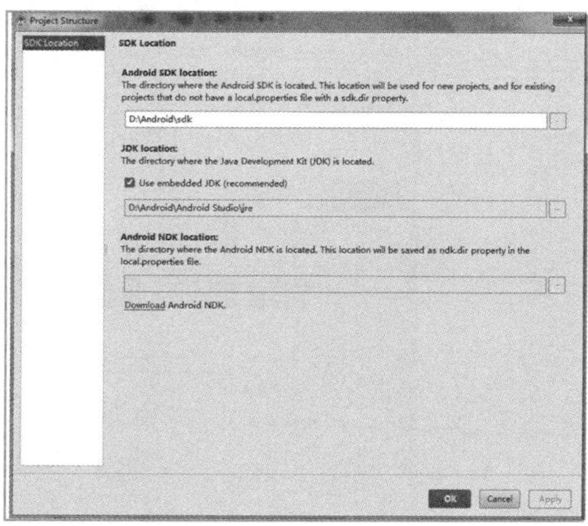

图 1-35　Project Structure 对话框

确认 Android SDK 和 JDK 的位置信息无误后，单击 OK 按钮返回欢迎界面。

到此为止，Android Studio 的配置就全部完成了，下面就一起来使用 Android Studio 进行应用程序的开发吧。

1.3　第一个 Android 程序

HelloWorld 几乎已经成为学习任何一门程序设计语言所开发的第一个程序，Android 应用也不例外。本节将具体讲解如何使用 Android Studio 编写一个 HelloWorld 程序，并介绍 Android 项目的目录结构。

1.3.1　模拟器的创建

在正式开发 HelloWorld 程序之前，首先需要创建一个模拟器。所谓模拟器就是一个程序，它能在计算机中模拟 Android 环境，可以代替真机在计算机中安装并运行 Android 程序。接下来具体介绍模拟器的创建过程。

在 Android Studio 工具栏中单击 AVD Manager 按钮，打开如图 1-36 所示的模拟器管理界面。

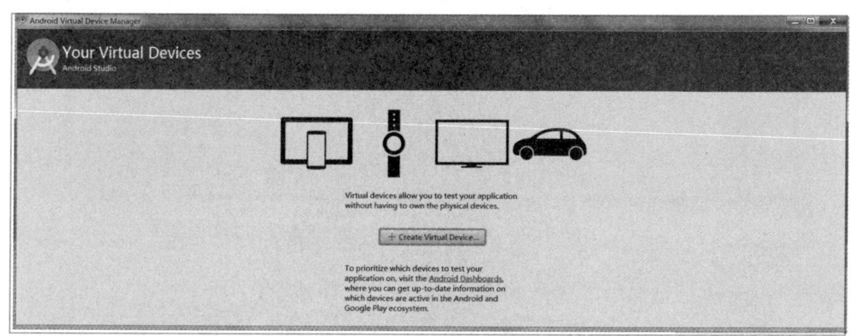

图 1-36　模拟器管理界面

单击 Create Virtual Device 按钮,进入 Select Hardware 界面,如图 1-37 所示。

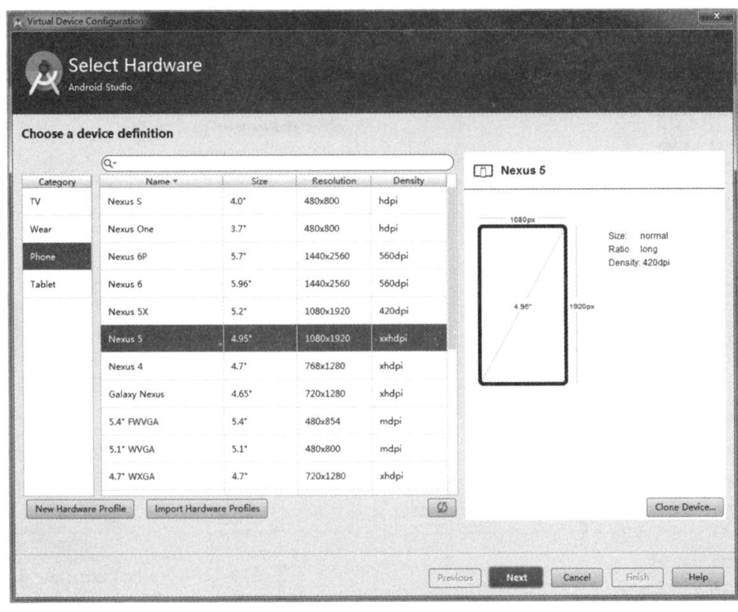

图 1-37 Select Hardware 界面

当前界面中提供了很多种设备可供选择,不仅能创建手机模拟器,还可以创建电视、可穿戴设备、平板等模拟器。这里选择创建 Nexus 5 这台设备的模拟器,然后单击 Next 按钮打开如图 1-38所示的 System Image 对话框。

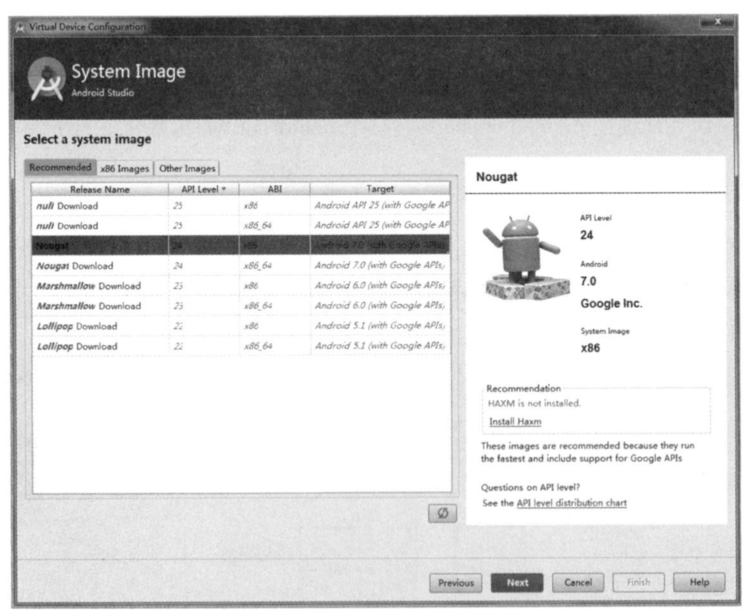

图 1-38 System Image 对话框

虽然 System Image 对话框提供了多个 SDK 版本可供选择,但除了所下载的 Android Studio 安装包中已经包含的7.0 版本外,其他版本都需联网进行下载,之后才可以使用。这里直接创建 Android 7.0 系统的模拟器,选中对应的条目并单击 Next 按钮进入 Android Virtual Device(AVD)界面,如图 1-39 所示。

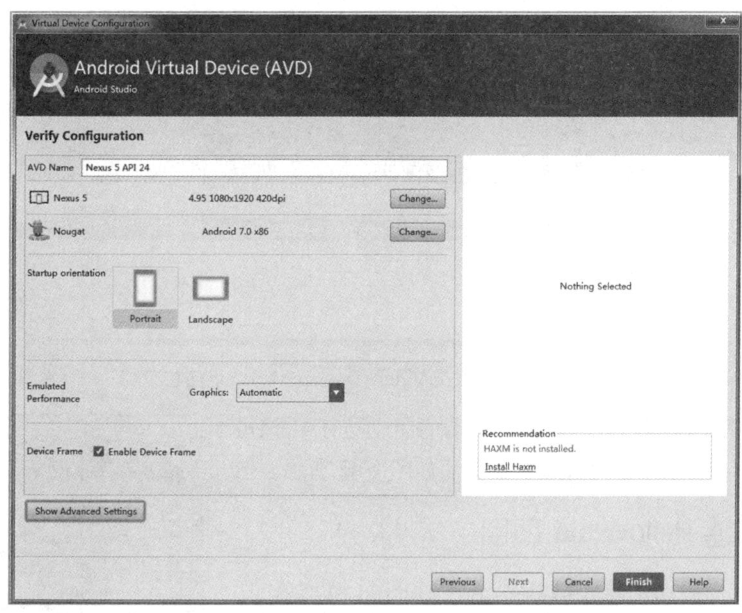

图 1-39　Android Virtual Divice(AVD)界面

注意：

下载 SDK 需要进行联网，但如果 SDK 管理工具自动联网 Google 搜索失败，可以更改国内镜像进行下载更新。AndroidDevTools 网站上提供了 Android SDK 在线更新镜像服务器的列表，并且对使用方法也进行了详细的介绍，如有需要读者可以自行参看。

当前界面中可以对模拟器的一些配置进行定制，例如指定模拟器的名字、分辨率、横竖屏等信息，通过单击界面左下角的 Show Advanced Settings 按钮展开高级设置选项，如图 1-40 所示，在此还可以对模拟器的堆大小、运行内存、内置存储等参数进行进一步设置。

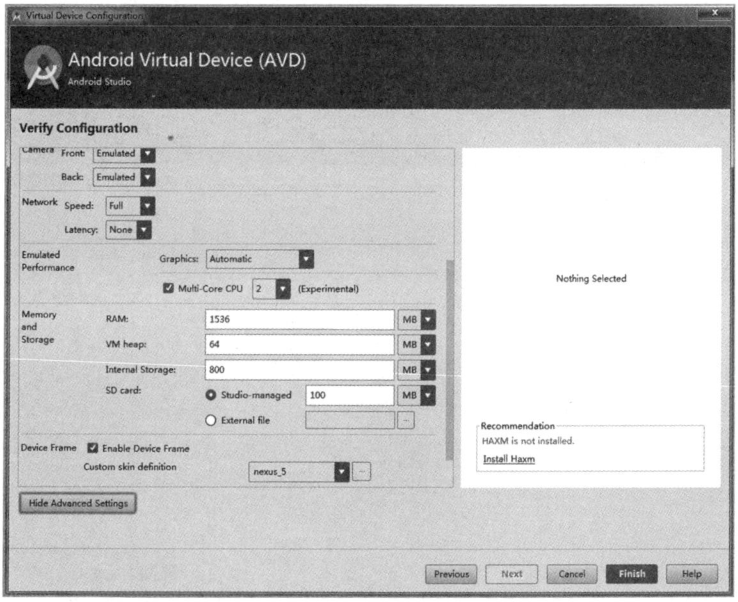

图 1-40　高级设置选项

确认模拟器相关参数设置没有问题后,单击 Finish 按钮完成模拟器的创建,弹出如图 1-41 所示的 Android Virtual Device Manager 窗口,其中会显示出刚才创建的模拟器。

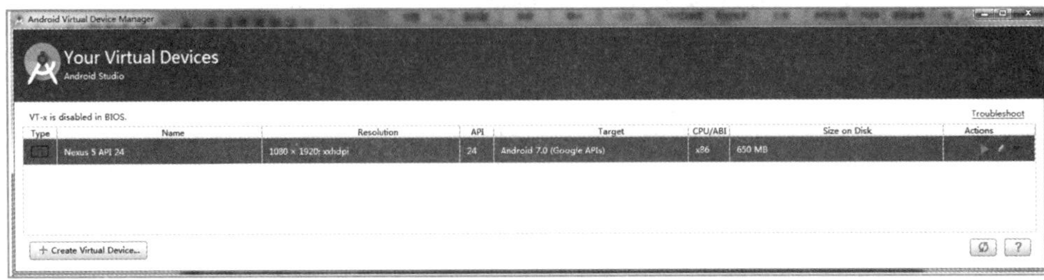

图 1-41 Android Virtual Device Manager 窗口

在图 1-41 中,单击窗口右侧对应模拟器的启动按钮▶,该模拟器就会像手机一样启动,启动完成后的界面如图 1-42 所示。

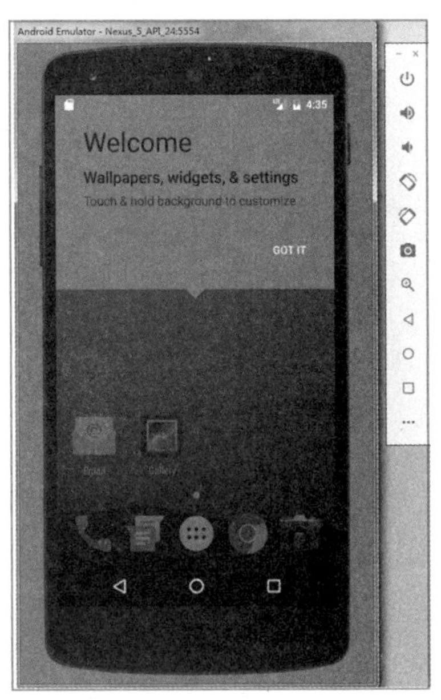

图 1-42 启动完成的模拟器界面

1.3.2 创建 HelloWorld 项目

上一小节已经成功创建并启动了一个 Android 模拟器,接下来可以开始着手创建 HelloWorld 项目了。

由于是首次创建项目,因此需要在图 1-33 所示的 Android Studio 欢迎界面中,单击 Start a new Android Studio project 按钮进行创建操作,此时会打开 Create New Project 对话框,如图 1-43 所示。

在 Create New Project 对话框中,需要在相应的文本框中分别输入以下信息:在 Application name 文本框中输入项目名称,这里为 HelloWorld;在 Company Domain 文本框中输入开发者所在公司的域名,例如 ayit. edu. cn;在 Project location 文本框中输入项目的保存路径。各选项设置完成后单击 Next 按钮,进入 Target Android Devices 界面,如图 1-44 所示。

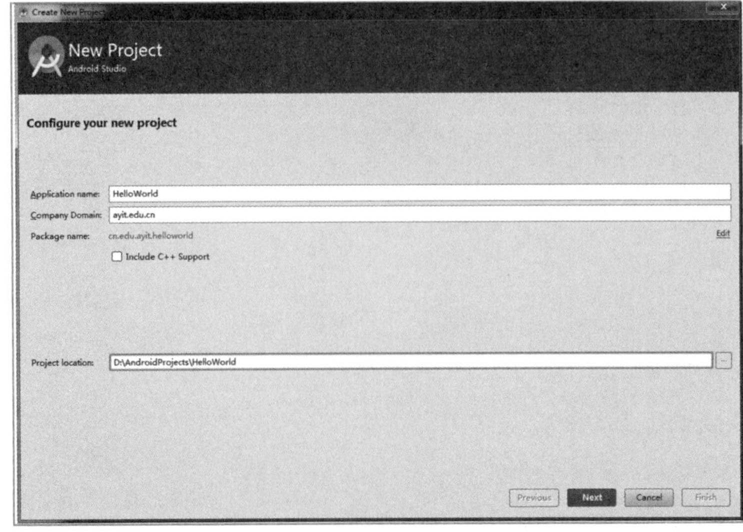

图 1-43 Create New Project 对话框

当前界面中，Minimum SDK 表示项目支持 Android 的最低版本，按照实际需求进行选择即可。由于 Android 4.0 以上的系统已经占据了超过 97% 的市场份额，因此这里将该选项指定成 API15 就可以了。实际上，当开发者选定 Minimum SDK 版本后，该选项的下面会显示一段提示，指明了所选版本能够支持的设备占比。除了 Minimum SDK 选项外，界面中的 Wear、TV 和 Android Auto 这几个选项分别用于开发可穿戴设备、电视和汽车应用。设置完成后单击 Next 按钮，跳转到 Installing Requesed Components 界面，如图 1-45 所示。

图 1-44　Target Android Devices 界面

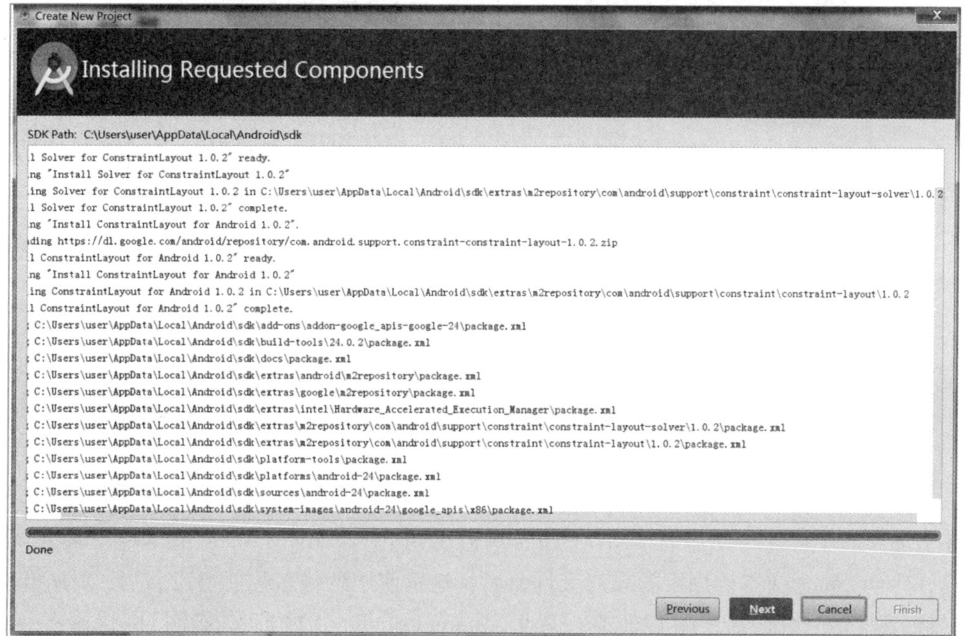

图 1-45　Installing Requesed Components 界面

等待界面中安装组件的操作完成后，单击 Next 按钮打开 Add an Activity to Mobile 界面，如图 1-46所示。

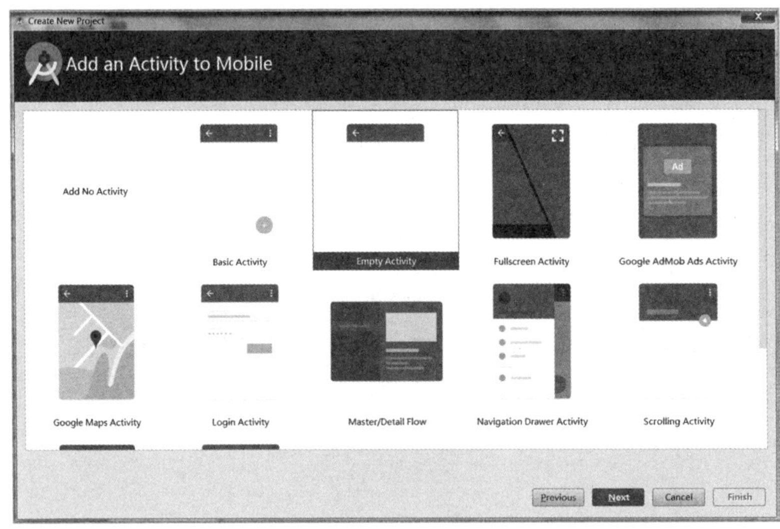

图 1-46　Add an Activity to Mobile 界面

可以看到,创建 Activity 时有多个模板可供选择,这些模板都是在 Empty Activity 的基础之上添加了一些适用于不同开发场景的控件,因此,选择 Empty Activity 即可。选择完毕之后,单击 Next 按钮跳转到 Customize the Activity 界面,如图 1-47 所示。

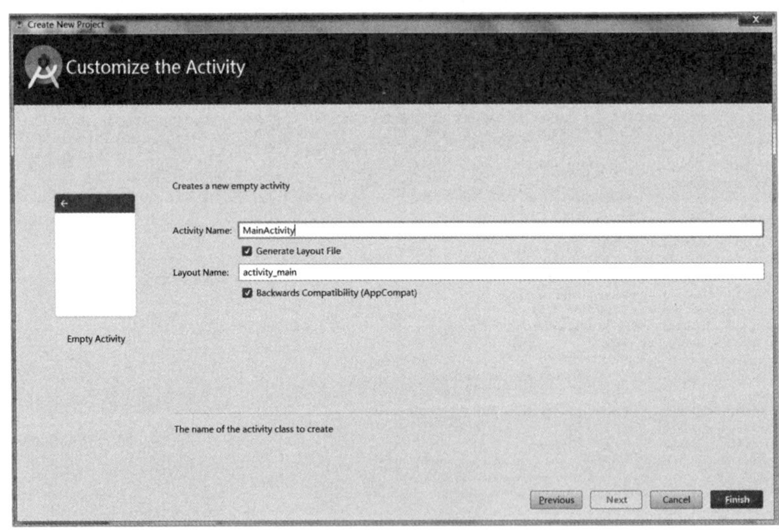

图 1-47　Customize the Activity 界面

在上述界面中可以给创建的 Activity 和布局命名,其中,Activity Name 文本框中输入 Activity 的名称,Layout Name 文本框用于为布局文件命名。这里使用默认名称就可以,然后单击 Finish 按钮,项目创建完成。此时需要耐心等待一会儿,Android Studio 会对当前的项目进行构建,显示如图 1-48 所示的界面。

构建完成后,在 Android Studio 中会显示创建完成的 HelloWorld 项目,如图 1-49 所示。

如果不需要屏幕中心的 Tip of the Day 对话框,可以取消 Show Tips on Startup 复选框的选中状态,后续启动 Android Studio 时则不会再显示。因为当前是使用 Android Studio 创建的第一个项目,开发工具需要一小段时间去执行一些必要的任务,在相关任务的执行过程中,Android Studio 绝大多数操作是不能进行的,在图 1-49 中可以看到菜单栏的选项大部分为灰色的不可用状态。只需再次耐心等待一段时间,待菜单栏的功能按钮变为彩色的可单击状态后,项目才真正地创建完成了,如图 1-50 所示。

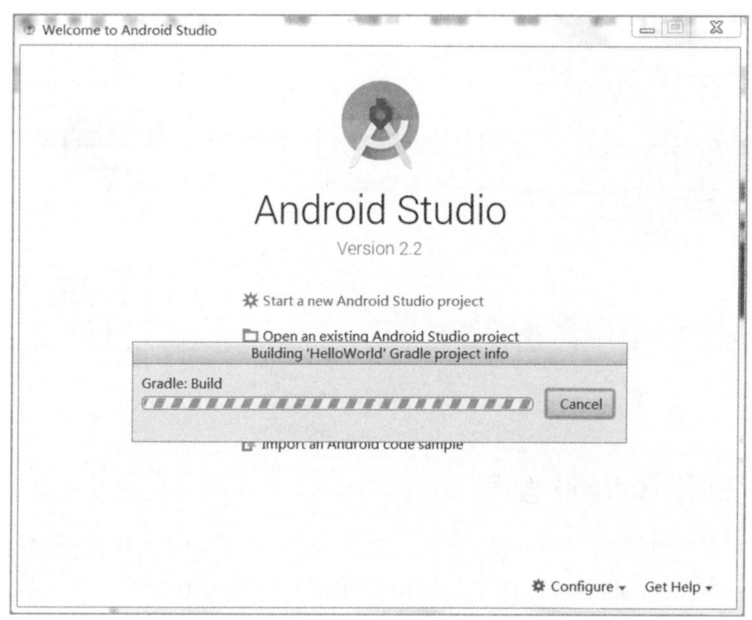

图 1-48　构建 HelloWorld 项目

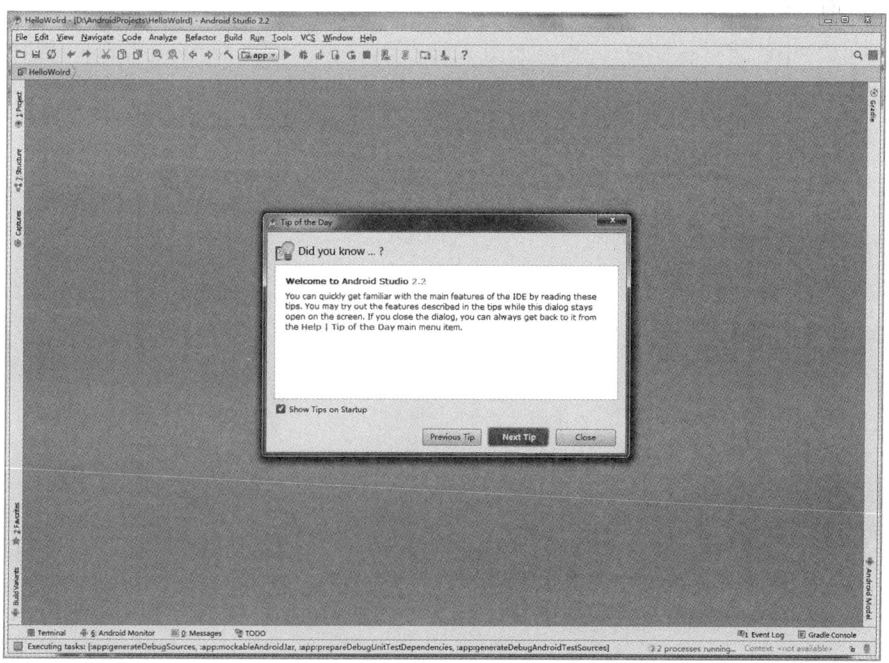

图 1-49　构建完成的 HelloWorld 项目

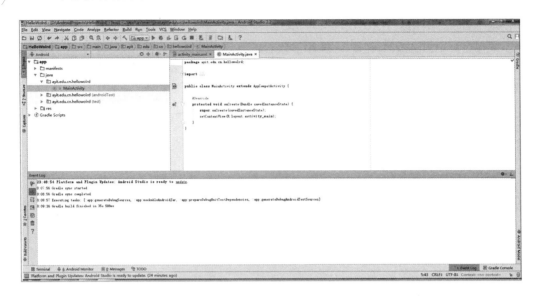

图 1-50 HelloWorld 程序

1.3.3 运行 HelloWorld 程序

至此，项目已经创建成功，并且模拟器也已启动，暂时不需要添加任何代码就可以直接运行 HelloWorld 程序。在 Android Studio 的工具栏中有如图 1-51 所示的三个按钮，其中左边的小锤子图标按钮用于编译项目，中间的下拉列表用于选择运行哪一个项目，通常 app 指的就是当前的主项目，右边的三角形图标按钮用于运行项目。

图 1-51 工具栏中的按钮

单击工具栏中的运行按钮▶，将弹出如图 1-52 所示的 Select Deployment Target 对话框。

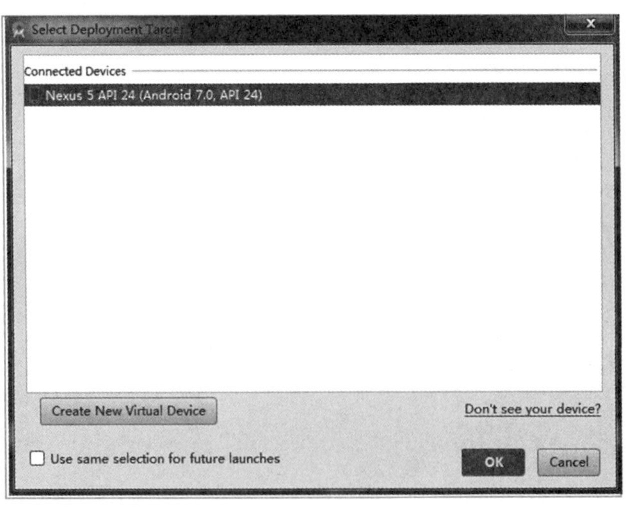

图 1-52 Select Deployment Target 对话框

在上述对话框中可以看到，之前创建的模拟器现在是在线的，单击界面上的 OK 按钮，等待约几秒钟的时间，HelloWorld 程序就会运行在模拟器上了，效果如图 1-53 所示。

后续案例的开发过程中观察运行结果主要借助模拟器来完成，真实手机上用户触摸和滑动屏幕的动作在模拟器上对应鼠标单击和按下拖动的操作，这点需要大家注意。接着在 HelloWorld 程序运行界面上单击返回键退出应用，此时会发现模拟器上已经安装了 HelloWorld 这个程序。打开应用程序列表，如图 1-54 所示。

图 1-53　HelloWorld 程序运行结果

图 1-54　应用程序列表

在 HelloWorld 项目中，实际上并没有编写任何一行代码，程序就已经成功运行起来了。原因在于 Android Studio 已经帮开发者把一些简单的内容都自动生成了。为了读者更熟练地使用 Android Studio 进行应用程序的开发，接下来针对开发工具中 Android 项目的结构进行具体介绍。

1.3.4　分析 Android 项目结构

在创建 Android 项目时，Android Studio 为其构建了基本结构，开发者需在此结构上开发应用程序。下面在 Android Studio 中展开 HelloWorld 项目，将会看到如图 1-55 所示的项目结构。

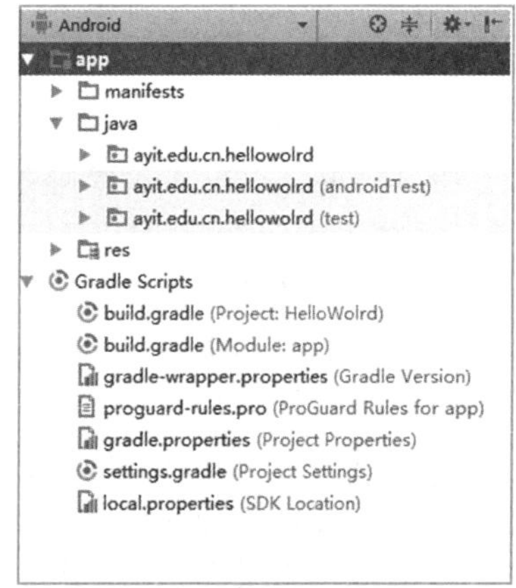

图 1-55　Android 类型的项目结构

在 Android 中提供了如图 1-56 所示的几种项目结构类型，实际开发中常用的有以下两种，即 Android 结构类型和 Project 结构类型。

在 Android Studio 中，任何一个新建的项目都会默认使用 Android 类型的项目结构，但这并不是项目真实的目录结构，而是被开发环境转换过的。可以通过单击如图 1-56 所示的类型列表中的选项切换项目结构类型。这里选择 Project，这才是项目真实的目录结构，如图 1-57 所示。

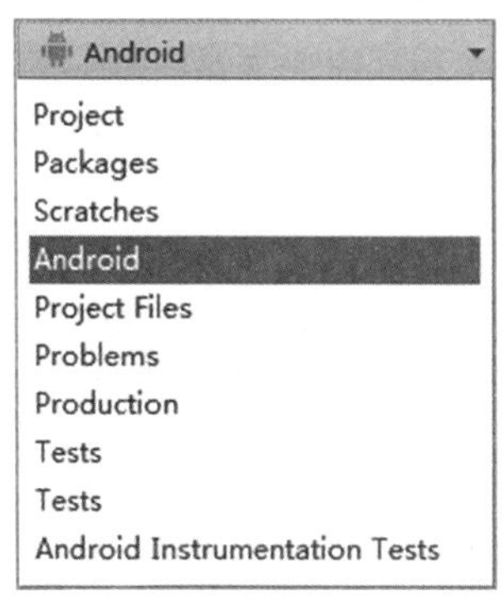

图 1-56　项目结构类型列表

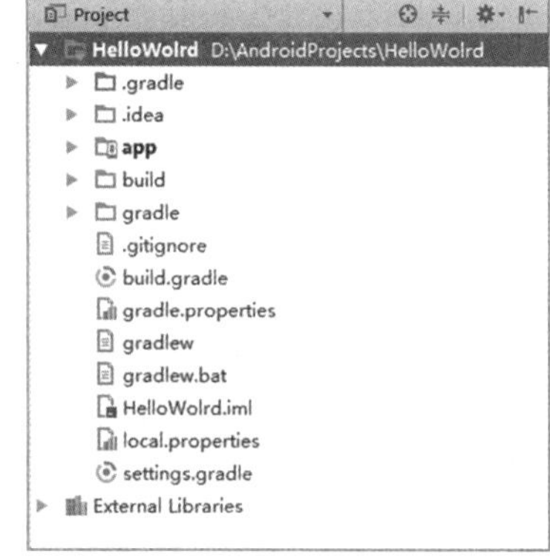

图 1-57　Project 类型的项目结构

在图 1-57 中,可以看到一个 Android 项目是由多个目录及一系列的文件组成的,接下来就针对具体的目录和文件进行详细讲解。

- . gradle 和. idea:这两个目录下放置的都是 Android Studio 自动生成的一些文件,无须关心也不要去手动修改。
- app:项目中的代码、所用到的资源等内容都是放置在这个目录下的,后面将对此目录的内容进行更详细的介绍。
- build:这个目录下主要包含了一些在编译时自动生成的文件。
- gradle:这个目录下包含了 gradle wrapper 的配置文件。
- . gitignore:Git(一款免费、开源的分布式版本控制系统)使用的 ignore 文件。
- build. gradle:gradle 编译的相关配置文件(相当于 Makefile)。
- gradle. properties:gradle 相关的全局属性设置。
- gradlew 和 gradlew. bat:这两个文件是用于在命令行界面中执行 gradle 命令的,其中 gradlew 是在 Linux 或 Mac 系统中使用的,gradlew. bat 是在 Windows 系统中使用的。
- local. properties:这个文件用于指定当前计算机中的 Android SDK 路径,一般情况下内容是自动生成的。
- settings. gradle:和设置相关的 gradle 脚本。

在对 Android 项目的目录结构有了一个整体的了解之后,接下来重点介绍 app 目录中与后续 Android 应用程序开发密切相关的子目录和文件。单击 app 目录前面的小三角图标,展开该目录结构,如图 1-58 所示。

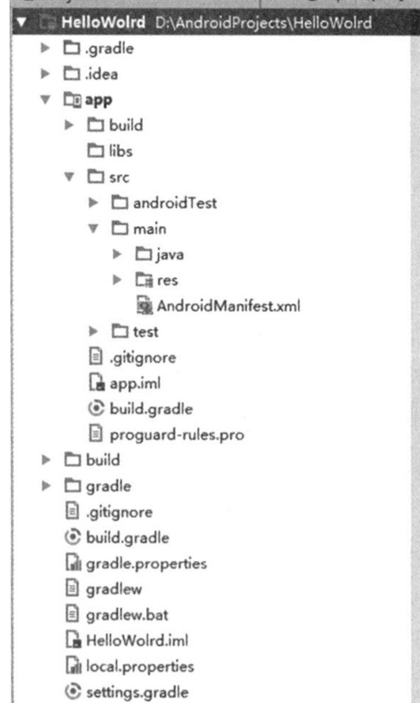

图 1-58　app 目录结构

- build:这个目录和外层的 build 目录类似,主要也是包含了一些在编译时自动生成的文件。
- libs:如果项目中使用到了第三方的 jar 包,就需要把这些 jar 包都放在 libs 目录下,此目录下的 jar 包都会被自动添加到构建路径里去。
- androidTest:放置 Android Test 单元测试用例的目录,需要在虚拟机或真机下测试。
- java:java 目录是放置所有 Java 源代码的地方,展开该目录,可以看到 HelloWorld 项目的

MainActivity. java 文件就在里面。

- res:用于放置 Android 项目中的资源文件,例如图片、布局、字符串等资源都要存放在这个目录下。
- AndroidManifest. xml:这是整个 Android 项目的配置文件,也称清单文件,开发者在程序中定义的四大组件都需要在这个文件里注册,此外还可以在这个文件中给应用程序添加权限声明等。
- test:这个目录是用来放置所编写的 Java 测试用例的,不需要虚拟机或真机,在本地环境下就能做测试。
- build. gradle:这是 app 模块的 gradle 构建脚本,这个文件中会指定很多项目构建相关的配置信息。
- proguard-rules. pro:这个文件用于指定项目代码的混淆规则。

到此为止,整个 Android 项目的目录结构都已经介绍完了,在此基础上,回过头来重新认识一下 HelloWorld 项目中的关键文件。实际上,当 HelloWorld 项目创建成功以后,Android Studio 已经自动生成了两个默认的文件,即布局文件和 Activity 源代码文件。其中,布局文件是资源文件的一种,主要用于完成界面的展示和交互功能。Android 中的布局文件都是定义在 res/layout 目录下的,此时展开 HelloWorld 项目的 layout 目录,双击打开 layout_main. xml 文件,具体代码如下所示。

```
<?xml version="1.0" encoding="utf-8"?>
<RelativeLayout xmlns:android="http://schemas.android.com/apk/res/android"
    xmlns:tools="http://schemas.android.com/tools"
    android:id="@+id/activity_main"
    android:layout_width="match_parent"
    android:layout_height="match_parent"
    android:paddingBottom="@dimen/activity_vertical_margin"
    android:paddingLeft="@dimen/activity_horizontal_margin"
    android:paddingRight="@dimen/activity_horizontal_margin"
    android:paddingTop="@dimen/activity_vertical_margin"
    tools:context="ayit.edu.cn.hellowolrd.MainActivity">

    <TextView
        android:layout_width="wrap_content"
        android:layout_height="wrap_content"
        android:text="Hello World!" />
</RelativeLayout>
```

上述代码中有一个 TextView,它是 Android 系统提供的一个控件,用于在布局中显示文本。这个 TextView 控件的 android:text 属性被指定为"Hello World!",该字符串正是 HelloWorld 程序运行之后在模拟器上显示的内容。

接下来,在 java 目录下找到 MainActivity. java 文件,其具体代码如下所示。

```
public class MainActivity extends AppCompatActivity {

    @Override
    protected void onCreate(Bundle savedInstanceState) {
        super.onCreate(savedInstanceState);
        setContentView(R.layout.activity_main);
    }
}
```

MainActivity 继承自 AppCompatActivity，这是 Android 中自定义 Activity 的最基本、最常用的方式。Activity 是四大组件之一，相当于 Android 应用的门面，凡是在界面上看到的元素，都是通过 Activity 进行展示的。当 Activity 执行时首先会调用 onCreate( )方法，在该方法中通过调用 setContentView(R. layout. activity_main)将布局文件转换成 View 对象显示在界面上。

对于每个 Android 项目来说，都有一个对应的清单文件，即 AndroidManifest. xml，该文件是整个项目的配置文件。打开 HelloWorld 项目的 AndroidManifest. xml 文件，其中的具体代码如下所示。

```
<?xml version="1.0" encoding="utf-8"?>
<manifest xmlns:android="http://schemas.android.com/apk/res/android"
    package="ayit.edu.cn.hellowolrd">

    <application
        android:allowBackup="true"
        android:icon="@mipmap/ic_launcher"
        android:label="@string/app_name"
        android:supportsRtl="true"
        android:theme="@style/AppTheme">
        <activity android:name=".MainActivity">
            <intent-filter>
                <action android:name="android.intent.action.MAIN" />
                <category android:name="android.intent.category.LAUNCHER" />
            </intent-filter>
        </activity>
    </application>

</manifest>
```

该文件是一个标准的 XML 文件，其中 <activity>标签用于对 MainActivity 进行注册。<activity>的子标签 <intent-filter>里的两行代码非常重要，<action android:name="android.-intent. action. MAIN"/>和 <category android:name="android. intent. category. LAUNCHER"/>表示 MainActivity 是当前项目的主活动，意味着项目运行时首先启动的就是 MainActivity。

多学一招：Android Studio 快捷键的设置。

在实际开发中，熟练使用快捷键可以大大节省工作时间、提高工作效率。Android Studio 与其他 IDE 一样，也有很多快捷键，下面介绍几种常用的快捷键。

- Ctrl + /：以双斜杠的形式注释当前行的代码，即"//"。
- Ctrl + Shift + /：将当前选中代码以文档形式进行注释，即"/ * … * /"。
- Ctrl + F：搜索与输入文本匹配的内容。
- Ctrl + D：复制当前行的代码，并在这一行的下面粘贴出来。
- Ctrl + X：剪切整行的内容。
- Ctrl + Y：删除整行的内容。
- Ctrl + Alt + L：格式化代码。
- Ctrl + Alt + S：打开设置界面。
- Ctrl + Shift + Space：自动补全代码。
- Shift + Enter：在当前行的下面插入新行，并将光标移动到下一行。
- Alt + Enter：自动导入包。

当上述快捷键与计算机中一些热键冲突或者开发者需要按照个人习惯定制快捷键时，可以对快捷键进行修改。在菜单栏中依次选择 File→Settings 命令，打开如图 1-59 所示的 Settings 对话框。

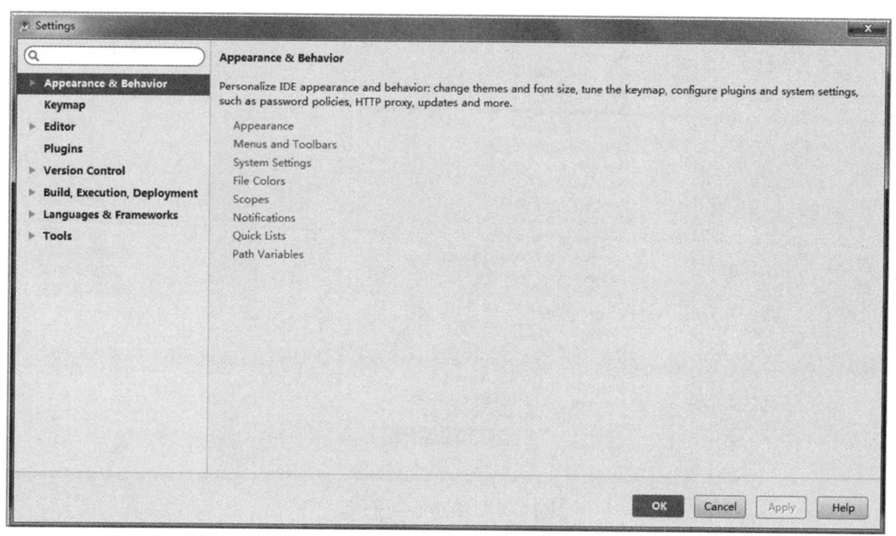

图 1-59　Settings 对话框

在 Settings 对话框中，单击左侧的 Keymap 选项，右侧窗口中将会显示当前快捷键的列表，如图 1-60所示。

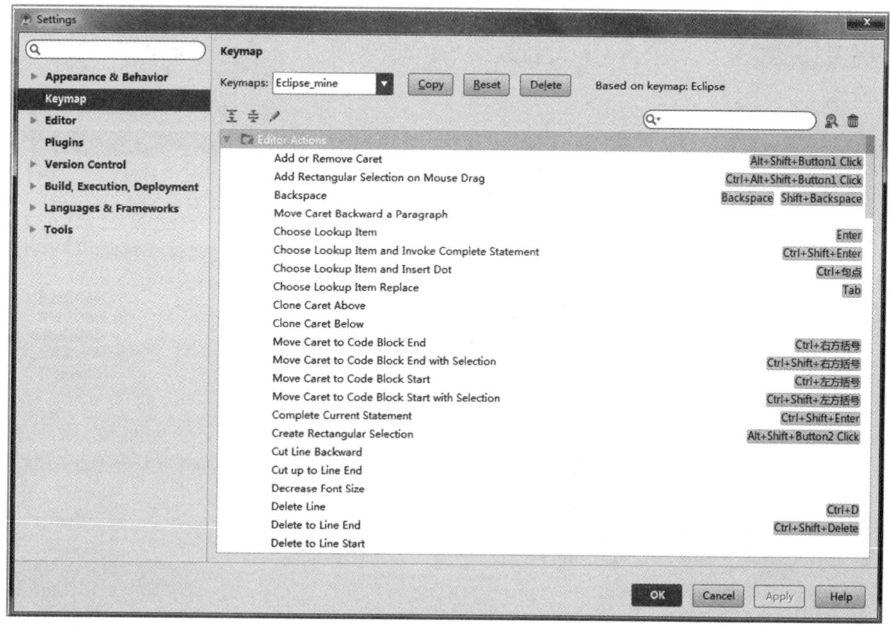

图 1-60　Keymap 列表

在需要修改的快捷键条目上右击，然后在弹出的快捷菜单中选择 Remove Ctrl + Y 命令，如图 1-61所示。

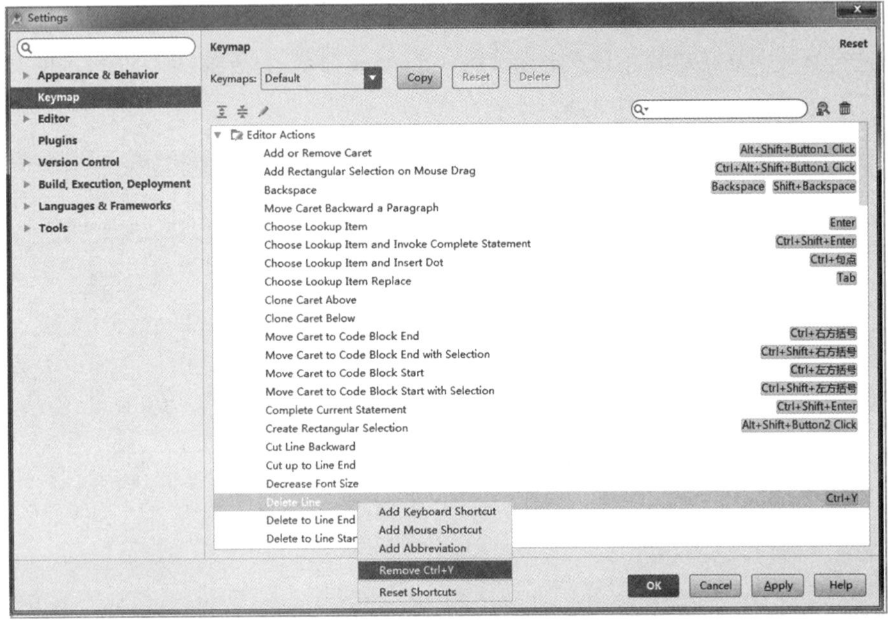

图 1-61 Remove 选项

选择 Remove Ctrl + Y 命令后便会将快捷键删除，接下来即可设置自己想使用的快捷键，依旧在当前条目上右击，在弹出的快捷菜单中选择 Add Keyboard Shortcut 命令，打开 Keyboard Shortcut 对话框，如图 1-62 所示。

在打开的对话框中直接按下键盘上想要设置的快捷键（例如 Shift + D），设置完成后单击 OK 按钮返回 Settings 界面，如图 1-63 所示。

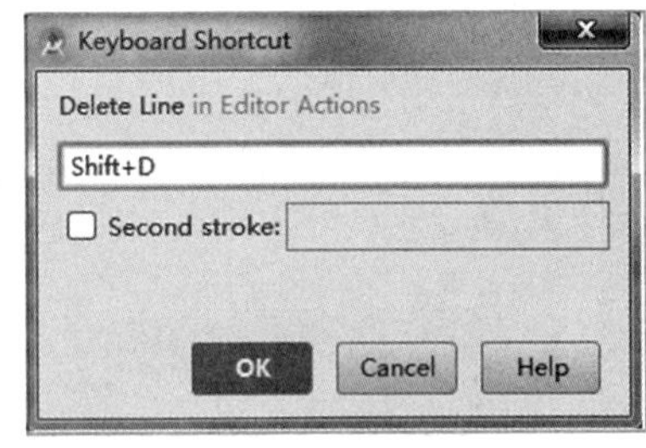

图 1-62 Keyboard Shortcut 对话框

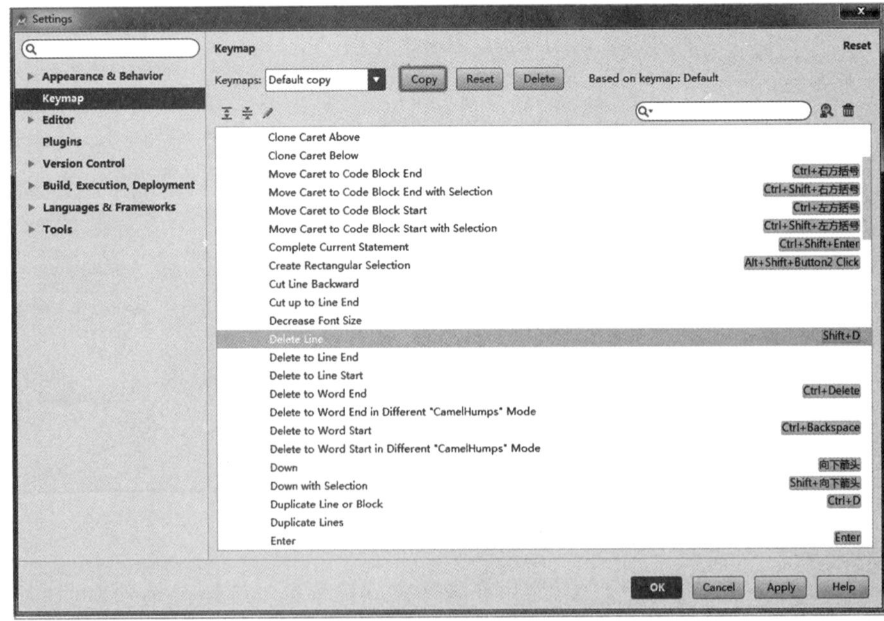

图 1-63 快捷键重新设置完成

上述方式可以针对单个快捷键进行修改，此外，对于之前使用过其他 IDE 的开发者而言，Android Studio 还提供了一个更为便利的快捷键设置功能，可以直接在 Keymaps 下拉列表中选择 Visual Studio、Eclipse 等常用开发工具的快捷键风格，如图 1-64 所示。这样一来，就可以使用自己所熟悉的 IDE 中的快捷键进行 Android 应用程序的开发了。

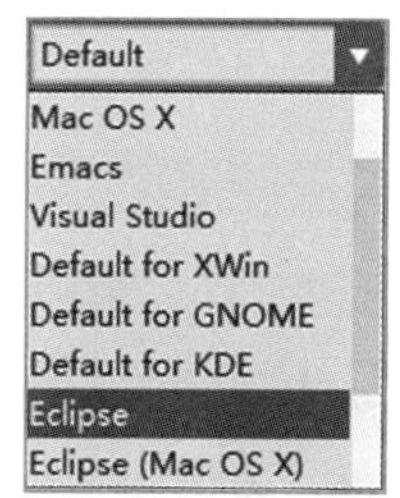

图 1-64　选择常用快捷键风格

小结

本章主要讲解了 Android 的基础知识，首先介绍了 Android 的体系结构以及版本发展历程，然后讲解 Android 开发环境——Android Studio 的搭建，最后通过一个 HelloWorld 程序来讲解如何使用 Android Studio 开发 Android 应用。本章所讲解的知识是后续各章的基础，要求初学者掌握这些知识，为后面的学习做好铺垫。

习题

1. 填空题

(1) Android 是 Google 公司基于________平台开发的手机及平板电脑的________。

(2) Android 平台主要包括________、________、________和________四个部分。

(3) 在 Android 程序中，res 目录用于放置程序的________。

(4) ________是整个 Android 项目的配置文件，也称清单文件。

2. 选择题

(1) Android Studio Bundle 中包含了两个重要组成部分，分别是(　　)。

A. Android Studio　　B. SDK
C. SDK Manager. exe　　D. ADT

(2) Android 运行时包括(　　)和(　　)两部分。

A. 核心库　　B. 音频驱动
C. Dalvik 虚拟机　　D. 浏览器

(3) 使用 Android Studio 创建程序时，输入 Application Name 表示(　　)。

A. 应用名称　　B. 项目名称
C. 项目的包名　　D. 类的名字

(4) Android Studio 的布局文件设计窗口中有两个选项卡，分别是(　　)和(　　)。

A. Palette　　B. Design　　C. Properties　　D. Text

3. 简答题

(1) 简述搭建 Android Studio 开发环境的过程。

(2) 简述 Android 系统架构分为哪几层。

4. 编程题

使用 Android Studio 编写任意一个 Android 程序并运行。

第2章 Android用户界面设计

教学目标：

(1)掌握相对布局、线性布局和帧布局的使用，了解表格布局、绝对布局和网格布局的使用。

(2)掌握常用UI控件的使用方法。

(3)掌握Spinner、ProgressBar等高级UI控件的使用方法。

Android程序开发中一项很重要的内容就是用户界面设计。Android提供了多种控制UI界面的方法、布局方式，以及大量功能丰富的UI控件，通过这些控件，可以像搭积木一样，开发出优秀的用户界面。

2.1 UI控件概述

用户界面设计也称UI(User Interface)设计,是Android应用开发的一项重要内容,它是人与手机之间数据传递、交互信息的重要媒介和对话接口,是Android系统的重要组成部分。界面美观的应用程序不仅可以大大增加用户黏性,还能帮我们吸引到更多的新用户。Android给我们提供了大量的UI控件及开发工具,合理地使用它们就可以编写出各种各样绚丽多彩的UI界面。

在一个Android应用程序中,用户界面通过View和ViewGroup对象构建。Android中有很多种View和ViewGroup,它们都继承自View类。View对象是Android平台上表示用户界面的基本单元,View的一些子类被统称为Widgets(工具),它们提供了诸如文本输入框和按钮之类的UI对象的完整实现。ViewGroup是View的派生子类,相当于一个容器,可以容纳多个View。开发者还可以选择性地继承一些系统提供的View或ViewGroup,来自定义View,把自己定义的界面元素显示给用户。

View和ViewGroup之间的关系如图2-1所示。从中可以看出,Android UI组件的关系就是一棵树形结构。多个视图组件View可以存放在一个视图容器ViewGroup中,该容器又可以与其他视图组件共同存放在另一个容器中,但是,一个界面文件中必须有且只有一个容器作为根结点。这就好比一个箱子里可以装很多工具,这个箱子又可以跟其他工具一起再放入另一个箱子里一样,但必须有一个大箱子把所有东西装进去。

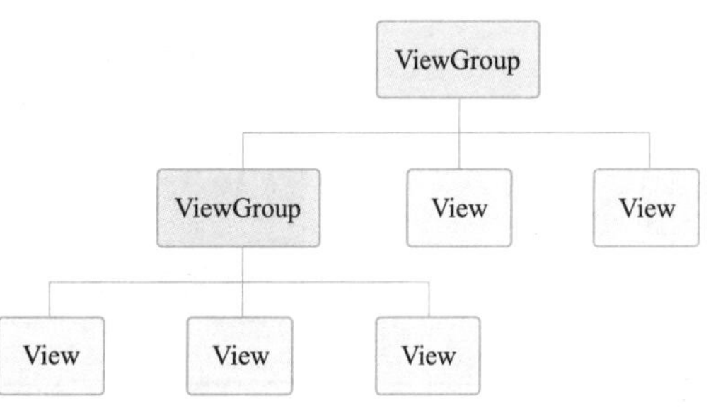

图2-1 View和ViewGroup之间的关系

注意:

Android的UI开发使用层次模型来完成,但嵌套层次不要过多,否则会大幅降低运行效率,图2-1所示为3层。

2.2 布局管理器

一个丰富的界面总是要由很多个控件组成的,那如何才能让各个控件按照预先设计的大小和位置有条不紊地进行摆放呢。这就需要借助布局管理器来实现了。布局管理器,更常用的叫法是布局,是对ViewGroup类的扩展,它是用来控制子控件在界面中的位置的。布局是可以嵌套的,因此,可以使用多个布局的组合来创建任意复杂的界面。

在Android 4.0以前的版本中一共有五种布局,分别是RelativeLayout(相对布局)、LinearLayout(线性布局)、FrameLayout(帧布局)、AbsoluteLayout(绝对布局)和TableLayout(表格布局),在4.0之后又新增了GridLayout(网格布局)。下面,就对如何创建一个布局及上述六种布局管理器的具体使用方法进行详细介绍。

2.2.1 布局文件的创建

使用XML格式定义Android的布局文件是Google推荐的首选方式,每个应用程序默认包含一个主界面布局文件，该文件位于项目的 res/layout 目录中。接下来使用 Android Studio 创建一个 Layout 项目，并到相应目录下打开开发工具自动创建的 activity_main. xml 文件，此时会看到一个界面设计面板，如图 2-2 所示。

```
<?xml version="1.0" encoding="utf-8"?>
<RelativeLayout xmlns:android="http://schemas.android.com/apk/res/android"
    xmlns:tools="http://schemas.android.com/tools"
    android:id="@+id/activity_main"
    android:layout_width="match_parent"
    android:layout_height="match_parent"
    android:paddingBottom="16dp"
    android:paddingLeft="16dp"
    android:paddingRight="16dp"
    android:paddingTop="16dp"
    tools:context="ayit.edu.cn.layout.MainActivity">

    <TextView
        android:layout_width="wrap_content"
        android:layout_height="wrap_content"
        android:text="Hello World!" />
</RelativeLayout>
```

图 2-2 界面设计面板

从图 2-2 中可以看出，布局文件设计窗口中有两个选项卡，分别是 Design 和 Text。其中，Design 是布局文件的可视化界面设计器，在该视图中可以通过鼠标将 Palette 窗口中的控件直接拖动到布局中；Text 是布局文件对应的 XML 源代码。当将选项卡切换到 Design 时，显示的界面如图 2-3所示。

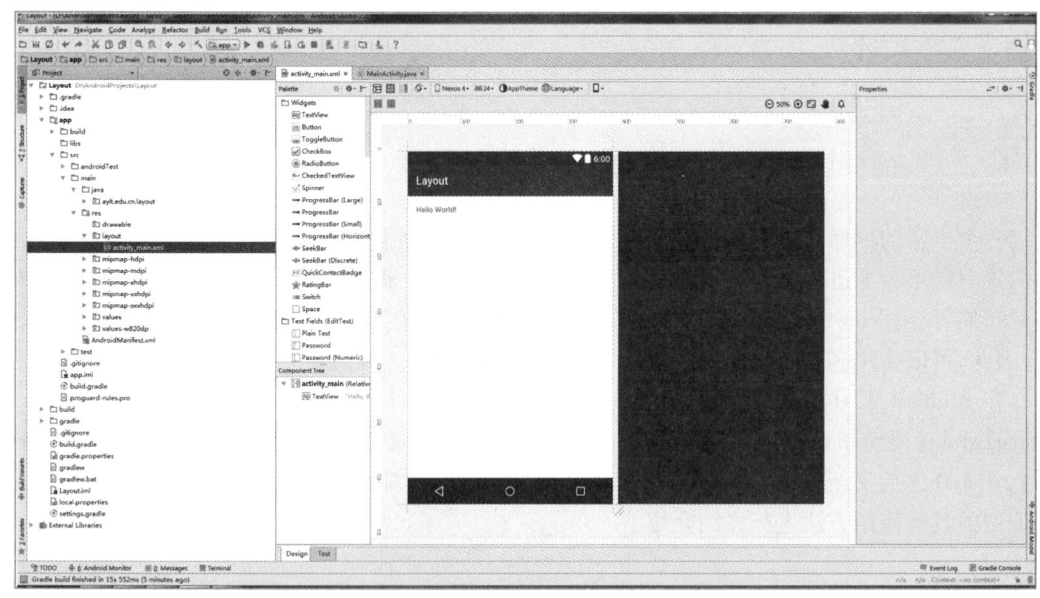

图 2-3 可视化界面设计器界面

从图 2-2 中可以看出,新建的 Android 程序默认的布局类型为 RelativeLayout(相对布局),该布局中包含一个 TextView(文本控件)。要让控件能够显示在界面上,必须要设置 RelativeLayout 和文本控件的宽和高。任何控件的宽、高都是通过 android:layout_width 和 android:layout_hight 属性指定的,这两个属性的值通常设置如下:

- wrap_content:意为包裹内容,指的是当前元素的宽度或高度只要能刚好包含里面的内容就可以了。以 TextView 控件为例,将其宽、高设置为 wrap_content 将完整显示其内部的文本。
- match_parent:意为填满父容器,指的是将强制性地使控件扩展至父元素的大小。例如,将 RelativeLayout 的宽、高属性设置为 match_parent 将强制性地让它填满整个屏幕。
- fill_parent:Android 2.2 版本中 fill_parent 和 match_parent 的作用一样,只不过 match_parent 更贴切。虽然从 2.2 版本开始这两个 Android 中预定义的值都可以用,但是 Google 推荐使用 match_parent,需要注意的是 2.2 版本以下只支持使用 fill_parent。

上述的 activity_main. xml 是开发环境自动创建的,实际开发中,开发者经常需要自己定义很多的布局。在 Android Studio 中添加一个布局文件非常简单,只需选中 layout 目录并右击,在弹出的快捷菜单中选择 New→XML→Layout XML File 命令,如图 2-4 所示。

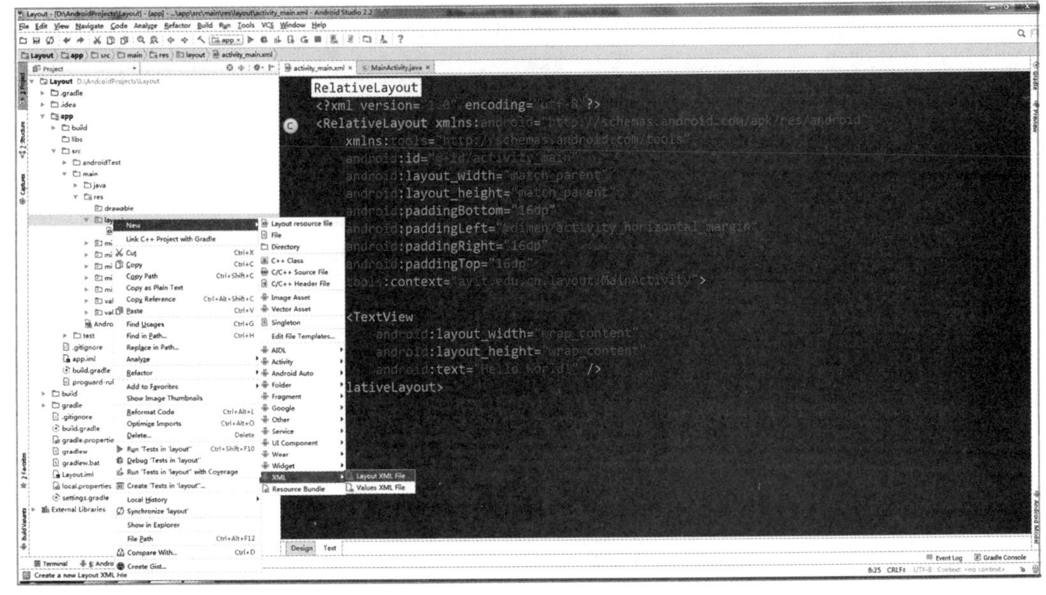

图 2-4 创建新布局

选择 Layout XML File 命令后打开如图 2-5 所示的 New Android Component 对话框。其中,在 Layout File Name 文本框输入需要创建的布局文件的名称,Root Tag 表示布局的根元素标签,默认为 LinearLayout(线性布局),也可以手动修改为其他类型。输入完毕后单击 Finish 按钮,一个新的布局文件就创建好了。

注意:

布局文件的名称只能包含小写字母 a ~ z,阿拉伯数字 0 ~ 9 以及下画线"_",并且只能由小写字母开头。

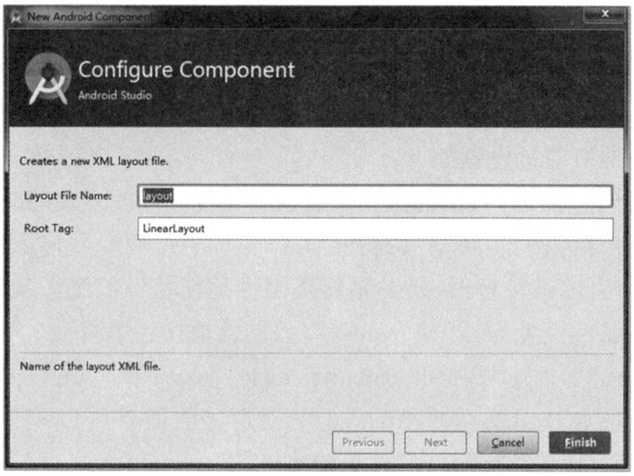

图 2-5 New Android Component 对话框

应用程序的布局文件定义好了之后，需要在 Activity 中的 onCreate( ) 方法里通过调用 setContentView(R. layout. 布局资源文件名称) 将其设置为当前 Activity 显示的 View。这样当程序运行时，才能在界面看到编写好的布局，具体代码如下所示。

```
public class MainActivity extends AppCompatActivity {

    @Override
    protected void onCreate(Bundle savedInstanceState) {
        super.onCreate(savedInstanceState);
        setContentView(R.layout.activity_main);
    }
```

虽然 XML 外部资源是定义布局的首选方式，但如果实际情况需要，也可以使用代码实现布局。也就是布局管理器和所有的 UI 控件都通过 new 关键字创建出来，然后将这些 UI 控件添加到布局管理器中。关键步骤如下：

(1) 创建一个布局管理器，并且设置布局管理器的属性。例如，为线性布局设计对齐方向等。具体代码如下所示。

```
LinearLayout ll = new LinearLayout(this);
ll.setOrientation(LinearLayout.VERTICAL);
```

(2) 创建具体的控件，并且设置控件的各种属性。

```
TextView tv = new TextView(this);
tv.setText("Hello World!");

int height = LinearLayout.LayoutParams.MATCH_PARENT;
int width = LinearLayout.LayoutParams.WRAP_CONTENT;
```

(3) 将创建的控件添加到布局管理器中。

```
ll.addView(tv, new LinearLayout.LayoutParams(height, width));
setContentView(ll);
```

完全通过代码控制 UI 界面虽然比较灵活，但是其开发过程比较烦琐，而且不利于高层次的解耦，因此不推荐采用这种方式。

2.2.2 相对布局

相对布局(即 RelativeLayout)是一种很常用的布局管理器。在 Android Studio 2.2 版本中开发 Android 程序时,默认采用的就是相对布局,它是按照控件之间的相对位置来进行布局。相对布局通常有两种形式,一种是相对于容器而言的,如某个控件在父容器的正中间;一种是相对于其他控件而言的,如某个控件在另一个控件的左边、右边、上方或下方等。为了更好地控制该布局管理器中各子控件的位置分布,相对布局提供了很多属性,常用的属性如表 2-1 所示。

表 2-1 相对布局常用属性

XML 属性	功能描述
android:layout_alignParentTop	属性取值为 boolean 值,指定是否与父布局顶部对齐
android:layout_alignParentBottom	属性取值为 boolean 值,指定是否与父布局底部对齐
android:layout_alignParentLeft	属性取值为 boolean 值,指定是否与父布局左对齐
android:layout_alignParentRight	属性取值为 boolean 值,指定是否与父布局右对齐
android:layout_above	属性取值为其他 UI 控件的 id 属性,在指定控件的上方
android:layout_below	属性取值为其他 UI 控件的 id 属性,在指定控件的下方
android:layout_toLeftOf	属性取值为其他 UI 控件的 id 属性,在指定控件的左侧
android:layout_toRightOf	属性取值为其他 UI 控件的 id 属性,在指定控件的右侧
android:layout_alignTop	属性取值为其他 UI 控件的 id 属性,与指定控件顶部对齐
android:layout_alignBottom	属性取值为其他 UI 控件的 id 属性,与指定控件底部对齐
android:layout_alignLeft	属性取值为其他 UI 控件的 id 属性,与指定控件左对齐
android:layout_alignRight	属性取值为其他 UI 控件的 id 属性,与指定控件右对齐

通过使用相对布局及其常用属性可以实现如图 2-6 所示的应用界面。XML 具体代码如下所示。

```
<?xml version="1.0" encoding="utf-8"?>
<RelativeLayout xmlns:android="http://schemas.android.com/apk/res/android"
    android:layout_width="match_parent"
    android:layout_height="match_parent">

    <Button
        android:id="@+id/btn1"
        android:layout_width="wrap_content"
        android:layout_height="wrap_content"
        android:layout_alignParentRight="true"
        android:layout_marginRight="20dp"
        android:text="按钮1"/>

    <Button
        android:id="@+id/btn2"
        android:layout_width="wrap_content"
        android:layout_height="wrap_content"
        android:layout_below="@+id/btn1"
        android:layout_marginTop="30dp"
```

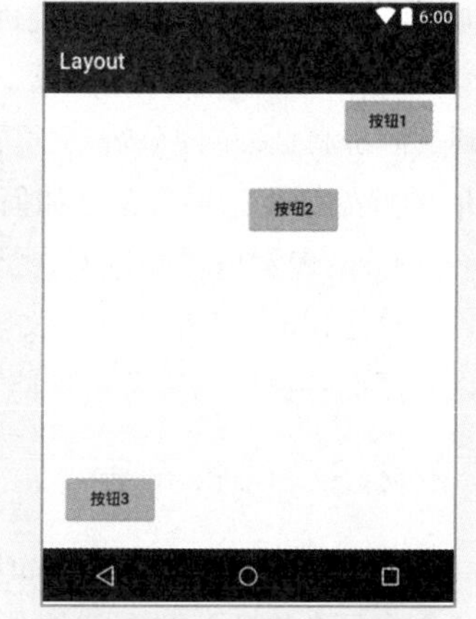

图 2-6 相对布局实现界面

```
        android:layout_toLeftOf = "@+id/btn1"
        android:text = "按钮 2" />

    <Button
        android:id = "@+id/btn3"
        android:layout_width = "wrap_content"
        android:layout_height = "wrap_content"
        android:layout_alignParentBottom = "true"
        android:layout_marginBottom = "20dp"
        android:layout_marginLeft = "20dp"
        android:text = "按钮 3" />

</RelativeLayout>
```

上述代码中,使用 <RelativeLayout> 标签定义了一个相对布局,并在该布局中添加了三个按钮。其中,"按钮 1"通过将 android:layout_alignParentRight 属性设置为 true,指定当前控件与父布局右对齐,android:layout_marginRight = "20dp" 用于指定当前按钮的右边缘与父布局右边界距离 20dp。

"按钮 2"通过将 android:layout_below 和 android:layout_toLeftOf 属性分别设置为"按钮 1"的 id,指定当前控件在"按钮 1"的下方的同时还处于"按钮 1"的左侧,android:layout_marginTop = "30dp" 指定当前按钮上边缘与"按钮 1"的下边缘距离 30dp。

"按钮 3"通过 android:layout_alignParentBottom 属性指定与父布局底部对齐,然后通过 android:layout_marginBottom = "20dp" 指定当前按钮与父布局底部距离 20dp,通过 android:layout_marginLeft = "20dp" 指定其与父布局左边界也距离 20dp。

多学一招:px、pt、dp、sp 等控件单位的区别。

- px:表示屏幕上的物理像素,即在屏幕中可以显式的最小元素单元。Android 应用程序中任何控件都是由一个个像素点组成的。分辨率越高的手机,组成屏幕的像素点就越多。因此,如果使用 px 来控制控件的大小,在分辨率不同的手机上控件显式的大小也不同。
- pt:表示磅数,是 points 的缩写。1pt 等于 1 英寸的 1/72,常用于印刷业。pt 和 px 的情况类似,在分辨率不同的手机上控件显式的大小也不同。
- dp:表示密度独立像素,又称 dip。该单位使用 160dp 的屏幕作为参考,然后用该屏幕映射到实际屏幕,在不同分辨率的屏幕上会有相应的缩放效果以适用不同分辨率的屏幕。因此,使用 dp 的好处是无论屏幕密度如何总能获得同样尺寸,推荐作为控件与布局的单位使用。
- sp:表示可伸缩像素,主要用于字体的显示,Android 推荐使用 sp 作为字号单位。

总之,dp 是用来定义非文字的尺寸,如控件的宽、高和边距等,sp 用来定义文字的大小,为了让程序拥有更好的屏幕适配能力,最好使用与屏幕密度无关的单位 dp 和 sp。

2.2.3 线性布局

线性布局(即 LinearLayout)也是一种非常常用的布局管理器。正如它的名字所描述的一样,这个布局会将放入其中的控件按照垂直或水平方向来依次排列。因此线性布局主要有两种形式,一种是垂直线性布局,另一种是水平线性布局。除了布局的宽、高等公共属性之外,LinearLayout 有两个特有属性,属性名称和功能如表 2-2 所示。

表 2-2　线性布局专用属性

XML 属性	功能描述
android:orientation	指定布局管理器内控件的排列方式
android:gravity	指定布局管理器内控件的对齐方式

下面的代码中我们采用水平线性布局实现了如图 2-7 所示的界面效果。

```
<?xml version="1.0" encoding="utf-8"?>
<LinearLayout xmlns:android="http://schemas.android.com/apk/res/android"
    android:layout_width="match_parent"
    android:layout_height="match_parent">

    <Button
        android:layout_width="wrap_content"
        android:layout_height="wrap_content"
        android:text="按钮 1" />

    <Button
        android:layout_width="wrap_content"
        android:layout_height="wrap_content"
        android:text="按钮 2" />

    <Button
        android:layout_width="wrap_content"
        android:layout_height="wrap_content"
        android:text="按钮 3" />

</LinearLayout>
```

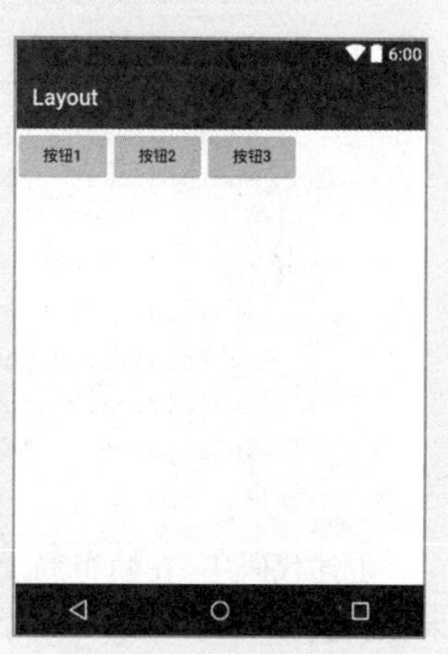

图 2-7　线性布局实现界面

上述代码中，将 LinearLayout 的 orientation 属性设置为 horizontal，三个按钮控件水平排列。需要注意的是，当控件水平排列时，宽度属性 layout_width 只能设置为 wrap_content，绝对不能设置为 match_parent（除非只有一个控件），否则水平排列的其他控件会被挤出屏幕右侧而不能显示。同理，控件垂直排列时情况也是相似的。

注意：

在线性布局中，每一行（针对垂直线性布局）或每一列（针对水平线性布局）中只能放一个控件，并且 Android 的线性布局不会换行，当控件排列到窗体的边缘后，后面的控件将不会被显示出来。

2.2.4　帧布局

帧布局（即 FrameLayout）是 Android 布局中最简单的一种。在该布局中，每加入一个控件，都将创建一个空白的区域，通常称为一帧。默认情况下，帧布局从屏幕的左上角（0,0）坐标开始布局，多个控件层叠摆放，后面的控件覆盖前面的控件，且会透明显示之前控件的文本。

假如我们在界面中添加三个由大到小的 Button 控件，采用帧布局管理器，这三个控件将会叠加显示在屏幕的左上角，预览效果如图 2-8所示。

帧布局对应的代码具体如下：

```
<?xml version="1.0" encoding="utf-8"?>
<FrameLayout xmlns:android="http://schemas.android.com/apk/res/android"
    android:layout_width="match_parent"
    android:layout_height="match_parent">

    <Button
        android:layout_width="200dp"
        android:layout_height="200dp"
        android:background="@android:color/holo_red_light"
        android:text="按钮1" />

    <Button
        android:layout_width="150dp"
        android:layout_height="150dp"
        android:background="@android:color/holo_blue_light"
        android:text="按钮2" />

    <Button
        android:layout_width="wrap_content"
        android:layout_height="wrap_content"
        android:background="@android:color/holo_green_light"
        android:text="按钮3" />
</FrameLayout>
```

图 2-8 帧布局实现界面

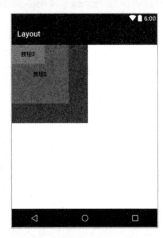

上述代码中,在帧布局上依次添加了三个由大至小的按钮控件,并且为了便于观察运行效果,通过 android:background 属性分别设置了三个按钮控件的背景色,属性值"@android:color/holo_red_light"的前缀"@android:color"表示"holo_red_light"是 Android 预定义的某种颜色。由图 2-8 所示的预览效果可以看出先添加的控件被后续添加的控件覆盖住了。

注意:

对于 Android 中的坐标系统,屏幕的左上角是坐标系统原点(0,0),原点向右延伸是 x 轴正方向,原点向下延伸是 y 轴正方向。

帧布局在界面上是一帧一帧显示的,实际开发时常用于应用程序中同一位置显示多套不同界面的场景。

2.2.5 绝对布局

绝对布局(即 AbsoluteLayout),放入该布局的控件需要通过 android:layout_x 和 android:layout_y 两个属性指定其准确的坐标值,并显示在屏幕上。理论上绝对布局可以完成任何的布局设计,灵活性很大,但是在实际的工程应用中不提倡使用这种布局。因为使用这种布局不但需要精确计算每个控件的大小,增大运算量,而且当应用程序在不同尺寸屏幕的手机上运行时会产生不同效果。一个采用绝对布局的界面显示效果如图 2-9 所示。

上例中绝对布局对应的代码具体如下:

```
<?xml version="1.0" encoding="utf-8"?>
<AbsoluteLayout xmlns:android="http://schemas.android.com/apk/res/android"
    android:layout_width="match_parent"
    android:layout_height="match_parent">
```

```
    <Button
        android:layout_width="wrap_content"
        android:layout_height="wrap_content"
        android:layout_x="60dp"
        android:layout_y="60dp"
        android:text="按钮1" />

    <Button
        android:layout_width="wrap_content"
        android:layout_height="wrap_content"
        android:layout_x="200dp"
        android:layout_y="200dp"
        android:text="按钮2" />
</AbsoluteLayout>
```

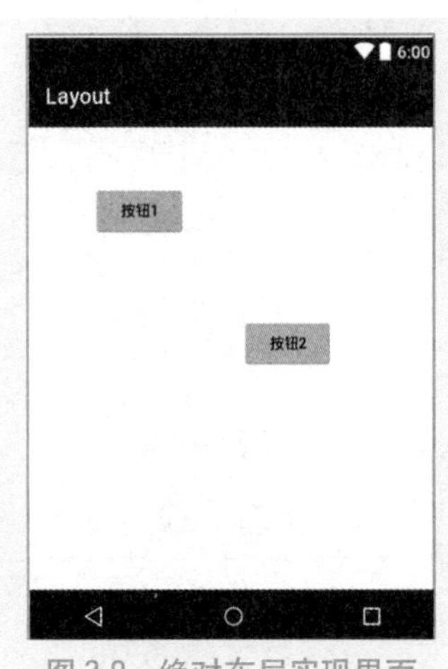

图 2-9　绝对布局实现界面

从代码中可以看出两个按钮通过 android:layout_x 和 android:layout_y 属性的值准确地定位它们在屏幕中显示的位置。以"按钮 1"为例,android:layout_x = "60dp" 指定在 x 坐标的第 60dp 像素上,android:layout_y = "60dp" 指定在 y 坐标的第 60dp 像素上。

2.2.6　表格布局

表格布局(即 TableLayout)以行列的方式管理控件。但和平时在网页上见到的 Table 有所不同,该布局没有边框,它是由多个 TableRow 对象或者其他控件组成,每个 TableRow 可以由多个单元格组成,每个单元格是一个 View。TableRow 不需要设置宽度(layout_width)和高度(layout_height)属性,其宽度一定是 match_parent,即自动填满父容器;高度一定为 wrap_content,即根据内容改变高度。但对于 TableRow 中的其他控件来说,是可以设置宽度和高度的。

TableLayout 继承自 LinearLayout 类,除了继承了父类的属性和方法,还包含了一些自己特有的属性,如表 2-3 所示。

表 2-3　表格布局特有属性

XML 属性	功能描述
android:stretchColumns	用于指定可拉伸的列,该列可以向行方向拉伸,最多可占据一整行。列号从 0 开始
android:shrinkColumns	用于指定可收缩的列,当该列子控件的内容太多,已经挤满所在行,则子控件的内容将往列方向显示
android:collapseColumns	用于指定要隐藏的列

下面的代码中采用表格布局实现了如图 2-10 所示的界面效果。

```
<?xml version="1.0" encoding="utf-8"?>
<TableLayout xmlns:android="http://schemas.android.com/apk/res/android"
    android:layout_width="match_parent"
    android:layout_height="match_parent"
    android:stretchColumns="2">

     <TableRow>

         <Button
             android:layout_width="wrap_content"
```

```
            android:layout_height = "wrap_content"
            android:layout_column = "0"
            android:text = "按钮 1" />

        <Button
            android:layout_width = "wrap_content"
            android:layout_height = "wrap_content"
            android:layout_column = "1"
            android:text = "按钮 2" />
    </TableRow>

    <TableRow>

        <Button
            android:layout_width = "wrap_content"
            android:layout_height = "wrap_content"
            android:layout_column = "0"
            android:layout_span = "3"
            android:text = "按钮 3" />

    </TableRow>

    <TableRow>

        <Button
            android:layout_width = "wrap_content"
            android:layout_height = "wrap_content"
            android:layout_column = "1"
            android:text = "按钮 4" />

        <Button
            android:layout_width = "wrap_content"
            android:layout_height = "wrap_content"
            android:layout_column = "2"
            android:text = "按钮 5" />
    </TableRow>

</TableLayout>
```

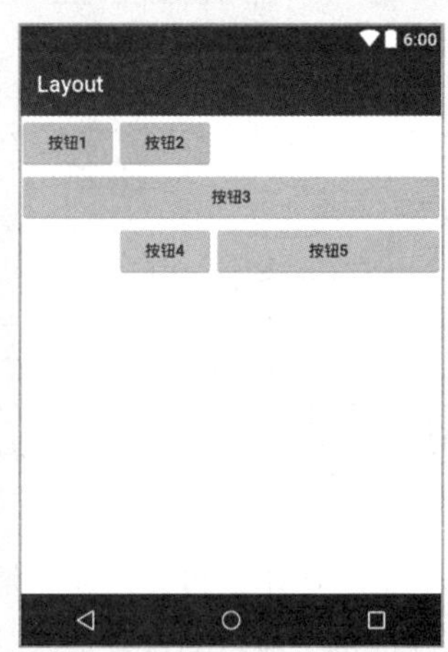

图 2-10　绝对布局实现界面

上述代码中，定义了一个三行三列的表格布局。通过 android:stretchColumns = "2" 指定表格布局的第三列可以被拉伸，注意这里的列号是从 0 开始的。该布局中的每一个按钮均通过layout_column 属性指定所在的列号，其中，“按钮 3”通过将android:layout_span 属性设置为 3，表示该控件占据的列数总共为三列。

2.2.7　网格布局

网格布局（即 GridLayout）为 Android 4.0 新增的布局，它实现了控件的交错显示，能够避免因布局嵌套对设备性能的影响，更利于自由布局的开发。网格布局用一组无限细的直线将绘图区域分成行、列和单元，并指定控件的显示区域和控件在该区域的显示方式。网格布局一个典型的应用是实现计算器面板，如图 2-11 所示。

网格布局对应的具体代码如下：

```
<?xml version="1.0" encoding="utf-8"?>
<GridLayout xmlns:android="http://schemas.android.com/apk/res/android"
    android:layout_width="match_parent"
    android:layout_height="match_parent"
    android:columnCount="4"
    android:orientation="horizontal"
    android:rowCount="6" >

    <Button android:text="1" />

    <Button android:text="2" />

    <Button android:text="3" />

    <Button android:text="/" />

    <Button android:text="4" />

    <Button android:text="5" />

    <Button android:text="6" />

    <Button android:text="* " />

    <Button android:text="7" />

    <Button android:text="8" />

    <Button android:text="9" />

    <Button android:text=" - " />

    <Button
        android:layout_columnSpan="2"
        android:layout_gravity="fill"
        android:text="0" />

    <Button android:text="." />

    <Button
        android:layout_height="wrap_content"
        android:layout_gravity="fill_vertical"
        android:layout_rowSpan="2"
        android:text=" + " />

    <Button
        android:layout_columnSpan="3"
        android:layout_gravity="fill_horizontal"
        android:text=" = " />

</GridLayout>
```

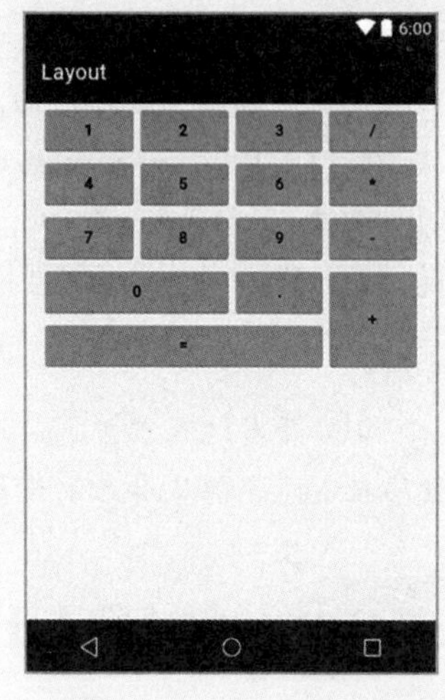

图 2-11　计算器面板界面

网格布局默认从左往右水平布局元素,可以通过设置属性 android:orientation 控制子元素布局的方向为水平还是垂直。android:rowCount 和 android:columnCount 属性则用于指定网格布局显示的行列数。上述代码的网格布局中添加了很多个按钮,个别的 Button 控件中包含一些属性,如 android:layout_rowSpan 表示该控件占用几行,android:layout_columnSpan 表示该控件占用几列,设置 android:layout_rowSpan 或者 android:layout_columnSpan 属性的同时设置 android:layout_gravity = "fill_xxx",则该元素将拉伸占满指定的列或行。

由于 GridLayout 是 Android 4.0 之后有的功能,如果要在项目中使用这种布局,需要把 SDK 的最低版本指定为 Android 4.0(API14)以上。具体在构建脚本文件 build. gradle 中由 defaultConfig 闭包内的 minSdkVersion 属性指定。

注意:

实际开发过程中推荐使用相对布局和线性布局,配合控件单位 dp 和 sp 一起,有利于应用程序在不同分辨率屏幕的设备上的适配。

2.3 常用 UI 控件

在上一节,我们学习了用户界面 UI 设计中布局方面的知识,其中用到了一些基本的控件,如文本框(TextView)、按钮(Button)等。本节将着重讲解 Android 用户界面设计中常用的各种控件的具体使用方法。

2.3.1 文本框(TextView)

在 Android 中,文本框用于在界面上显示文本,特点是其显示的文本不可被用户直接编辑。Android 中的文本框控件既可以显式单行文本,也可以显示多行文本,还可以显示带图像的文本。TextView 控件的常用属性如表 2-4 所示。

表 2-4 TextView 控件的常用属性

XML 属性	功能描述
android:drawableTop	用于指定在文本框内文本的顶部显示的图像
android:drawableBottom	用于指定在文本框内文本的底部显示的图像
android:drawableLeft	用于指定在文本框内文本的左侧显示的图像
android:drawableRight	用于指定在文本框内文本的右侧显示的图像
android:gravity	用于指定文本框内文本的对齐方式,可选值有 top、bottom、left、right、center_vertical 等。这些属性值可以同时指定,各属性值之间需用竖线隔开
android:inputType	用于指定文本框显示内容的文本类型,可选值有 textPassword、phone、data 等
android:singleLine	属性取值为 boolean 值,用于指定该文本框是否为单行模式
android:text	用于指定文本框显示的文本内容
android:textColor	用于设置文本框内文本的颜色
android:textSize	用于设置文本框内文本的字体大小
android:textStyle	用于设置文本框内文本的样式,可选值有 normal(普通字体)、bold(粗体)、italic(斜体)

XML 中通过使用 <TextView> 标签在布局上添加一个文本框,示例代码如下:

```
<?xml version="1.0" encoding="utf-8"?>
<LinearLayout xmlns:android="http://schemas.android.com/apk/res/android"
    android:layout_width="match_parent"
    android:layout_height="match_parent">

    <TextView
        android:layout_width="match_parent"
        android:layout_height="match_parent"
        android:gravity="center"
        android:text="TextView"
        android:textColor="#000000"
        android:textSize="30sp" />
</LinearLayout>
```

上述代码中,通过 android:layout_width 和 android:layout_height 属性设置文本控件的宽和高;android:gravity="center"指定 TextView 中的内容居中显示。android:textColor 属性一般有三种设置方法:一种是使用系统预定义的颜色;第二种是使用 res/values 目录下的 color.xml 文件中开发者自定义的颜色;这里是第三种方法,将 android:textColor 属性设置为"#"号 +6 位十六进制整数,其中两位一组,分别表示颜色的 rgb 值。该示例的预览效果如图 2-12 所示。

图 2-12 TextView 实例预览效果

多学一招:使用字符串资源。

Android 中的资源是指可以在代码中使用的外部文件,这些文件作为应用程序的一部分,被编译到应用程序中。在 Android 中,各种资源都被保存到 Android 应用的 res 目录下对应的子目录中,这些资源既可以在 Java 文件中使用,也可以在其他 XML 资源中使用。例如,前面已经大量使用的 res/layout 目录下的布局资源,res/drawable 目录下的图片资源等。

在 Android 中,当需要使用大量的字符串作为提示信息时,可以将这些字符串声明在 XML 文件中,从而实现程序的可配置性。字符串资源文件名称为 strings.xml,它位于 res/values 目录下,根元素是 <resources> 标签,在该元素中,使用 <string> 标签定义各字符串。其中,通过为 <string> 标签设置 name 属性来指定字符串的名称,在开始标签 <string> 和结束标签 </string> 中间添加字符串的内容。

例如,在 strings.xml 文件中定义一个名称为 hello 的字符串,内容是 Hello World,则 strings.xml 的具体代码如下所示。

```
<resources>
    <string name="app_name">Layout</string>
    <string name="hello">Hello World</string>
</resources>
```

注意:

Android 中所有资源文件(res 目录下的文件)的命名规则跟布局文件一样,即名称只能包含小写字母 a ~ z,阿拉伯数字 0 ~ 9 以及下画线"_",并且只能由小写字母开头。

2.3.2 编辑框(EditText)

EditText 是 TextView 的子类,在 TextView 的基础上增加了文本编辑功能,用于处理用户输入,如用户名、密码等,是非常常用的 UI 控件。除了从父类 TextView 继承了所有属性外,EditText 还有一个常用的专有属性,即 android:hint,当编辑框内容为空时,该属性用于指定一段提示性的文本。

XML 中通过使用 <EditText> 标签在布局上添加一个编辑框,具体代码如下:

```
<?xml version="1.0" encoding="utf-8"?>
<LinearLayout xmlns:android="http://schemas.android.com/apk/res/android"
    android:layout_width="match_parent"
    android:layout_height="match_parent">

    <EditText
        android:layout_width="match_parent"
        android:layout_height="wrap_content"
        android:hint="请输入姓名"
        android:textStyle="italic" />
</LinearLayout>
```

上述代码中,通过 android:hint 属性指定在 EditText 没有输入内容时,编辑框控件显示的提示文本;android:textStyle="italic"设置字体显示为斜体。由于示例代码在预览界面中看不出效果,直接运行程序效果如图 2-13 所示。

图 2-13 EditText 实例运行效果

2.3.3 普通按钮(Button)

Button 应该是用户交互中使用最多的控件。Android 中提供了两种按钮,Button 即普通按钮,另外一种是图片按钮 Image Button,我们将在下一小节中对图片按钮进行详细介绍。用户单击按钮时,会有相应的响应动作。和 Java GUI 一样,Android 中处理 Button 单击采用了事件驱动的策略。

Button 也是 TextView 的子类,它有一个常用的特有属性 android:onClick,该属性用于指定单击事件响应方法的方法名。

XML 中通过使用 <Button> 标签在布局上添加一个普通按钮,示例代码如下:

```
<?xml version="1.0" encoding="utf-8"?>
<LinearLayout xmlns:android="http://schemas.android.com/apk/res/android"
    android:layout_width="match_parent"
    android:layout_height="match_parent"
    android:orientation="vertical">

    <TextView
        android:id="@+id/tv"
        android:layout_width="match_parent"
        android:layout_height="wrap_content"
        android:text="Button 尚未被点击"
        android:textColor="#000000"
        android:textSize="20sp" />
```

```
    <Button
        android:layout_width = "wrap_content"
        android:layout_height = "wrap_content"
        android:layout_marginTop = "6dp"
        android:onClick = "click"
        android:text = "Button1"
        android:textAllCaps = "false" />

    <Button
        android:id = "@+id/btn2"
        android:layout_width = "wrap_content"
        android:layout_height = "wrap_content"
        android:layout_marginTop = "6dp"
        android:text = "Button2"
        android:textAllCaps = "false" />
</LinearLayout>
```

上述代码中,向垂直线性布局里添加了一个 TextView 控件和两个 Button 控件。其中,通过将第一个 Button 控件的 android:onClick 属性设置为"click",表示该按钮被单击时将会调用方法名为 click 的单击事件响应方法;为第二个 Button 控件设置了 android:id 属性,目的是可以在 Activity 里对其进行实例化。需要注意的是,Button 中的文本如果是英文字母则默认全部显示为大写,可以通过将 android:textAllCaps 属性设置为 true 恢复原来的大小写。

接下来,在 MainActivity 中实现逻辑代码,具体如下所示。

```
package ayit.edu.cn.layout;

import android.os.Bundle;
import android.support.v7.app.AppCompatActivity;
import android.view.View;
import android.widget.Button;
import android.widget.TextView;

public class MainActivity extends AppCompatActivity {

    private TextView tv;
    private Button btn2;

    @Override
    protected void onCreate(Bundle savedInstanceState) {
        super.onCreate(savedInstanceState);
        setContentView(R.layout.button);

        tv = (TextView) findViewById(R.id.tv);
        btn2 = (Button) findViewById(R.id.btn2);

        btn2.setOnClickListener(new View.OnClickListener() {
            @Override
            public void onClick(View v) {
                tv.setText("Button2 被点击了");
```

```
            }
        });
    }

    public void click(View view) {
        tv.setText("Button1 被点击了");
    }
}
```

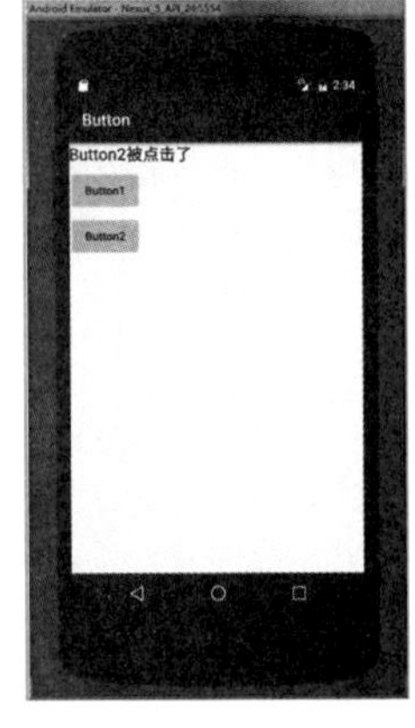

图 2-14 Button 实例运行效果

在上述代码中，通过 findViewById( )方法初始化控件，然后调用 setOnClickListener( )方法为“Button2”设置事件监听器。这里采用匿名内部类作为监听器对点击事件进行监听，当 Button2 被单击时，onClick( )方法将会被调用，在此方法中编写事件相应的处理逻辑即可。除此之外，MainActivity 中还定义了一个 public void click(View view)方法，该方法即是当 Button1 按钮被单击时执行的回调方法。需要注意的是，布局文件中 onClick 属性的值必须与 Activity 代码中定义的方法名保持一致，并且这个方法的声明格式必须为 public void 方法名(View view)。以上两种写法都是Android中给 Button 控件添加单击事件处理逻辑的常用方法。

该示例的运行效果如图 2-14 所示。当单击按钮时，TextView 控件中的文本显示“Button1/Button2 被点击了”。

2.3.4 图片按钮(ImageButton)

图片按钮和普通按钮的使用方法基本相同，只不过图片按钮使用 <ImageButton> 标签定义，并且可以为其指定 android:src 属性，用来设置在按钮中显示的图片。

在布局文件中添加图片按钮的基本语法格式如下：

```
<?xml version="1.0" encoding="utf-8"?>
<LinearLayout xmlns:android="http://schemas.android.com/apk/res/android"
    android:layout_width="match_parent"
    android:layout_height="match_parent"
    android:orientation="vertical">

    <ImageButton
        android:layout_width="200dp"
        android:layout_height="200dp"
        android:src="@mipmap/ic_launcher" />
</LinearLayout>
```

上述代码中，通过 android:src = "@mipmap/ic_launcher" 为 ImageButton 指定显示的图片，这里为 res/mipmap 目录下的 ic_launcher.png 图片。预览效果如图 2-15 所示。

接下来，再为当前的 ImageButton 添加一个 android:background = "@mipmap/ic_launcher" 属性，此时该示例的预览效果如图 2-16 所示。之所以显示为这样的效果，原因在于 android:background 属性会根据 ImageButton 组件设置的长宽进行拉伸，而 android:src 默认存放的就是原图的大小，不会进行拉伸。因此，android:src 用于设置显示的图片，相当于前景，android:background 用于指定背景，这两个属性可以同时使用。

图 2-15　ImageButton 实例预览效果

图 2-16　ImageButton 实例运行效果

此外,ImageButton 也可以添加单击事件监听器,具体添加方法跟普通按钮一样,这里不再赘述。

注意:

ImageButton 继承自 ImageView(图像视图,用于显示图片),就是用一个图片代表了一些文字,它由 android:src 属性指定图片的位置。Button 继承自 TextView,所以 TextView 的属性也适用于 Button 控件。

2.3.5　复选框(CheckBox)

复选框也称多项选择按钮,它和单选按钮(RadioButton)都继承自普通按钮(Button),因此它们都可以直接使用普通按钮支持的各种属性和方法。在默认情况下,复选框显示为一个方块图标,并且在该图标旁边放置一些说明性的文字。该控件允许用户一次选择多个选项,当不方便用户在手机屏幕上进行直接输入操作时,复选框控件的使用显得尤为便利。

XML 中通过使用 <CheckBox> 标签在布局上添加一个复选框,示例代码如下:

```
<?xml version = "1.0" encoding = "utf - 8"?>
<LinearLayout xmlns:android = "http://schemas.android.com/apk/res/android"
    android:layout_width = "match_parent"
    android:layout_height = "match_parent"
    android:orientation = "vertical" >

        <TextView
        android:id = "@+id/tv"
        android:layout_width = "wrap_content"
        android:layout_height = "wrap_content"
        android:text = "我的爱好有:"
        android:textColor = "#000000"
        android:textSize = "20sp" />

    <CheckBox
        android:id = "@+id/cb_singing"
```

```
            android:layout_width="wrap_content"
            android:layout_height="wrap_content"
            android:text="唱歌"/>

        <CheckBox
            android:id="@+id/cb_dancing"
            android:layout_width="wrap_content"
            android:layout_height="wrap_content"
            android:text="跳舞"/>

        <CheckBox
            android:id="@+id/cb_basketball"
            android:layout_width="wrap_content"
            android:layout_height="wrap_content"
            android:text="打篮球"/>

    <Button
        android:layout_width="wrap_content"
        android:layout_height="wrap_content"
        android:onClick="submit"
        android:text="提交"/>
    </LinearLayout>
```

上述 XML 代码在一个垂直线性布局中添加了一个 TextView 控件、一个 Button 控件及三个 CheckBox 控件。接下来在 Activity 中编写逻辑代码。

```
public class MainActivity extends AppCompatActivity {

    private TextView tv;
    private CheckBox cbSinging;
    private CheckBox cbDancing;
    private CheckBox cbBasketball;

    @Override
    protected void onCreate(Bundle savedInstanceState) {
        super.onCreate(savedInstanceState);
        setContentView(R.layout.checkbox);

        tv = (TextView) findViewById(R.id.tv);
        cbSinging = (CheckBox) findViewById(R.id.cb_singing);
        cbDancing = (CheckBox) findViewById(R.id.cb_dancing);
        cbBasketball = (CheckBox) findViewById(R.id.cb_basketball);
    }

    public void submit(View view) {
        StringBuffer sb = new StringBuffer();
        if(cbSinging.isChecked()) {
            sb.append("唱歌 ");
        }
        if(cbDancing.isChecked()) {
            sb.append("跳舞 ");
```

```
            }
            if(cbBasketball.isChecked()) {
                sb.append("打篮球 ");
            }
            if(! (cbSinging.isChecked() || cbDancing.isChecked() || cbBasketball.isChecked())) {
                tv.setText("我没有什么爱好...");
            } else {
                tv.setText("我的爱好有:" + sb.toString());
            }
        }
    }
```

上述代码中,实现了“提交”按钮单击事件的响应方法 submit( )。在该方法中,通过调用 isChecked( )方法判断一个复选框是否被勾选。示例的运行效果如图 2-17 所示。

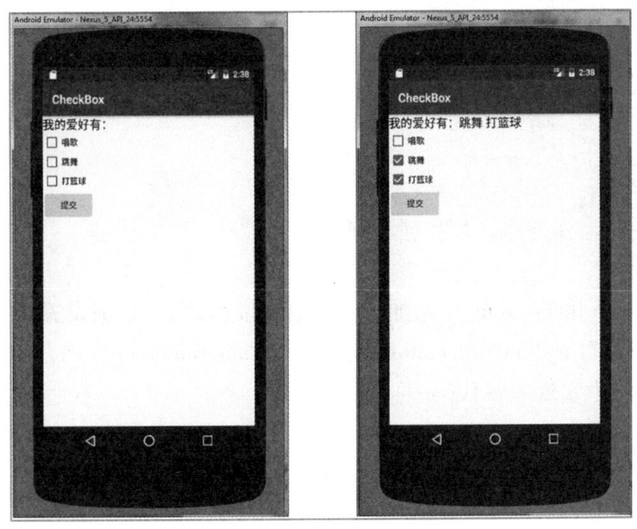

图 2-17　CheckBox 实例运行效果

2.3.6　单选按钮(RadioButton)与 RadioGroup(按钮组)

在默认情况下,单选按钮显示为一个圆形图标,并且在该图标旁边放置一些说明文字。在 Android 程序中,一般将多个单选按钮放置在 RadioGroup 中组成一个单选按钮组,它们共同为用户提供一种多选一的选择方式。当用户选中 RadioGroup 中某个 RadioButton 后,RadioGroup 中的其他按钮将被自动取消选中状态。

在 Android 中使用 RadioButton 和 RadioGroup 的示例代码如下:

```
<?xml version="1.0" encoding="utf-8"?>
<LinearLayout xmlns:android="http://schemas.android.com/apk/res/android"
    android:layout_width="match_parent"
    android:layout_height="match_parent"
    android:orientation="vertical">

    <RadioGroup
        android:id="@+id/rg_sex"
```

```
        android:layout_width = "wrap_content"
        android:layout_height = "wrap_content"
        android:orientation = "vertical" >

        <RadioButton
            android:id = "@ + id/rb_male"
            android:layout_width = "wrap_content"
            android:layout_height = "wrap_content"
            android:text = "男" / >

        <RadioButton
            android:id = "@ + id/rb_female"
            android:layout_width = "wrap_content"
            android:layout_height = "wrap_content"
            android:text = "女" / >

    < /RadioGroup >

    < TextView
        android:id = "@ + id/tv"
        android:layout_width = "wrap_content"
        android:layout_height = "wrap_content" / >
< /LinearLayout >
```

上述代码中，在一个 RadioGroup 中添加了两个单选按钮，文本分别设置为“男”和“女”。并且，在 RadioGroup 中通过设置 android:orientation 属性控制 RadioButton 的排列方向，这里为垂直排列。

接下来在 Activity 中实现逻辑代码，具体如下所示。

```
public class MainActivity extends AppCompatActivity {

    private TextView tv;
    private RadioGroup rgSex;

    protected void onCreate(Bundle savedInstanceState) {
        super.onCreate(savedInstanceState);
        setContentView(R.layout.progressbar);
        tv = (TextView) findViewById(R.id.tv);
        rgSex = (RadioGroup) findViewById(R.id.rg_sex);

        rgSex.setOnCheckedChangeListener(new RadioGroup.OnCheckedChangeListener() {
            @Override
            public void onCheckedChanged(RadioGroup group, int checkedId) {
                if(checkedId == R.id.rb_male) {
                    tv.setText("您的性别是:男");
                } else {
                    tv.setText("您的性别是:女");
                }
            }
        });
    }
}
```

上述代码中，通过调用 setOnCheckedChangeListener( )方法为 RadioGroup 注册监听器，当 RadioGroup包含的某个 RadioButton 被单击时，将执行 onCheckedChanged( )方法。这里，通过 onCheckedChanged( )方法的 checkedId 参数来判断具体是哪个 RadioButton 被选中了，从而将用户选择的性别显示在 TextView 控件中。该示例运行效果如图 2-18 所示。

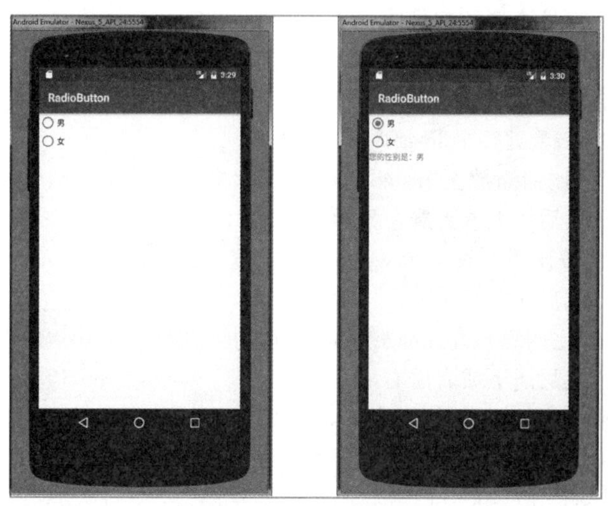

图 2-18　RadioButton 和 RadioGroup 实例运行效果

2.3.7　图像视图(ImageView)

ImageView 用于在屏幕中显示任何 Drawable 对象(Android SDK 中的类，表示对图片或图像的一个抽象)。图像视图通常用来显示图片，在很多场合都有比较普遍的使用。图像视图可以计算图片的尺寸以便在任意的布局中使用，并且可以提供缩放或者着色等选项供开发者使用。ImageView 的常用属性如表 2-5 所示。

表 2-5　ImageView 常用属性

XML 属性	功能描述
android:adjustViewBounds	用于设置 ImageView 是否调整自己的边界来保持所显示图片的长度比
android:maxHeight	设置 ImageView 的最大高度，需要设置 android:adjustViewBounds 属性为 true，否则不起作用
android:maxWidth	设置 ImageView 的最大宽度，需要设置 android:adjustViewBounds 属性为 true，否则不起作用
android:src	用于设置 ImageView 所显示图片资源的 ID，例如，设置显示保存在 res/drawable 目录下的名为 smile. jpg 的图片，可以将该属性设置为 android:src = "@drawable/smile"
android:scaleType	用于设置所显示的图片如何缩放或移动以适应 ImageView 的大小
android:tint	用于为图片着色

XML 中通过使用 <ImageView>标签在布局上添加一个图像视图，其基本语法格式如下：

```
<ImageView
    android:layout_width = "wrap_content"
    android:layout_height = "wrap_content"
    android:src = "@mipmap/ic_launcher"
    android:tint = "#77ff0000"
    />
```

上述代码中，通过 android:src = "@mipmap/ic_launcher"属性指定 ImageView 显示的图片；通过设置 android:tint 属性为图像着色，这里设置的是半透明的红色。预览效果如图 2-19 所示。

多学一招:ImageView 的 android:scaleType 属性详解。

ImageView 的 android:scaleType 属性可以用于设置所显示的图片如何缩放或移动以适应 ImageView 的大小,其属性值可以是 matrix、fitXY、fitStart、fitCenter、fitEnd、center、centerCrop 或 centerInside。上面八个属性可选值的具体含义如下:

- matrix:保持原图大小,从左上角的点开始,以矩阵形式绘图。
- fitXY:把图片按照指定的大小在 ImageView 中显示,拉伸显示图片,不保持原比例,填满整个 ImageView。
- fitStart:把图片按比例缩放至 ImageView 的宽度或者高度(取宽和高的最小值),然后居上或者居左显示。
- fitCenter:把图片按比例缩放至 ImageView 的宽度或者高度(取宽和高的最小值),然后居中显示。
- fitEnd:把图片按比例缩放至 ImageView 的宽度或者高度(取宽和高的最小值),然后居下或者居右显示。

图 2-19　ImageView 实例预览效果

- center:以原图的几何中心点和 ImagView 的几何中心点为基准,按图片的原来大小居中显示,不缩放。当图片长/宽超过 ImagView 的长/宽,则截取图片的居中部分进行显示。
- centerCrop:该属性值目标是将 ImageView 填充满,故将按比例缩放原图,使得可以将 ImageView 填充满,同时将多余的宽或者高出的部分剪裁掉。
- centerInside:该属性值目标是将原图完整的显示出来,通过按比例缩小原来的尺寸使得图片长(宽)等于或小于 ImageView 的长(宽)。

2.3.8　时间选择器(TimePicker)

为了让用户能够选择时间,Android 提供了时间选择器。该控件的使用比较简单,可以在 Android Studio 的可视化界面设计器中直接将 TimePicker 拖动到布局文件中,如图 2-20 所示。

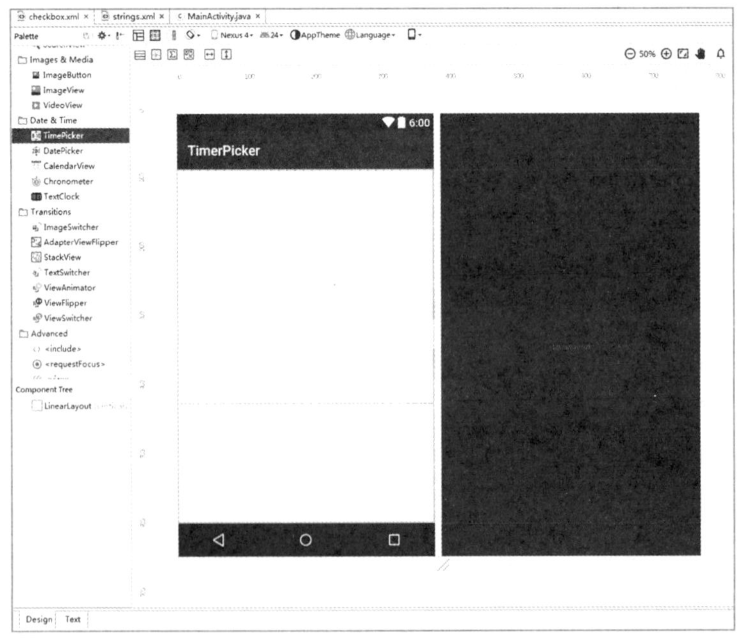

图 2-20　通过可视化界面设计器添加 TimePicker 控件

通过拖动将 TimePicker 添加到布局文件之后，在布局文件中再添加一个 TextView 控件用于显示操作 TimePicker 选择的时间。XML 文件如下所示。

```
<?xml version = "1.0" encoding = "utf - 8"?>
<LinearLayout xmlns:android = "http://schemas.android.com/apk/res/android"
    android:layout_width = "match_parent"
    android:layout_height = "match_parent"
    android:orientation = "vertical" >

    <TimePicker
        android:layout_width = "match_parent"
        android:layout_height = "wrap_content"
        android:id = "@ + id/timePicker" />

    <TextView
        android:id = "@ + id/tv"
        android:layout_width = "wrap_content"
        android:layout_height = "wrap_content"
        android:textSize = "20sp"/>
</LinearLayout>
```

接下来，在 Activity 中通过调用 setOnTimeChangedListener( ) 方法为 TimePicker 添加监听器。具体代码如下：

```
public class MainActivity extends AppCompatActivity {

    private TimePicker timePicker;
    private TextView tv;

    protected void onCreate(Bundle savedInstanceState) {
        super.onCreate(savedInstanceState);
        setContentView(R.layout.activity_main);

        timePicker = (TimePicker) findViewById(R.id.timePicker);
        tv = (TextView) findViewById(R.id.tv);

        timePicker.setOnTimeChangedListener(new TimePicker.OnTimeChangedListener() {
            @Override
            public void onTimeChanged(TimePicker view, int hourOfDay, int minute) {
                tv.setText("当前时间为:" + hourOfDay + ":" + minute);
            }
        });
    }
}
```

完成上述操作后，实例运行效果如图 2-21 所示。

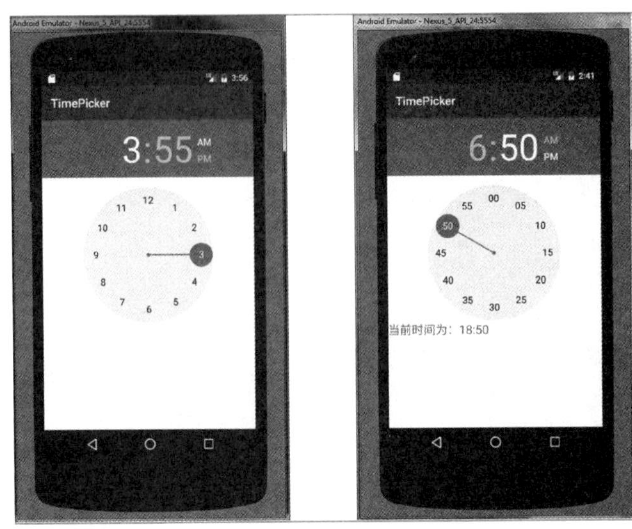

图 2-21 TimePicker 实例运行效果

2.3.9 日期选择器(DatePicker)与日期选择对话框(DatePickerDialog)

在 Android 中,DatePicker 是让用户在界面中选择日期的控件。DatePicker 由年、月、日三个部分组成。Android 提供 DatePicker 控件和调用 DatePickerDialog(日期选择器对话框)类两种方式,来实现日期选取功能。

DatePicker 的使用方法与 TimePicker 相似,因此本节中将通过调用 DatePickerDialog 类的方式来实现日期的选择,具体步骤如下:

(1)编写布局文件,代码如下所示。

```
<?xml version="1.0" encoding="utf-8"?>
<LinearLayout xmlns:android="http://schemas.android.com/apk/res/android"
    android:layout_width="match_parent"
    android:layout_height="match_parent"
    android:orientation="vertical">

    <Button
        android:layout_width="wrap_content"
        android:layout_height="wrap_content"
        android:onClick="showDatePickerDialog"
        android:text="点击选择日期"/>

    <TextView
        android:id="@+id/tv"
        android:layout_width="wrap_content"
        android:layout_height="wrap_content"
        android:textSize="20sp"/>
</LinearLayout>
```

上述 XML 代码中,单击 Button 控件将弹出 DatePickerDialog;通过对话框选择的日期将显示在 Button 下面的 TextView 控件中。

(2)在 MainActivity 中实现处理逻辑,具体代码如下所示。

```
public class MainActivity extends AppCompatActivity {

    private TextView tv;
    private Calendar calendar;

    protected void onCreate(Bundle savedInstanceState) {
        super.onCreate(savedInstanceState);
        setContentView(R.layout.activity_main);

        tv = (TextView) findViewById(R.id.tv);
        calendar = Calendar.getInstance();
    }

    public void showDatePickerDialog(View view) {
        DatePickerDialog dialog = new DatePickerDialog(MainActivity.this, dateSetListener,
                calendar.get(Calendar.YEAR), calendar.get(Calendar.MONTH), calendar.get
(Calendar.DAY_OF_MONTH));
        dialog.show();
    }

    DatePickerDialog.OnDateSetListener dateSetListener = new DatePickerDialog.OnDateSetListener() {
            @Override
        public void onDateSet(DatePicker view, int year, int month, int dayOfMonth) {
            tv.setText("当前日期为:" + year + "年" + (month + 1)
  + "月" + dayOfMonth + "日");
        }
    };
}
```

单击按钮,将执行上述代码的 showDatePickerDialog( )方法。该方法中,通过调用 DatePickerDialog 的构造方法创建日期选择对话框实例,此构造方法接收五个参数:第一个参数表示上下文对象,传入当前 MainActivity 实例即可;第二个参数是一个 DatePickerDialog. OnDateSetListener 对象,当弹出 DatePickerDialog 并设置完日期后,单击 OK 按钮就会执行 DatePickerDialog. OnDateSetListener 的 onDateSet( )方法;后面三个参数分别用于设置日期选择对话框弹出时显示的年、月、日。

该实例的运行效果如图 2-22 所示。

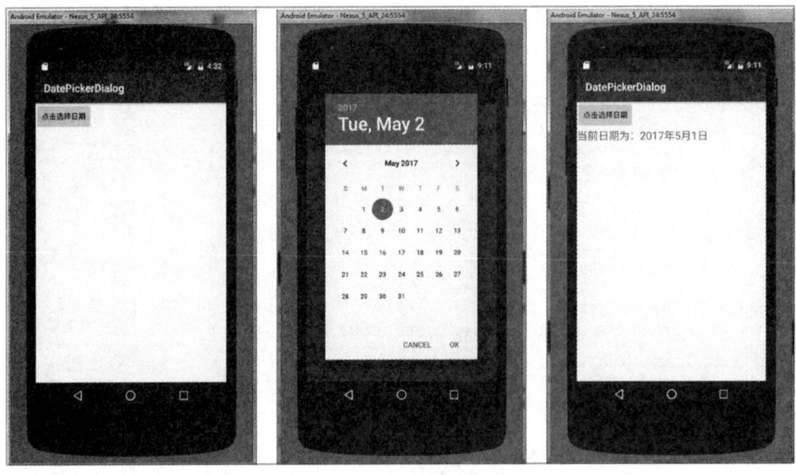

图 2-22　DatePicker 实例运行效果

注意：

onDateSet()方法的第三个参数 month 表示通过 DatePickerDialog 获取到的月份，取值范围是 0～11，而不是 1～12，所以需要将获取的结果加 1，才能代表真正的月份。

2.4 高级 UI 控件

经过上一节的学习，我们已经掌握了 Android 用户界面设计中常用的各种控件的使用方法，本节将继续学习 Android 开发中用到的一些高级控件，通过这些控件，可以开发出更加优秀的用户界面。

2.4.1 下拉列表框(Spinner)

在 Android 中，Spinner 相当于在网页中常见的下拉列表，用于供用户在给定的条目中进行选择，从而方便用户操作。XML 中通过使用 <Spinner> 标签在布局上添加一个下拉列表选择框。下面的实例通过下拉列表框给出了一些宜居城市的名字，当用户选择某个城市后，城市名将会显示在 Toast(吐司)消息提示框中。具体操作步骤如下：

(1)在布局文件中添加一个 AppCompatSpinner，代码如下所示。

```
<?xml version="1.0" encoding="utf-8"?>
<LinearLayout xmlns:android="http://schemas.android.com/apk/res/android"
    android:layout_width="match_parent"
    android:layout_height="match_parent"
    android:orientation="vertical">

    <android.support.v7.widget.AppCompatSpinner
        android:id="@+id/spinner"
        android:layout_width="wrap_content"
        android:layout_height="wrap_content">

    </android.support.v7.widget.AppCompatSpinner>
</LinearLayout>
```

android.support.v7.widget 包下的 AppCompatSpinner 可以兼容较低版本的 Android 系统。

(2)在 MainActivity 中实现处理逻辑，具体代码如下所示。

```
public class MainActivity extends AppCompatActivity {

    private Spinner spinner;

    private String[] cities = {"青岛", "昆明", "三亚", "大连",
            "威海", "苏州", "珠海", "厦门"};

    protected void onCreate(Bundle savedInstanceState) {
        super.onCreate(savedInstanceState);
        setContentView(R.layout.spinner);

        spinner = (Spinner) findViewById(R.id.spinner);
        spinner.setOnItemSelectedListener(new AdapterView.OnItemSelectedListener() {
```

```
            @Override
            public void onItemSelected(AdapterView<?>parent,View view,int position,long id) {
                String item=parent.getItemAtPosition(position).toString();
                Toast.makeText(MainActivity.this, "最适宜居住的城市是:" + item,
                        Toast.LENGTH_SHORT).show();
            }

            @Override
            public void onNothingSelected(AdapterView<?> parent) {
                //未选择任何条目的时候被调用
            }
        });
        ArrayAdapter<String> adapter=new ArrayAdapter<String>(this,
                android.R.layout.simple_spinner_item, cities);
        adapter.setDropDownViewResource(android.R.layout.simple_spinner_dropdown_item);
        spinner.setAdapter(adapter);
    }
}
```

上述代码中,通过调用 setOnItemSelectedListener()方法为 Spinner 设置监听器,当选择 Spinner 中的某个条目时,将会回调 onItemSelected()方法,在这个方法中获取用户选择的内容并通过 Toast 进行显示。Spinner 显示的数据是通过 ArrayAdapter 绑定的,关于适配器(Adapter)的使用方法将在后续的章节中进行详细的介绍。

该实例的运行效果如图 2-23 所示。

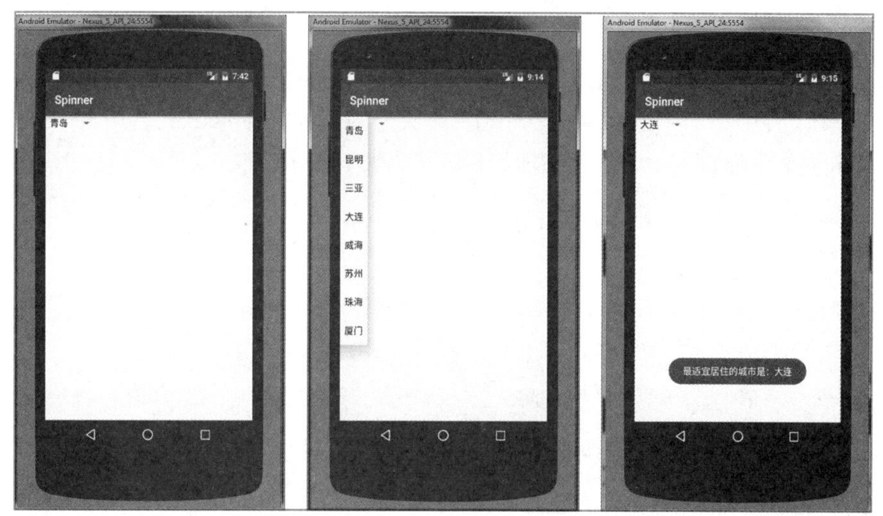

图 2-23　Spinner 实例运行效果

多学一招: Toast 的使用。

Toast 是 Android 中常用的消息提示工具,该消息在显示一小段时间后自动消失,因此不会干扰用户操作。Toast 类有两个方法,即 makeText()和 show()。其中,makeText()方法用于设置要显示的提示信息,show()方法的作用是显示消息框。Toast 的一般用法如下所示。

```
Toast.makeText(context, text, duration).show();
```

在上述示例代码中，makeText()方法接收三个参数：第一个参数 Context 是一个抽象类，表示应用程序的上下文环境。由于 Activity 是继承自 Context 的子类，因此在一个 Activity 中使用"当前 Activity 类名. this"作为第一个参数即可；第二个参数表示要显示的消息字符串；第三个参数表示消息显示的时长，该参数是特定的值，Toast. LENGTH_LONG 表示显示较长时间，Toast. LENGTH_SHORT 表示显示较短时间。实际上，LENGTH_LONG 和 LENGTH_SHORT 是 Toast 类中定义的 int 类型常量，其对应的整数值分别为 1 和 0。

除了用于在 Android 应用中给用户显示提示信息外，还可以在开发过程中通过 Toast 显示各种变量的值，以帮助开发者调试程序和观察错误。

2.4.2 进度条(ProgressBar)

当一个应用在后台运行时，前台界面不会有任何信息，这时用户根本不会知道程序是否仍在运行以及执行进度等，可以使用进度条反馈给用户当前的进度信息。例如，当用户从服务器下载文件的时候，进度条可以用来显示下载进度信息。在 Android 中，进度条用于向用户显示某个耗时操作的完成多少等情况。Android SDK 提供两种样式的进度条，一种是圆形的，另一种是水平进度条。其中，圆形进度条又分为大、中、小三种。ProgressBar 的常用属性如表 2-6 所示。

表 2-6 ProgressBar 的常用属性

XML 属性	功能描述
android:max	用于设置进度条的最大值
android:progress	用于指定进度条已完成的进度值
android:progressDrawable	用于设置进度条轨道的绘制形式

下面通过一个实例来演示如何使用 ProgressBar，具体步骤如下：

(1)在布局文件中添加一个 Button 控件和一个大号圆形的 ProgressBar，其中，ProgressBar 可以直接在 Design 界面中通过拖动的方式添加。具体代码如下所示。

```
<?xml version="1.0" encoding="utf-8"?>
<LinearLayout xmlns:android="http://schemas.android.com/apk/res/android"
    android:layout_width="match_parent"
    android:layout_height="match_parent"
    android:orientation="vertical">

    <Button
        android:layout_width="wrap_content"
        android:layout_height="wrap_content"
        android:onClick="download"
        android:text="开始下载" />

    <ProgressBar
        android:id="@+id/progressBar"
        style="?android:attr/progressBarStyleLarge"
        android:layout_width="match_parent"
        android:layout_height="wrap_content"
        android:visibility="invisible" />
</LinearLayout>
```

(2)在 MainActivity 中编写处理逻辑,具体代码如下:

```
public class MainActivity extends AppCompatActivity {

    private ProgressBar pb;

    protected void onCreate(Bundle savedInstanceState) {
        super.onCreate(savedInstanceState);
        setContentView(R.layout.progressbar);

        pb = (ProgressBar) findViewById(R.id.progressBar);
    }

    public void download(View view) {
        pb.setVisibility(View.VISIBLE);
        new Thread() {
            @Override
            public void run() {
                int count = 0;
                while(count < =10) {
                    count + +;
                    try {
                        Thread.sleep(300);
                    } catch(InterruptedException e) {
                        e.printStackTrace();
                    }
                }
                runOnUiThread(new Runnable() {
                    @Override
                    public void run() {
                        pb.setVisibility(View.INVISIBLE);
                        Toast.makeText(MainActivity.this, "下载完毕",
                                Toast.LENGTH_SHORT).show();
                    }
                });
            }
        }.start();
    }
}
```

上述代码中,Button 控件的单击事件响应方法 download( ) 中创建了一个子线程模拟执行下载任务,在开启线程前调用 setVisibility( ) 方法设置 ProgressBar 可见,下载任务完成后,再将 ProgressBar 设置为 View. INVISIBLE,即不可见。在 Thread 的 run( ) 方法里调用了 Activity的 runOnUiThread( ) 方法,其作用是在子线程中操作 UI 控件,相关原理将在后续章节中具体讲解。

该实例的运行效果如图 2-24 所示。

注意：

Android 中有多种编写程序界面的方式可供选择。Android Studio 和 Eclipse 中都提供了相应的可视化界面设计器，允许使用拖动控件的方式来编写布局，并能在视图上直接修改控件的属性。例如，本小节需要添加大、中、小三个圆形进度条，系统提供的样式名字很长难以记忆，就可以通过在可视化界面设计器中直接拖动的方式完成控件的添加。不过在学习阶段，应该尽量编写 XML 代码，更有利于去真正了解界面背后的实现原理。

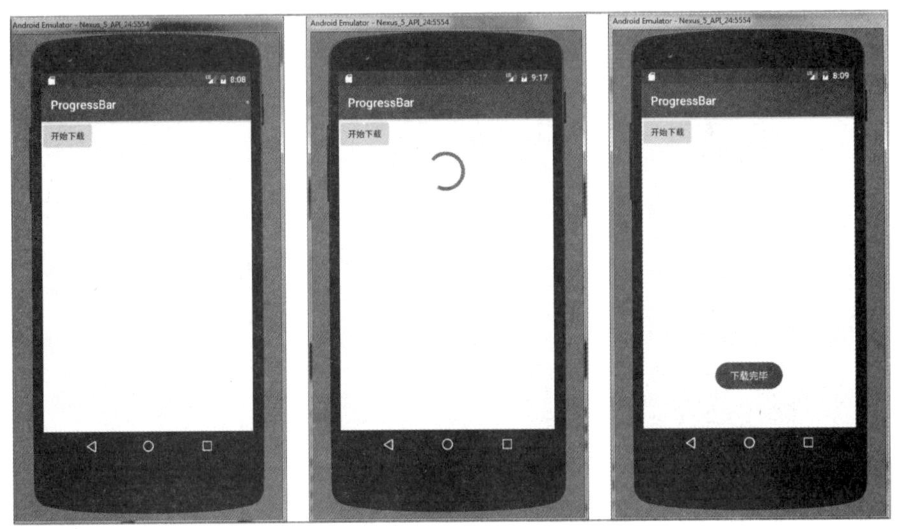

图 2-24 ProgressBar 实例运行效果

多学一招：样式和主题。

在 Android 系统中，包含了很多定义好的样式和主题，这些样式和主题用于定义布局显示在界面上的风格，下面对两者的作用进行具体的介绍。

- 样式：Android 中的样式和 CSS 的样式作用相似，都是用于为界面元素定义显示风格的。它是一个包含一个或者多个 View 控件属性的集合。样式只能作用于单个的 View，如 TextView、Button等。使用样式可以指定多个控件具有的相同属性，避免书写大量重复的代码。
- 主题：主题也是包含一个或者多个 View 控件属性的集合，但它的作用范围不同。主题是通过 AndroidManifest. xml 文件中的 <application> 和 <activity> 结点作用在整个 Android 应用或者某个 Activity 上的，它的影响是全局性的。如果一个应用中使用了主题，同时应用里的某个 View 控件也使用了样式，那么当主题和样式中的属性发生冲突时，样式的优先级高于主题。

在 Android 系统中，预定义的样式和主题都可以直接使用，改变样式只需要给相应控件设置属性 style = "?android:attr/…" 即可。例如，这一小节中通过将 ProgressBar 控件的 style 属性设置为"?android:attr/progressBarStyleLarge" 得到了一个大号圆形的进度条；设置主题只需要通过代码 android:theme = " android:style/…" 即可。例如，Android Studio 自动生成的 <application> 的主题默认设置为 android:theme = "@ style/AppTheme" 。

2.4.3 滚动视图(ScrollView)

当一个用户界面上有很多内容，以致当前手机屏幕不能完全显示全部内容时，就需要滚动视图来帮助浏览全部的内容。下面的垂直线性布局中依次地添加了八个按钮，已经不能显示全部的内容，如图 2-25 所示。

这时候就需要使用 ScrollView，以便于浏览。ScrollView 的使用非常简单，只需在布局文件中的所有 Button 控件外面加上 ScrollView 标签即可。具体 XML 代码如下：

```
<?xml version="1.0" encoding="utf-8"?>
<LinearLayout xmlns:android="http://schemas.android.com/apk/res/android"
    android:layout_width="match_parent"
    android:layout_height="match_parent"
    android:orientation="vertical">

    <android.support.v4.widget.NestedScrollView
        android:layout_width="match_parent"
        android:layout_height="wrap_content">

        <LinearLayout
            android:layout_width="wrap_content"
            android:layout_height="wrap_content"
            android:orientation="vertical">
        <Button
            android:layout_width="wrap_content"
            android:layout_height="100dp"
            android:text="Button1"
            android:textAllCaps="false" />
        …
        <Button
            android:layout_width="wrap_content"
            android:layout_height="100dp"
        android:text="Button8"
            android:textAllCaps="false" />
        </LinearLayout>

    </android.support.v4.widget.NestedScrollView>

</LinearLayout>
```

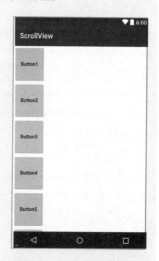

图 2-25　添加大量控件后的效果

上述 XML 文件中，NestedScrollView 是 support-v4 兼容包里的滚动视图控件，它和普通的 ScrollView 没有多大的区别。添加 ScrollView 后，当前程序的运行效果如图 2-26 所示。

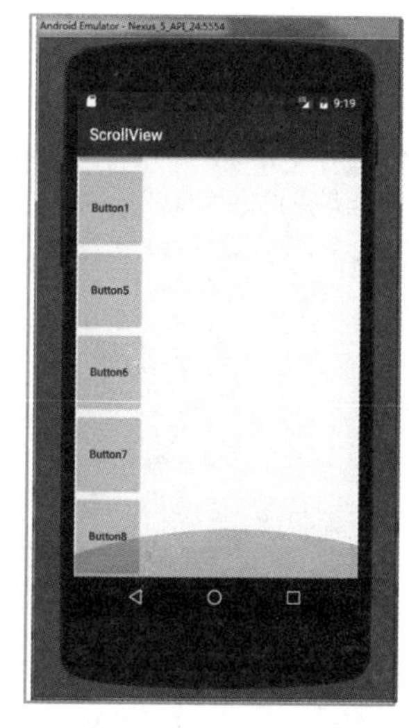

图 2-26　添加 ScrollView 之后的运行效果

2.4.4　拖动条(SeekBar)

拖动条间接地派生自水平进度条，相当于一个可以拖动的水平进度条，通常用于实现对某种数值的调节。例如，调节播放器的音量或者是屏幕的亮度等。

下面通过一个实例来演示如何使用 SeekBar，具体步骤如下：

(1) 在布局文件中添加一个 TextView 控件和一个 SeekBar 控件，代码如下所示。

```
<?xml version="1.0" encoding="utf-8"?>
<LinearLayout xmlns:android="http://schemas.android.com/apk/res/android"
    android:layout_width="match_parent"
    android:layout_height="match_parent"
    android:orientation="vertical">

    <TextView
        android:id="@+id/tv"
        android:layout_width="wrap_content"
        android:layout_height="wrap_content"
        android:text="当前值:30"
        android:textColor="#000000"
        android:textSize="20sp" />

    <SeekBar
        android:id="@+id/seekbar"
        android:layout_width="match_parent"
        android:layout_height="wrap_content"
        android:max="100"
        android:progress="30" />
</LinearLayout>
```

上述 XML 代码中，通过 android:max 属性设置 SeekBar 的最大值，android:progress 用于指定 SeekBar 的当前进度。

(2) MainActivity 中实现处理逻辑，具体代码如下所示。

```
public class MainActivity extends AppCompatActivity {

    private TextView tv;
    private SeekBar seekBar;

    protected void onCreate(Bundle savedInstanceState) {
        super.onCreate(savedInstanceState);
        setContentView(R.layout.progressbar);

        tv = (TextView) findViewById(R.id.tv);
        seekBar = (SeekBar) findViewById(R.id.seekbar);

        seekBar.setOnSeekBarChangeListener(new SeekBar.OnSeekBarChangeListener() {
            @Override
            public void onProgressChanged(SeekBar seekBar, int progress, boolean fromUser) {
                tv.setText("当前值:" + progress);
            }

            @Override
            public void onStartTrackingTouch(SeekBar seekBar) {
                // 开始滑动 SeekBar 回调
            }

            @Override
            public void onStopTrackingTouch(SeekBar seekBar) {
```

```
                // 结束滑动 SeekBar 回调
            }
        });
    }
}
```

上述代码中，通过调用 setOnSeekBarChangeListener( ) 方法为 SeekBar 设置监听器。OnSeekBarChangeListener 接口中有三个回调方法，其中，当 SeekBar 的进度值发生改变时调用 onProgressChanged( ) 方法，在此方法中将 SeekBar 的当前进度值（从参数 progress 中获取）显示在 TextView 控件里。实例运行效果如图 2-27 所示。

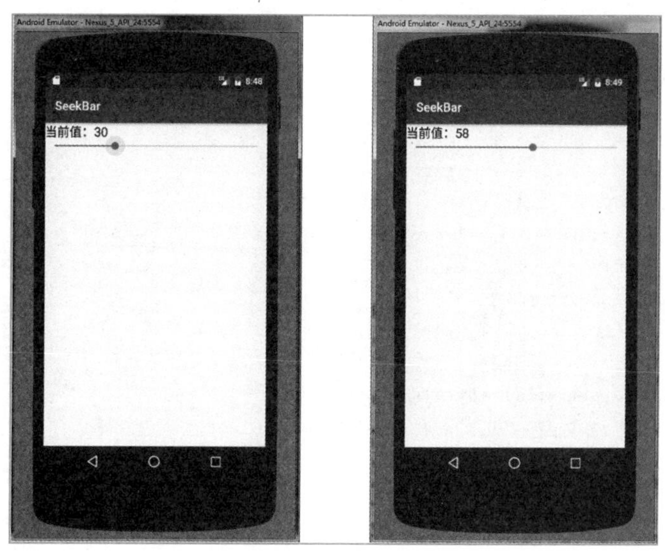

图 2-27　SeekBar 实例运行效果

2.4.5　星级评分条（RatingBar）

星级评分条与拖动条类似，都允许用户拖动来改变进度。所不同的是，星级评分条通过五角星形图案表示进度。通常情况下，使用星级评分条表示对某一事物的支持度或对某种服务的满意程度等。例如，手机淘宝中对卖家的好评度就是通过星级评分条实现的，如图 2-28 所示。

图 2-28　星级评分条在手机淘宝中的应用

RatingBar 控件的常用属性如表 2-7 所示。

下面通过一个实例来演示如何在程序中使用 RatingBar，具体步骤如下：

(1) 在布局文件中添加一个 RatingBar 和一个 Button 控件，代码如下所示。

表 2-7 RatingBar 的常用属性

XML 属性	功能描述
android:isIndicator	用于指定星级评分条是否允许用户更改,true 为不允许更改
android:numStars	用于指定星级评分条显示的星形数量,必须是一个整数
android:rating	用于指定星级评分条默认的星级
android:stepSize	用于指定每次最少需要改变多少个星级,即评分的步长,默认为 0.5 个

```
<?xml version="1.0" encoding="utf-8"?>
<LinearLayout xmlns:android="http://schemas.android.com/apk/res/android"
    android:layout_width="match_parent"
    android:layout_height="match_parent"
    android:orientation="vertical">

    <RatingBar
        android:id="@+id/ratingbar"
        android:layout_width="wrap_content"
        android:layout_height="wrap_content"
        android:numStars="5"
        android:stepSize="1" />

    <Button
        android:layout_width="wrap_content"
        android:layout_height="wrap_content"
        android:onClick="submit"
        android:text="提交评分" />
</LinearLayout>
```

上述 XML 代码中,将 RatingBar 的 android:numStars 属性设置为 5,表示总共显示 5 颗星,通过设置 android:stepSize = "1" 指定每次评分最少要改变的星级为 1。

(2)在 MainActivity 中编写处理逻辑,具体代码如下所示。

```
public class MainActivity extends AppCompatActivity {

    private RatingBar ratingBar;

    protected void onCreate(Bundle savedInstanceState) {
        super.onCreate(savedInstanceState);
        setContentView(R.layout.progressbar);

        ratingBar = (RatingBar) findViewById(R.id.ratingbar);
    }

    public void submit(View view) {
        float rating = ratingBar.getRating();
        Toast.makeText(this, "恭喜您,获得了" + (int) rating + "星好评", Toast.LENGTH_SHORT).show();
    }
}
```

上述代码中，在 Button 控件的单击事件响应方法 submit()里，通过调用 RatingBar 的 getRating()方法获取评分星级，然后弹出 Toast 消息提示框显示用户选择了几颗星。实例运行效果如图 2-29 所示。

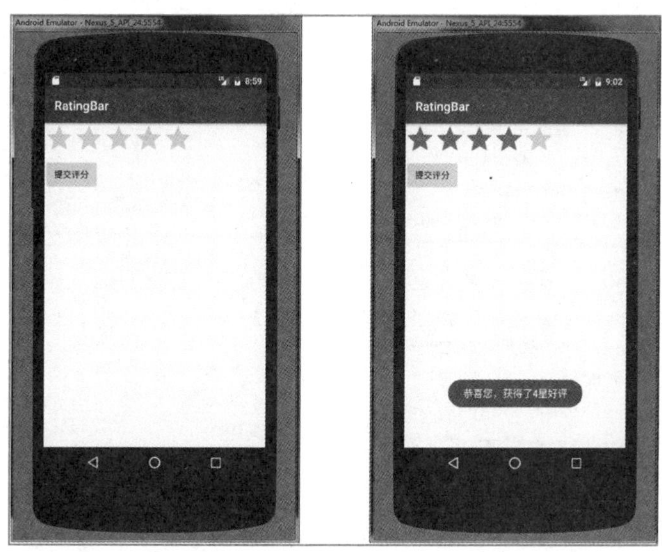

图 2-29　RatingBar 实例运行效果

2.4.6　用户注册实例

本小节将结合前面刚刚学过的知识，综合使用布局管理器和各种 UI 控件，实现一个常见的用户注册界面。具体步骤如下：

(1)新建一个 UserRegistration 项目，配置项目的过程中在 Customize the Activity 界面，将 Android Studio 默认创建的 Activity 的 Name 修改为 UserRegActivity，如图 2-30 所示。

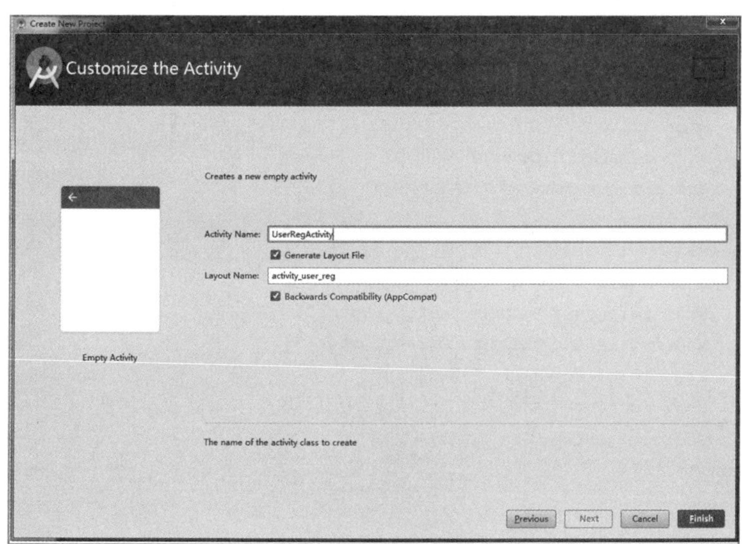

图 2-30　设置 Activity Name

(2)在布局文件 activity_user_reg.xml 中添加如下的代码。

```
<?xml version="1.0" encoding="utf-8"?>
<LinearLayout xmlns:android="http://schemas.android.com/apk/res/android"
    android:id="@+id/activity_user_reg"
    android:layout_width="match_parent"
    android:layout_height="match_parent"
    android:background="#ebebeb"
    android:gravity="center_horizontal"
    android:orientation="vertical"
    android:padding="10dp">

    <TextView
        android:layout_width="match_parent"
        android:layout_height="wrap_content"
        android:text="手机用户注册"
        android:textColor="#000000"
        android:textSize="30sp"
        android:textStyle="bold" />

    <View
        android:layout_width="match_parent"
        android:layout_height="3dp"
        android:layout_marginBottom="5dp"
        android:layout_marginTop="5dp"
        android:background="#a9a9a9" />

    <LinearLayout
        android:layout_width="match_parent"
        android:layout_height="wrap_content"
        android:background="#ffffff"
        android:orientation="horizontal">

        <TextView
            android:layout_width="wrap_content"
            android:layout_height="wrap_content"
            android:text="手机号码:"
            android:textColor="#000000"
            android:textSize="20sp" />

        <EditText
            android:id="@+id/et_phone_number"
            android:layout_width="match_parent"
            android:layout_height="wrap_content"
            android:background="@null"
            android:hint="请输入真实号码以便找到好友"
            android:textStyle="italic" />
    </LinearLayout>

    <LinearLayout
        android:layout_width="match_parent"
```

```
        android:layout_height = "wrap_content"
        android:layout_marginTop = "5dp"
        android:background = "#ffffff"
        android:orientation = "horizontal" >

        <TextView
            android:layout_width = "wrap_content"
            android:layout_height = "wrap_content"
            android:text = "真实姓名:"
            android:textColor = "#000000"
            android:textSize = "20sp" />

        <EditText
            android:id = "@+id/et_name"
            android:layout_width = "match_parent"
            android:layout_height = "wrap_content"
            android:background = "@null"
            android:hint = "请输入真实姓名以便找到好友"
            android:textStyle = "italic" />
    </LinearLayout>

    <LinearLayout
        android:layout_width = "match_parent"
        android:layout_height = "wrap_content"
        android:layout_marginTop = "5dp"
        android:background = "#ffffff"
        android:orientation = "horizontal" >

        <TextView
            android:layout_width = "wrap_content"
            android:layout_height = "wrap_content"
            android:text = "性        别:"
            android:textColor = "#000000"
            android:textSize = "20sp" />

        <RadioGroup
            android:layout_width = "wrap_content"
            android:layout_height = "wrap_content"
            android:orientation = "horizontal" >

            <RadioButton
                android:id = "@+id/rb_male"
                android:layout_width = "wrap_content"
                android:layout_height = "wrap_content"
                android:checked = "true"
                android:text = "男"
                android:textSize = "18sp" />

            <RadioButton
                android:layout_width = "wrap_content"
                android:layout_height = "wrap_content"
```

```
                android:text="女"
                android:textSize="18sp" />
        </RadioGroup>
    </LinearLayout>

    <LinearLayout
        android:layout_width="match_parent"
        android:layout_height="wrap_content"
        android:layout_marginTop="20dp"
        android:background="#ffffff"
        android:orientation="horizontal">

        <TextView
            android:layout_width="wrap_content"
            android:layout_height="wrap_content"
            android:text="设置密码:"
            android:textColor="#000000"
            android:textSize="20sp" />

        <EditText
            android:id="@+id/et_password"
            android:layout_width="match_parent"
            android:layout_height="wrap_content"
            android:background="@null"
            android:hint="请输入密码"
            android:inputType="textPassword"
            android:textStyle="italic" />
    </LinearLayout>

    <LinearLayout
        android:layout_width="match_parent"
        android:layout_height="wrap_content"
        android:layout_marginTop="5dp"
        android:background="#ffffff"
        android:orientation="horizontal">

        <TextView
            android:layout_width="wrap_content"
            android:layout_height="wrap_content"
            android:text="确认密码:"
            android:textColor="#000000"
            android:textSize="20sp" />

        <EditText
            android:id="@+id/et_confirm_pwd"
            android:layout_width="match_parent"
            android:layout_height="wrap_content"
            android:background="@null"
            android:hint="请确认密码"
            android:inputType="textPassword"
            android:textStyle="italic" />
```

```
    </LinearLayout>

    <CheckBox
        android:id="@+id/cb_agreement"
        android:layout_width="wrap_content"
        android:layout_height="wrap_content"
        android:text="我已经阅读并同意《用户隐私协议》" />

    <LinearLayout
        android:layout_width="match_parent"
        android:layout_height="wrap_content"
        android:layout_marginTop="15dp"
        android:gravity="center_horizontal"
        android:orientation="horizontal">

        <Button
            android:layout_width="wrap_content"
            android:layout_height="wrap_content"
            android:layout_marginRight="40dp"
            android:onClick="submit"
            android:text="提交" />

        <Button
            android:layout_width="wrap_content"
            android:layout_height="wrap_content"
            android:onClick="refill"
            android:text="重填" />
    </LinearLayout>
</LinearLayout>
```

上述布局文件虽然代码看起来很多，但其实并不复杂，只是把刚刚学到的知识结合在一起而已，然后灵活利用各控件中的属性调试它们的位置和样式。其中，LinearLayout 的 android:background="#ebebeb"属性值将其背景设置为浅灰色，TextView 的 android:textStyle="bold"属性值指定其中的文本显示为粗体，在 EditText 中 android:background="@null"属性值是去掉编辑框控件默认的下划线。此外，代码中还添加了一个 <View> 标签，作用仅仅是作为一条分隔线。

(3)在 Activity 中实现处理逻辑，具体代码如下所示。

```
public class UserRegActivity extends AppCompatActivity {

    private EditText etPhoneNumber;
    private EditText etName;
    private EditText etPassword;
    private EditText etConfirmPwd;
    private RadioButton rbMale;
    private CheckBox cbAgreement;

    @Override
    protected void onCreate(Bundle savedInstanceState) {
        super.onCreate(savedInstanceState);
        setContentView(R.layout.activity_user_reg);
```

```
        initView();
    }

    private void initView() {
        etPhoneNumber = (EditText) findViewById(R.id.et_phone_number);
        etName = (EditText) findViewById(R.id.et_name);
        etPassword = (EditText) findViewById(R.id.et_password);
        etConfirmPwd = (EditText) findViewById(R.id.et_confirm_pwd);

        rbMale = (RadioButton) findViewById(R.id.rb_male);
        cbAgreement = (CheckBox) findViewById(R.id.cb_agreement);
    }

    public void submit(View view) {
        String phoneNumber = etPhoneNumber.getText().toString().trim();
        String name = etName.getText().toString().trim();
        String password = etPassword.getText().toString().trim();
        String confirmPwd = etConfirmPwd.getText().toString().trim();

        if(TextUtils.isEmpty(phoneNumber) || TextUtils.isEmpty(name) ||
                TextUtils.isEmpty(password) || TextUtils.isEmpty(confirmPwd)) {
            Toast.makeText(this, "请填写完整相关注册信息", Toast.LENGTH_SHORT).show();
            return;
        }

        if(! cbAgreement.isChecked()) {
            Toast.makeText(this, "需同意《用户隐私协议》", Toast.LENGTH_SHORT).show();
            return;
        }

        // 用户注册成功
        Toast.makeText(this, "用户注册成功", Toast.LENGTH_SHORT).show();
        clearContent();
    }

    private void clearContent() {
        // 输入框的内容全部置为空
        etPhoneNumber.setText("");
        etName.setText("");
        etPassword.setText("");
        etConfirmPwd.setText("");

        // 性别默认为男
        rbMale.setChecked(true);

        // 取消选择《用户隐私协议》复选框
        cbAgreement.setChecked(false);
    }

    public void refill(View view) {
        clearContent();
    }
}
```

由于布局文件中的控件较多,因此在上述代码中,直接把初始化控件的操作封装到 initView( ) 方法里。“提交”和“重填”按钮的单击事件响应方法分别为 submit( ) 和 refill( )。用户成功提交注册信息或者单击“重填”按钮后,都需要清空界面上已经填好的内容,所以将此逻辑封装到 clearContent( ) 方法中,便于复用。

运行程序,效果如图 2-31 所示。在界面上填写注册信息并选择性别,如果输入信息不完整将会显示 Toast 提示用户,“我已经阅读并同意《用户隐私协议》”复选框必须选择,否则无法注册成功。填选完毕单击“提交”按钮后,界面上填写的内容将会全部清空,与直接单击“重填”按钮效果是一样的。

图 2-31　用户注册实例运行结果

小结

本章主要讲解了 Android 中的布局管理器和各种 UI 控件的使用知识。首先介绍了六种布局管理器,其中前三种布局的使用必须掌握,然后讲解 Android 中一些常用的基本控件及高级 UI 控件的使用方法,最后通过一个用户注册的实例将这些知识融合在一起。本章所讲解的内容基本上每个 Android 应用程序都会用到,UI 的实现是 Android 程序员必须掌握的基本技能,因此要求初学者熟练掌握。

习题

1. 填空题

(1) Android 中任何控件的宽和高都是通过________和________属性指定的。

(2) 线性布局主要有两种形式,一种是________线性布局,另一种是________线性布局。

(3) 默认情况下,FrameLayout 从屏幕的________开始布局,多个控件层叠摆放,后面的控件覆盖前面的控件。

(4) 在 Android 程序中,一般将多个单选按钮放置在________中组成一个单选按钮组。

2. 选择题

(1) 在相对布局中,“在指定控件左边”通过(　　)属性设置。

A. android:layout_above

B. android:layout_alignLeft

C. android:layout_toLeftOf

D. android:layout_toRightOf

(2)线性布局通过(　　)属性指定布局管理器内控件的排列方式。

A. android:gravity

B. android:layout_alignParentTop

C. android:orientation

D. android:layout_gravity

(3)XML 中通过使用(　　)标签在布局上添加一个下拉列表选择框控件。

A. <ProgressBar>

B. <ListView>

C. <Spinner>

D. <SrollView>

(4)Toast 类的 makeText(　　)方法接收的第三个参数的值可以是(　　)。

A. Toast. LENGTH_LONG

B. Toast. LENGTH_MIN

C. Toast. LENGTH_MAX

D. Toast. LENGTH_SHORT

3. 简答题

(1)简述 Android 中的布局有几种类型,以及每种类型的特点。

(2)简述 ProgressBar 控件的使用方法。

4. 编程题

(1)编写一个程序,实现选中复选框后,“开始”按钮才可单击,否则为不可用状态。

(2)综合使用本章学习的各种 UI 控件编写一个问卷调查界面。

第 3 章 应用基本单元 Activity

教学目标：

(1) 掌握创建、配置和启动 Activity 的方法。

(2) 掌握 Activity 的生命周期。

(3) 掌握 Activity 的 4 种启动模式。

(4) 掌握显式 Intent 和隐式 Intent 的使用。

(5) 掌握使用 Intent 在 Activity 间传递数据。

在现实生活中，经常会使用手机打电话、发短信、看视频等，这就需要与手机界面进行交互。在 Android 系统中，用户与程序的交互是通过 Activity 完成的。Activity 是 Android 应用程序四大核心组件中最基本、最常用的一个，本章将针对 Activity 的相关知识进行详细的讲解。

3.1 Activity 概述

Android 为开发者提供了四大组件，分别为 Activity、Service、Broadcast Receiver 和 Content Provider，这些组件是开发一个 Android 应用程序的基石。系统可以通过不同组件提供的切入点进入到开发的应用程序中。四大组件彼此之间是相互依赖和关联的，它们每一个作为存在的实体，在 Android 应用程序开发过程中扮演着特定的角色，作为独一无二的基石帮助开发者定义 Android 应用的行为。

Activity，中文可以直译为活动，是 Android 应用程序的四大组件之一，负责管理 Android 应用程序的用户界面。可以形象地称其为 Android 应用的门面或"颜值担当"。一个 Android 应用一般会包含若干个 Activity，每一个 Activity 组件负责一个用户界面的展现。一般情况下，该界面窗口会填满整个屏幕，但是也可以比屏幕小，或者浮在其他窗口之上。

微信、360 手机卫士等流行应用的界面都是由 Activity 管理的，如图 3-1 所示。

图 3-1　微信和 360 手机卫士

通过第 2 章的学习已经对 Activity 有了一个大概的了解，应该掌握了 Activity 是通过调用 setContentView( ) 方法来显示指定布局的。实际上，setContentView( ) 方法也可以接收 View 对象作为参数，这个 View 对象指定了当前 Activity 显示的组件。

3.2 创建、配置和启动 Activity

在 Android 中，Activity 提供了与用户交互的可视化界面。在使用 Activity 时，首先需要对其进行创建和配置，然后在应用程序运行的过程中启动 Activity。

3.2.1 创建 Activity

在 Android 应用中，可以创建一个或多个 Activity，其创建大致分为以下几个步骤：

(1) 自定义一个类，一般是继承 android. app 包中的 Activity 类，不过在不同的应用场景下，也可以继承 Activity 的子类。例如，在一个 Activity 中，只想实现一个列表（ListView 将在第 6 章详细介绍），那么就可以让该 Activity 继承 ListActivity。

注意：

Android Studio 中创建 Activity 默认继承的是 android. support. v7. app 包下的 AppCompatActivity 类，它也是 android. app. Activity 的子类。

在 Android Studio 中新建一个 ActivityDemo 项目，接下来不再像之前使用 Android Studio 的时候那样选择 Empty Activity 选项，而是选择 Add No Activity 选项，因为这次要自己来手动创建活动，如图 3-2 所示。

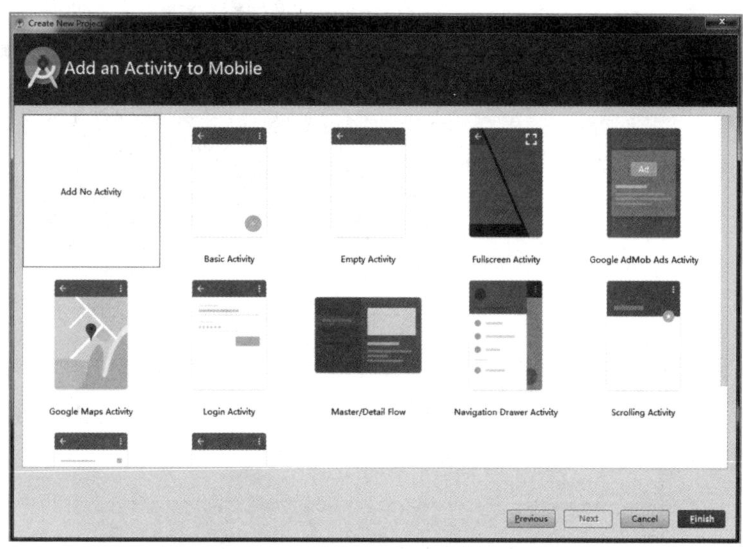

图 3-2　选择不添加活动

单击 Finish 按钮，等待 Gradle 构建完成后，项目就创建成功了。然后手动将默认的 Android 类型的项目结构改为 Project 类型（后面的所有项目都做这样的修改，以后不再赘述），并打开 java 子目录，可以看到 ayit. edu. cn. activitydemo 应该是空的，如图 3-3 所示。

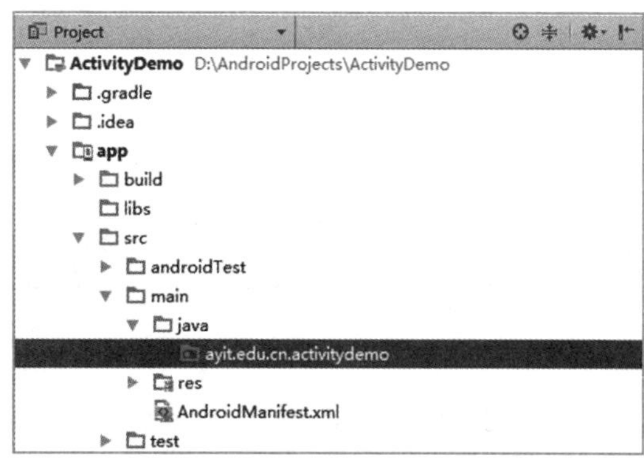

图 3-3　初始项目结构

此时选中 ayit. edu. cn. activitydemo 目录并右击，在弹出的快捷菜单中依次选择 New→Activity→Empty Activity 命令，如图 3-4 所示。

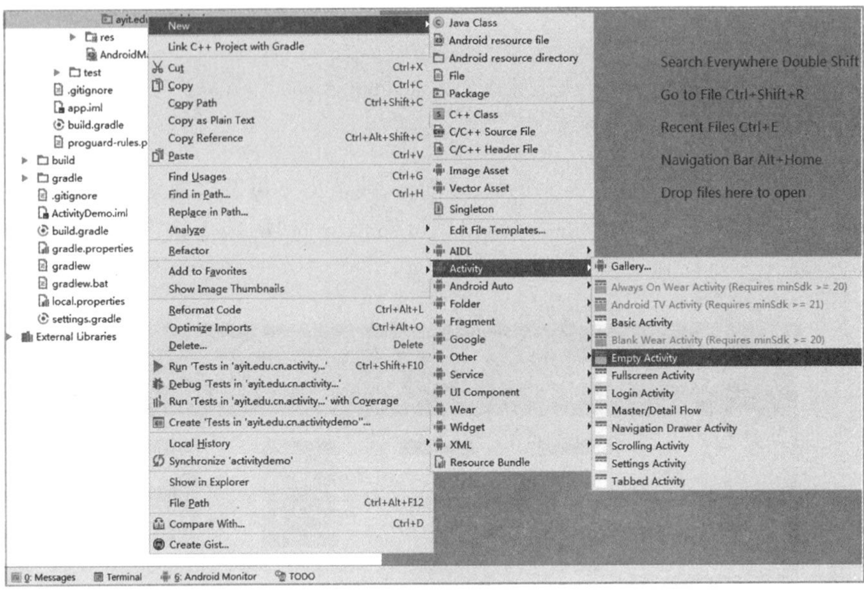

图 3-4　新建一个 Empty Activity

单击 Empty Activity 选项后打开如图 3-5 所示的 Configure Activity 对话框。在此,将 Activity 命名为 MyActivity,并取消勾选 Generate Layout File 选项。因为勾选这个选项开发环境将会为 MyActivity 自动创建一个对应的布局文件,而此操作需要后续手动完成。

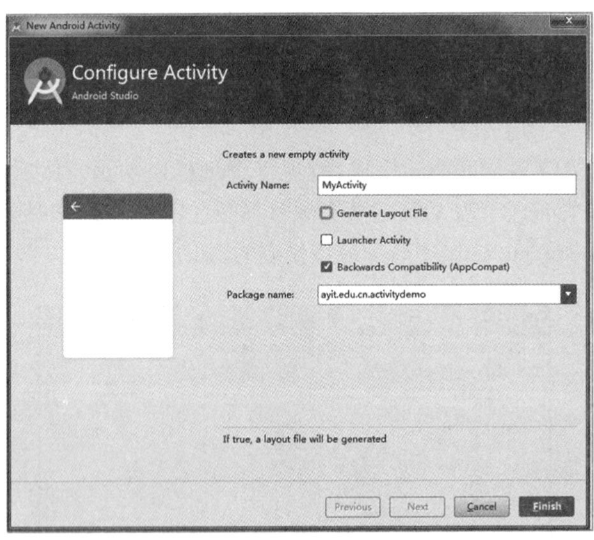

图 3-5　Configure Activity 对话框

设置完毕后单击 Finish 按钮,紧接着 Android Studio 将会自动打开刚刚创建好的 Activity,具体代码如下所示。

```
package ayit.edu.cn.activitydemo;

import android.support.v7.app.AppCompatActivity;
import android.os.Bundle;
```

```
public class MyActivity extends AppCompatActivity {

    @Override
    protected void onCreate(Bundle savedInstanceState) {
        super.onCreate(savedInstanceState);
    }
}
```

Android 项目中任何自定义的 Activity 都应该重写父类的 onCreate( )方法,而上述代码中已经重写好了,这是由 Android Studio 自动完成的。

(2)在 res/layout 目录中添加一个 XML 文件,用于创建 Activity 的布局。这一步操作仍然手动完成,具体过程如下:

右击 res 目录,在弹出的快捷菜单中依次选择 New→Directory 命令,打开如图 3-6 所示的 New Directory 窗口,输入 layout 并单击 OK 按钮,完成布局资源目录的创建。

接下来右击刚创建好的 layout 目录,在弹出的快捷菜单中依次选择 New→Layout resource file 命令,打开如图 3-7 所示的 New Layout Resource File 窗口,在 File name 文本框中输入所要创建的布局文件名称,Root element 一栏用于指定根元素,这里使用默认的 LinearLayout 即可。

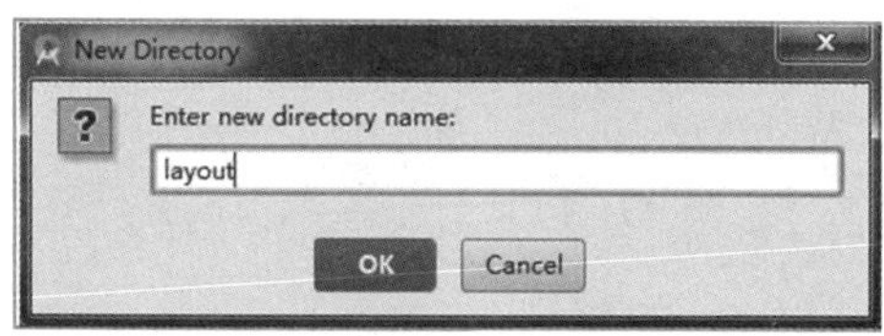

图 3-6　New Directory 对话框

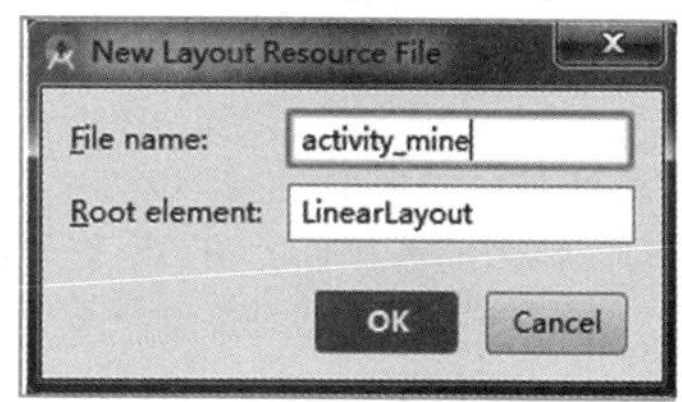

图 3-7　New Layout Resource File 对话框

单击 OK 按钮完成布局的创建,这时会看到如图 3-8 所示的可视化布局设计器。

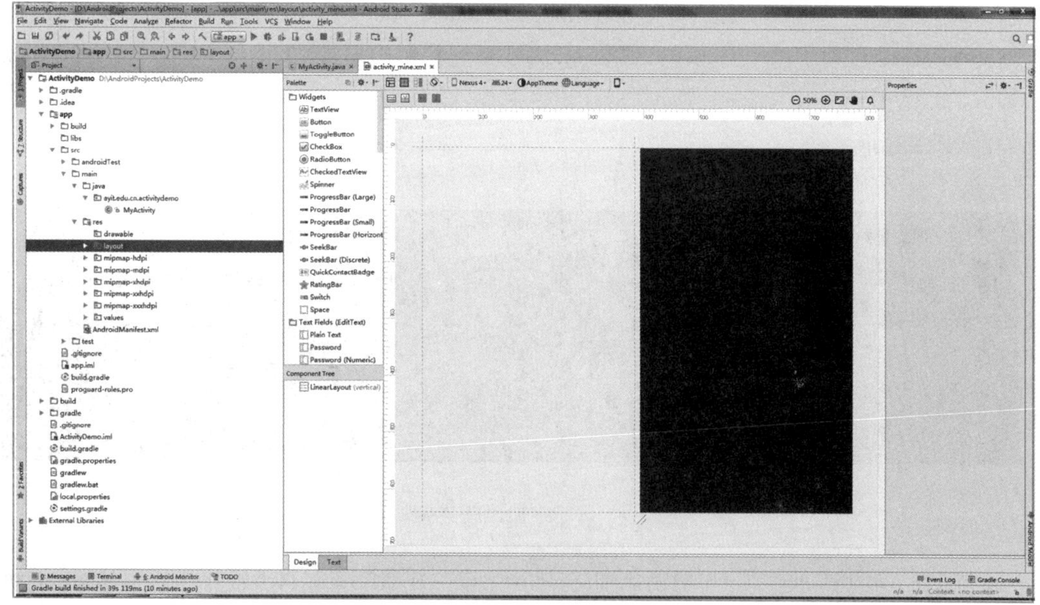

图 3-8　可视化布局设计器

然后单击 Text 选项卡，切换至 XML 源代码界面，并在创建好的布局文件中添加一个 TextView 控件，具体代码如下所示。

```
<?xml version="1.0" encoding="utf-8"?>
<LinearLayout xmlns:android="http://schemas.android.com/apk/res/android"
    android:layout_width="match_parent"
    android:layout_height="match_parent"
    android:orientation="vertical">

    <TextView
        android:layout_width="wrap_content"
        android:layout_height="wrap_content"
        android:text="MyActivity" />
</LinearLayout>
```

至此，手动创建布局文件的所有工作就全部完成了。

(3)重写需要的回调方法。通常情况下，都需要重写 Activity 的 onCreate()方法，并在该方法中使用 setContentView()加载指定的布局文件。具体代码如下所示。

```
public class MyActivity extends AppCompatActivity {

    @Override
    protected void onCreate(Bundle savedInstanceState) {
        super.onCreate(savedInstanceState);
        setContentView(R.layout.activity_mine);
    }
}
```

3.2.2 配置 Activity

作为四大组件之一的 Activity，必须要在 AndroidManifest.xml 文件中进行注册配置。如果没有配置，而又在程序中启动了这个 Activity，那么 Android 系统将抛出异常（ActivityNotFoundException）信息，如图 3-9 所示。

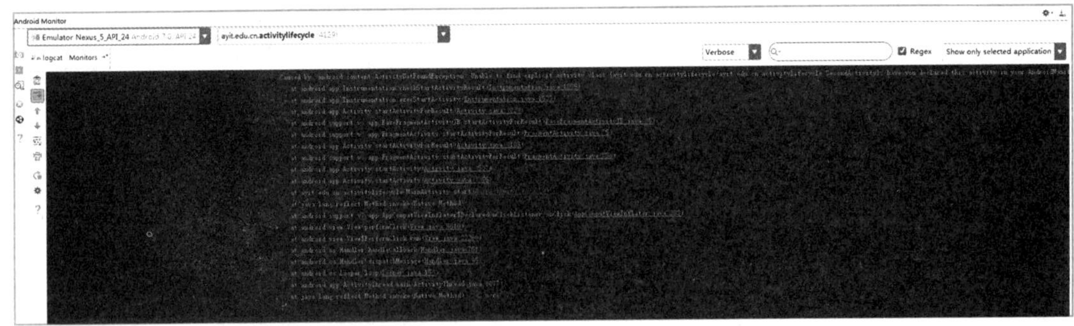

图 3-9 日志中抛出的异常信息

接下来在 ActivityDemo 项目中对新添加的 Activity 进行注册配置。双击打开 AndroidManifest.xml 文件，代码如下所示。

```
<?xml version = "1.0" encoding = "utf-8"?>
<manifest xmlns:android = "http://schemas.android.com/apk/res/android"
    package = "ayit.edu.cn.activitydemo" >

    <application
        android:allowBackup = "true"
        android:icon = "@mipmap/ic_launcher"
        android:label = "@string/app_name"
        android:supportsRtl = "true"
        android:theme = "@style/AppTheme" >
        <activity android:name = ".MyActivity" > </activity>
    </application>

</manifest>
```

上述 XML 代码中，<application>标签下的<activity>子标签就是用来对 Activity 进行注册的。实际上，Activity 创建成功后，Android Studio 已经自动完成了注册。在<activity>标签中，使用 android:name 属性指定具体注册的是哪一个 Activity，这里输入的. MyActivity 相当于 ayit. edu. cn. activitydemo. MyActivity 的缩写。由于在最外层的<manifest>标签中已经通过 package 属性指定了当前应用的包名，因此，在注册 Activity 时这一部分就可以省略了，直接写成. MyActivity 即可。

3.2.3　启动 Activity

上一节仅仅是注册了 Activity，但是此时应用程序仍然不能运行，原因在于还没有为它配置主活动，也就是说，当程序运行起来的时候，不知道要首先启动哪个活动。配置主活动的方法就是在<activity>标签的内部加入<intent-filter>标签，并在这个标签里添加<action android:name = " android. intent. action. MAIN"/>和<category android:name = " android. intent. cate-gory. LAUNCHER"/>这两句声明。第一句声明指定应用程序最先启动的 Activity，第二句声明决定应用程序是否显示在程序列表里。

修改后的 AndroidManifest. xml 文件具体代码如下所示。

```
<?xml version = "1.0" encoding = "utf-8"?>
<manifest xmlns:android = "http://schemas.android.com/apk/res/android"
    package = "ayit.edu.cn.activitydemo" >

    <application
        android:allowBackup = "true"
        android:icon = "@mipmap/ic_launcher"
        android:label = "@string/app_name"
        android:supportsRtl = "true"
        android:theme = "@style/AppTheme" >
        <activity
            android:name = ".MyActivity"
            android:label = "手动创建的 Activity" >
            <intent-filter>
                <action android:name = "android.intent.action.MAIN" />
                <category android:name = "android.intent.category.LAUNCHER" />
            </intent-filter>
        </activity>
    </application>

</manifest>
```

在 <activity> 元素中，android:label 属性用于指定活动中标题栏的内容，标题栏是显示在活动最顶部的；还可以添加 android:theme 属性用于设置当前 Activity 要应用的主题。完成上述操作后，MyActivity 就成为当前应用的主活动，即双击 Android 系统桌面应用图标时首先打开的活动。

运行当前的应用程序，结果如图 3-10 所示。

图 3-10 ActivityDemo 运行效果

在一个 Android 应用中，如果只有一个 Activity，那么只需要在 AndroidManifest.xml 文件中对其进行配置，并且将其设置为程序的入口，即主活动即可。这样，当运行该应用时，将自动启动该 Activity。否则，可以通过调用 startActivity( ) 方法来启动需要的 Activity。startActivity( ) 方法的语法格式如下：

```
startActivity(Intent intent);
```

该方法没有返回值，只有一个 Intent 类型的参数，Intent 是协调 Android 系统中各组件之间进行交互和通信的重要机制，在创建 Intent 对象时，需要指定想要被启动的 Activity。例如，要启动一个名为 DetailActivity 的活动，可以使用下面的代码：

```
Intent intent = new Intent(this, DetailActivity.class);
startActivity(intent);
```

Intent 的相关内容将在 3.5 节中进行详细介绍。

3.3 Activity 的生命周期

生命周期原指一个对象的“生老病死”。在程序设计领域，生命周期就是一个对象从创建到销毁的过程，面向对象程序设计过程中，创建出来的每一个对象都有自己的生命周期。同样，Activity 也具有相应的生命周期。

3.3.1 Activity 的状态

在 Activity 的生命周期中，最多存在四种状态，分别是运行状态、暂停状态、停止状态和销毁状态。接下来针对 Activity 生命周期的四种状态进行详细的讲解。

1. 运行状态

当一个 Activity 位于屏幕的最前端时，这时活动处于运行状态。处于运行状态的 Activity“既看得见，又摸得着”，即它是可见的、有焦点的，可以用来处理用户的常见操作，如单击、滑动事件等。

2. 暂停状态

在某些情况下，Activity 对用户来说仍然是可见的，但它不再拥有焦点，这时活动就进入了暂停状态。处于暂停状态的 Activity“看得见，但摸不着”。例如，当屏幕最前端的 Activity 没有完全覆盖屏幕或者是透明的，被覆盖的 Activity 仍然对用户可见。处于暂停状态的活动仍然是完全存活着的，但当内存不足时，这个暂停状态的 Activity 可能会被杀死。

3. 停止状态

当一个 Activity 不再位于屏幕的最前端，并且完全不可见时，它就处于停止状态。处于停止状态的活动“既看不见，也摸不着”。系统仍然会为停止状态的 Activity 保存当前的状态和成员变量，但这并不是完全可靠的，当内存不足时，这个 Activity 很有可能会被系统回收。

4. 销毁状态

该 Activity 生命周期结束，或 Activity 所在的 Dalvik 进程结束。

值得一提的是，当 Activity 处于运行状态时，Android 会尽可能地保持它的运行，即使出现内存不足的情况，Android 也会先杀死任务栈底部的 Activity，来确保可见的 Activity 正常运行。任务栈的相关知识将在后续的小节中进行详细介绍。

3.3.2 Activity 的生存期

Activity 从一种状态转变到另一种状态时会触发一些事件，执行一些回调方法来通知状态的变化。Activity 类中定义了七个回调方法，覆盖了 Activity 生命周期的每一个环节，接下来对其进行逐一介绍。

- onCreate()方法：在 Activity 第一次被创建的时候调用，该方法中通常完成 Activity 的初始化操作，例如，加载布局文件、初始化控件、准备数据等。
- onStart()方法：在 Activity 由不可见变为可见的时候调用。
- onResume()方法：在 Activity 获取焦点时调用。此时的 Activity 位于屏幕的最前端，并且处于运行状态。
- onPause()方法：在 Activity 失去焦点时调用。通常会在这个方法中将一些消耗 CPU 的资源释放掉，以及保存一些关键数据，例如，正在用手机玩儿游戏时，突然来电话了，这时就可以在该方法中将游戏状态保存起来。但这个方法的执行速度一定要快，因为直到该方法执行完毕后，下一个 Activity 才能被恢复。
- onStop()方法：在 Activity 完全不可见的时候调用。
- onDestroy()方法：在 Activity 被销毁之前调用，之后 Activity 将变为销毁状态。
- onRestart()方法：在 Activity 由停止状态变为运行状态之前调用，也就是 Activity 被重新启动了。

注意：

在 Activity 中，可以根据应用场景的需要来重写相应的生命周期方法。通常情况下，onCreate()和 onPause()方法是最常用的，经常需要重写这两个方法。

为了帮助大家更好地理解 Activity 的四种状态以及处于不同状态时回调的方法，Android 官方专门提供了一个 Activity 生命周期模型的示意图，如图 3-11 所示。

从图 3-11 中容易看出，Activity 的七个生命周期回调方法中，除了 onRestart()方法外，其他都是两两相对应的，例如 onResume()和 onPause()方法。因此又可以将 Activity 分为三种生存期。

- 完整生存期：Activity 在 onCreate()方法和 onDestroy()方法之间所经历的，就是完整生存期。一般情况下，一个 Activity 会在 onCreate()方法中完成各种相关的初始化操作，而在 onDestroy()方法中完成释放掉存储空间的操作。
- 可见生存期：Activity 在 onStart()方法和 onStop()方法之间所经历的，就是可见生存期。在可见生存期内，Activity 对于用户总是可见的，即便有可能与用户无法交互。可以通过这两个方法，合理的管理那些对用户可见的资源。例如，在 onStart()方法中对资源进行加载，而在 onStop()方法中对资源进行释放，从而保证处于停止状态的活动不会占用过多的内存空间。
- 前台生存期：活动在 onResume()方法和 onPause()方法之间所经历的就是前台生存期。在前台生存期内，活动总是处于运行状态，此时的活动是可以与用户进行交互的，平时看到和接触最多的也就是这个状态的活动。

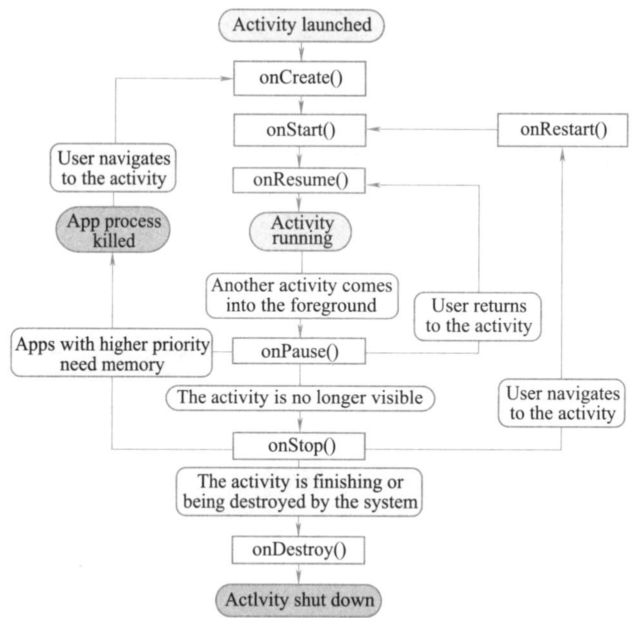

图 3-11　Activity 生命周期模型的示意图

3.3.3　Activity 生命周期实例

为了让大家更好地掌握 Activity 的生命周期,接下来通过一个实例,演示当两个 Activity 切换时各自的回调方法执行顺序。具体步骤如下所示。

(1)新建一个名为 ActivityLifeCycle 的项目,然后修改 layout 目录下自动生成的 activity_main.xml 布局文件,具体如下所示。

该 XML 代码的预览效果如图 3-12 所示。

```
<?xml version="1.0" encoding="utf-8"?>
<RelativeLayout xmlns:android="http://schemas.android.com/apk/res/android"
    android:id="@+id/activity_main"
    android:layout_width="match_parent"
    android:layout_height="match_parent">

    <TextView
        android:id="@+id/tv"
        android:layout_width="wrap_content"
        android:layout_height="wrap_content"
        android:text="MainActivity" />

    <Button
        android:layout_width="wrap_content"
        android:layout_height="wrap_content"
        android:layout_below="@+id/tv"
        android:onClick="start"
        android:text="启动 SecondActivity"
        android:textAllCaps="false" />

</RelativeLayout>
```

图 3-12　activity_main.xml 预览效果

（2）修改项目自动创建的 MainActivity. java，具体代码如下：

```
public class MainActivity extends AppCompatActivity {

    private static final String TAG = "MainActivity";

    @Override
    protected void onCreate(Bundle savedInstanceState) {
        super.onCreate(savedInstanceState);
        setContentView(R.layout.activity_main);
        Log.i(TAG, "MainActivity--->onCreate 方法执行了");
    }

    @Override
    protected void onStart() {
        Log.i(TAG, "MainActivity--->onStart 方法执行了");
        super.onStart();
    }

    @Override
    protected void onResume() {
        Log.i(TAG, "MainActivity--->onResume 方法执行了");
        super.onResume();
    }

    @Override
    protected void onPause() {
        Log.i(TAG, "MainActivity--->onPause 方法执行了");
        super.onPause();
    }

    @Override
    protected void onStop() {
        Log.i(TAG, "MainActivity--->onStop 方法执行了");
        super.onStop();
    }

    @Override
    protected void onRestart() {
        Log.i(TAG, "MainActivity--->onRestart 方法执行了");
        super.onRestart();
    }

    @Override
    protected void onDestroy() {
        Log.i(TAG, "MainActivity--->onDestroy 方法执行了");
        super.onDestroy();
    }

    public void start(View view) {
        Intent intent = new Intent(this, SecondActivity.class);
        startActivity(intent);
    }
}
```

上述代码重写了 Activity 的七个生命周期方法，并在每个方法中使用 Log 日志工具类打印出"onXXX 方法执行了"以便观察程序运行的结果。此外，代码的最后还实现了布局文件中Button控件的单击事件处理方法 start()，其中创建了一个 Intent 对象用于启动 SecondActivity。

(3)新建一个活动，并将其命名为 SecondActivity，其他具体设置如图 3-13 所示。

图 3-13　新建 SecondActivity 设置界面

单击 Finish 按钮完成 SecondActivity 的创建，接下来在其源代码中同样重写 Activity 生命周期中的所有方法，并在每个方法中打印 Log 信息，具体代码如下所示。

```
public class SecondActivity extends AppCompatActivity {

    private static final String TAG = "SecondActivity";

    @Override
    protected void onCreate(Bundle savedInstanceState) {
        super.onCreate(savedInstanceState);
        setContentView(R.layout.activity_second);

        Log.e(TAG, "SecondActivity--->onCreate 方法执行了");
    }

    @Override
    protected void onStart() {
        Log.e(TAG, "SecondActivity--->onStart 方法执行了");
        super.onStart();
    }

    @Override
    protected void onResume() {
        Log.e(TAG, "SecondActivity--->onResume 方法执行了");
        super.onResume();
    }
```

```
    @Override
    protected void onPause() {
        Log.e(TAG, "SecondActivity--->onPause方法执行了");
        super.onPause();
    }

    @Override
    protected void onStop() {
        Log.e(TAG, "SecondActivity--->onStop方法执行了");
        super.onStop();
    }

    @Override
    protected void onRestart() {
        Log.e(TAG, "SecondActivity--->onRestart方法执行了");
        super.onRestart();
    }

    @Override
    protected void onDestroy() {
        Log.e(TAG, "SecondActivity--->onDestroy方法执行了");
        super.onDestroy();
    }

}
```

上述代码中,在打印 SecondActivity 生命周期的执行方法时调用了 Log 类的 e()方法,因为该方法输出的日志信息内容为红色,从而和 MainActivity 打印的生命周期方法相区别,以便于观察运行结果。

(4)打开 SecondActivity 的布局文件 activity_second.xml,在根元素下添加一个 TextView 控件,并设置 android:text = "SecondActivity",修改完成后预览效果如图 3-14 所示。

完成上述操作后运行程序,首先会显示 MainActivity 界面,如图 3-15 所示。同时,Android Studio底部工具栏 Android Monitor 的 LogCat 窗口中会打印 MainActivity 生命周期中的执行方法,如图 3-16 所示。

图 3-14　activity_second.xml 预览效果

图 3-15　MainActivity 界面

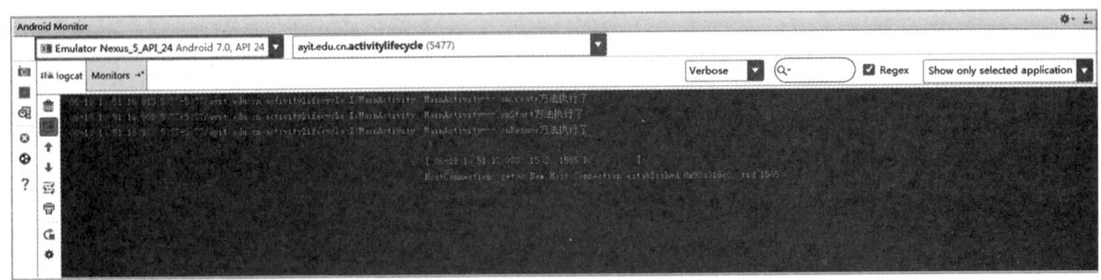

图 3-16　LogCat 打印的 MainActivity 生命周期方法

在图 3-16 中可以看到，应用程序启动时主活动 MainActivity 依次输出了 onCreate( )、onStart( )、onResume( ) 方法，这个顺序是MainActivity 从创建到显示在前台再到用户可单击的过程。

接下来单击图 3-15 中的“启动 SecondActivity”按钮，开启第二个 Activity，如图 3-17 所示。当应用程序从 MainActivity跳转到 SecondActivity 时，LogCat 窗口会打印两个 Activity 各自生命周期中执行的方法，对应的 Log 信息如图 3-18所示。

图 3-17　SecondActivity 界面

从上述 Log 信息中可以看到，当跳转到 SecondActivity 时，MainActivity 首先失去焦点执行了 onPause( ) 方法，然后 SecondActivity 依次执行了 onCreate( )、onStart( ) 和 onResume( ) 方法从创建到前台“看得见摸得着”，最后 MainActivity 再执行onStop( ) 方法。

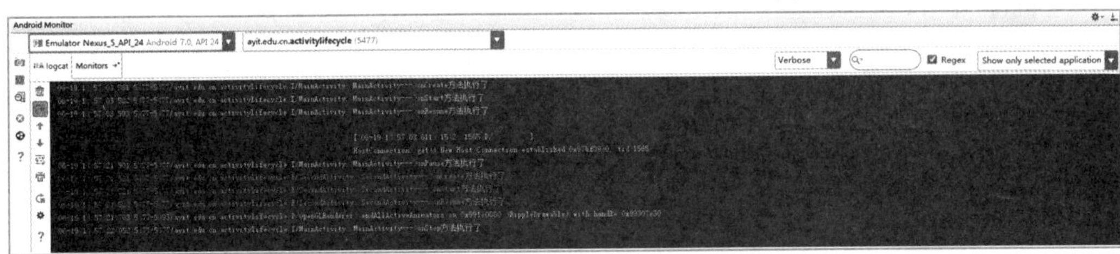

图 3-18　界面跳转时的 Log 信息

接下来，继续观察在 SecondActivity 界面单击返回键回到 MainActivity 时生命周期方法的执行情况，具体日志信息如图 3-19 所示。

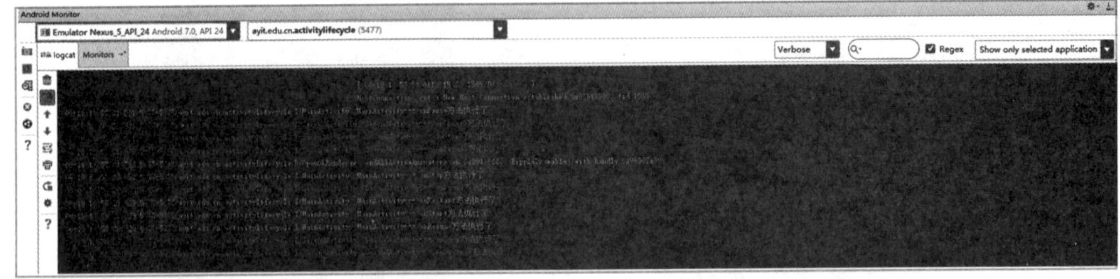

图 3-19　返回 MainActivity 时的 Log 信息

从图3-19中可以看到，单击返回键之后，SecondActivity同样先执行了onPause()方法，然后MainActivity执行了onRestart()、onStart()和onResume()方法，随后SecondActivity才彻底销毁，执行了onStop()、onDestroy()方法。前面在MainActivity中单击按钮跳转到SecondActivity时，由于它并没有执行finish()方法进行销毁，所以MainActivity也不会执行onDestroy()方法。因此，从SecondActivity返回到MainActivity时，MainActivity执行了onRestart()方法。

综合上述实例，一个Activity失去焦点时，首先必然会执行onPause()方法，因此一般在项目中需要保存数据时，可以在onPause()方法中进行处理。同时，当两个Activity跳转时，前一个Activity会先失去焦点让第二个Activity得到焦点，等到第二个Activity完全显示在前台时第一个Activity才会切换到后台。

多学一招：使用日志工具LogCat。

LogCat是Android中的命令行工具，用于获取应用程序从启动到关闭的日志信息。Android采用android.util.Log类的静态方法实现日志的输出，该工具类提供给开发者打印日志的静态方法主要有五个，下面按照由低到高的级别逐一对其进行介绍：

- Log.v()：用于打印那些最为琐碎的、意义最小的日志信息。对应级别Verbose。
- Log.d()：用于打印调试信息，这些信息对开发者调试程序和分析问题有帮助。对应级别Debug。
- Log.i()：用于打印一些比较重要的数据。对应级别Info。
- Log.w()：用于打印警告信息，提示程序可能会存在的潜在风险，最好去分析，有必要的话修复这些出现警告的代码。对应级别Warn。
- Log.e()：用于打印程序中的错误信息。当有错误信息打印出来时，一般都代表着程序出现了严重问题，必须尽快修复。对应级别Error。

在Android程序中使用Log输出日志很方便，示例代码如下所示。

```
public class MainActivity extends AppCompatActivity {

    // 用于打印 LogCat 日志
    private static final String TAG = "MainActivity";

    @Override
    protected void onCreate(Bundle savedInstanceState) {
        super.onCreate(savedInstanceState);
        setContentView(R.layout.activity_main);

        Log.v(TAG, "Verbose");
        Log.d(TAG, "Debug");
        Log.i(TAG, "Info");
        Log.w(TAG, "Warn");
        Log.e(TAG, "Error");
    }
}
```

在上述代码中，Log类的几个静态方法都接收两个参数：第一个参数是String类型的tag，一般传入当前的类名，主要用于对日志信息进行过滤；第二个参数是String类型的msg，即想要输出的具体内容。运行上述代码，LogCat窗口中将会打印程序运行的所有日志信息，如图3-20所示。

图 3-20　LogCat 中打印的信息

在图 3-20 所示的 LogCat 窗口中，可以通过其右上角的下拉列表选择日志级别，如图 3-21 所示；并且，它们分别对应刚才介绍的 Log 类中的五个静态方法。而如果选择当前日志的级别为 Debug，这时只有使用 Debug 及以上级别方法输出的日志才会显示出来。

图 3-21　LogCat 中的日志级别

此外，在实际开发过程中，由于 LogCat 输出的信息多而繁杂，找到感兴趣的 Log 信息比较困难，因此还可以通过使用如图 3-22 所示的日志过滤功能来过滤掉不需要的信息。

图 3-22　关键字过滤和 LogCat 过滤器

最后还有一点需要注意，Android 中也支持通过 System. out. println( ) 语句把调试信息直接输出到 LogCat 控制台中，但不建议使用。因为相较 LogCat 而言，在 Android 开发过程中使用该语句的缺点很多，例如，日志打印不可控制、打印时间无法确定、不能添加过滤器、日志没有级别区分等。

3.3.4　横竖屏切换

人们平时使用手机经常会根据实际需要进行横竖屏切换，那么该操作会不会对 Activity 有影响呢？接下来运行上一小节中的实例，然后使用 Ctrl + Left（方向键）组合键把模拟器从竖屏切换为横屏，执行效果如图 3-23 所示。

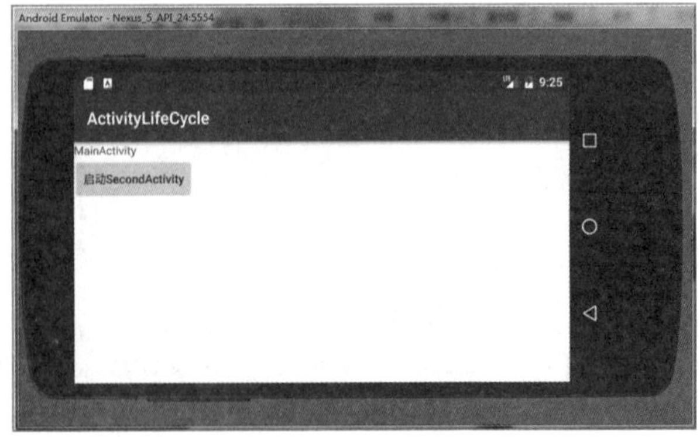

图 3-23　使用组合键切换横竖屏

屏幕切换之后，打开 LogCat 窗口查看其中的日志信息，如图 3-24 所示，发现 MainActivity 依次调用了 onPause( )、onStop( )、onDestroy( )、onCreate( )、onStart( )、onResume( )方法，由此可知在进行横竖屏切换时，首先会销毁 Activity，之后再重建 Activity。

```
05-17 15:55:07.917 1406-1406/ayit.edu.cn.activitylifecycle I/MainActivity: MainActivity--->onPause方法执行了
05-17 15:55:07.973 1229-1891/? D/gralloc_ranchu: gralloc_alloc: format 1 and usage 0x900 imply creation of host co
05-17 15:55:08.019 1406-1406/ayit.edu.cn.activitylifecycle I/MainActivity: MainActivity--->onStop方法执行了
05-17 15:55:08.019 1406-1406/ayit.edu.cn.activitylifecycle I/MainActivity: MainActivity--->onDestroy方法执行了
05-17 15:55:08.026 1519-1758/system_process I/WindowManager: Destroying surface Surface(name=ayit.edu.cn.activityl
05-17 15:55:08.034 1406-1406/ayit.edu.cn.activitylifecycle I/MainActivity: MainActivity--->onCreate方法执行了
05-17 15:55:08.034 1406-1406/ayit.edu.cn.activitylifecycle I/MainActivity: MainActivity--->onStart方法执行了
05-17 15:55:08.035 1406-1406/ayit.edu.cn.activitylifecycle I/MainActivity: MainActivity--->onResume方法执行了
```

图 3-24　横竖屏切换时的 Log 信息

这种情况对实际开发肯定会有影响。针对横竖屏切换一般有以下两种处理方法：

1. 指定屏幕方向

如果希望某一个界面一直处于竖屏或者横屏状态，不随手机的旋转而改变，可以在清单文件中通过设置 <activity> 标签的 android:screenOrientation 属性来完成。配置 android:screenOrientation = "portrait" 为竖屏，配置 android:screenOrientation = "landscape" 为横屏，像微信等 Android 应用就是把屏幕设置为了始终竖屏显示。

2. 设置 Activity 不重新创建

如果不希望在横竖屏切换时 Activity 被销毁重建，可以在 AndroidManifest.xml 文件中设置对应 Activity 的 android:configChanges 属性，这样无论手机怎样旋转 Activity 都不会销毁重新创建，具体代码如下所示。

```
<activity
    android:name = ".MainActivity"
    android:configChanges = "orientation|keyboardHidden|screenSize" >
    <intent - filter >
        <action android:name = "android.intent.action.MAIN" />
        <category android:name = "android.intent.category.LAUNCHER" />
    </intent - filter >
</activity >
```

3.4 Activity 的启动模式

在 Android 应用中，一般会有多个 Activity，Android 系统采用任务栈（Task）的方式来管理 Activity 的实例。在默认情况下，当启动了一个应用时，Android 就会为之创建一个任务栈，并且，后启动的 Activity 处于栈顶的位置，先启动的被压在栈底。通过启动模式可以控制 Activity 在任务栈中的加载情况。本节将针对 Activity 的启动模式进行详细的介绍。

3.4.1 任务栈

一个任务就是一组存放在栈里的 Activity 的集合，任务栈也被称为返回栈（Back Stack）。栈是一种后进先出（LIFO）的数据结构，每当启动了一个新的 Activity，它就会被压入任务栈中，并处于栈顶的位置。而当按下手机的“返回”键或在程序中调用 finish( )方法去销毁一个活动时，处于栈顶的活动就会出栈，这时前一个入栈的 Activity 对象就会重新处于栈顶的位置，从而进入活动状态，用户可以与之进行交互。

任务栈相当于一个容器，用于管理所有的 Activity 实例。在存放 Activity 时，遵循“后进先出”的原则。图 3-25 展示了任务栈是如何管理 Activity 的入栈和出栈操作的。

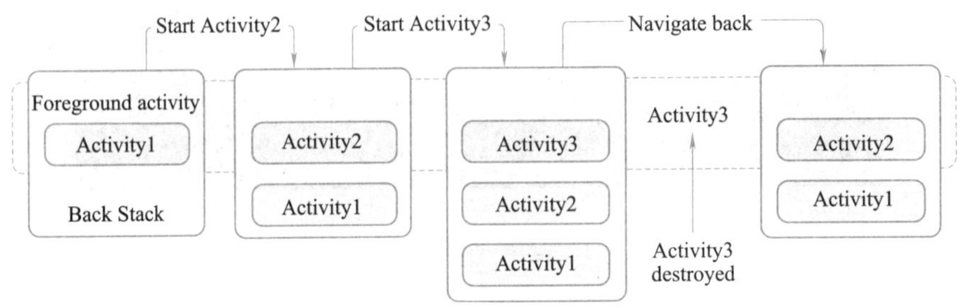

图 3-25 任务栈图示

从图 3-25 中可以看出，先加入任务栈中的 Activity 会处于容器下面（栈底），后加入的处于容器上面（栈顶），而从任务栈中取出 Activity 是从最顶端先取出，最后取出的是最底端的 Activity。

3.4.2 Activity 的四种启动模式

在实际项目中，应该根据特定的需求为每个 Activity 指定恰当的启动模式。Activity 的启动模式共有四种，分别是 standard、singleTop、singleTask 和 singleInstance，可以在清单文件 AndroidManifest. xml 中，通过给 <activity> 标签指定 android:launchMode 属性来选择启动模式。下面分别对这四种启动模式进行详细介绍。

1. standard 模式

standard 是 Activity 默认的启动模式，在不进行显式指定的情况下，所有 Activity 都会自动使用这种启动模式。因此，目前为止使用的 Activity 都是 standard 启动模式。

在 standard 模式，即默认情况下，每当启动一个新的 Activity，它就会进入任务栈，并处于栈顶的位置。对于使用 standard 模式的 Activity，系统不会判断该 Activity 在任务栈中是否存在，每次启动都会创建一个新的实例并入栈。

图 3-26 展示了 standard 模式下 Activity 在栈中的存放情况，从中可以看出，Activity01、Activity02 和 Activity03 依次入栈，如果此时在 Activity03 界面上又启动了 Activity02，系统将会创建一个新的 Activity02 的实例并压入栈顶。

2. singleTop 模式

singleTop 模式与 standard 模式类似，不同点在于，当启动的 Activity 已经位于栈顶时，则直接使用它而不创建新的实例。反之，如果启动的 Activity 没有位于栈顶，则创建一个新的实例并加入任务栈。

图 3-27 展示了 singleTop 模式下 Activity 在栈中的存放情况，从中可以看出，Activity01、Activity02和 Activity03 依次入栈，如果此时在 Activity03 界面上又启动了一次 Activity03，由于 Activity03已经位于栈顶，所以不会创建新的实例并且入栈。

不过，如果不在 Activity03 界面上再次启动 Activity03，而是启动 Activity02，由于Activity02不处于栈顶位置，这时的情形就跟 standard 一样了，将创建一个 Activity02 的实例并且压入栈顶，如图 3-28所示。

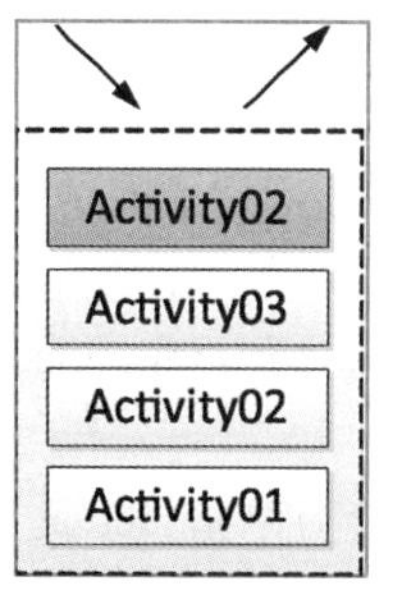

图 3-26　standard 模式示意图

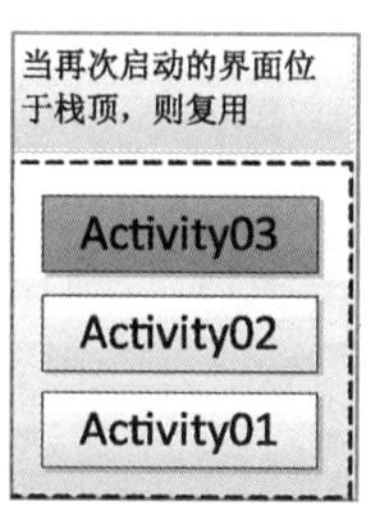

图 3-27　singleTop 模式示意图一

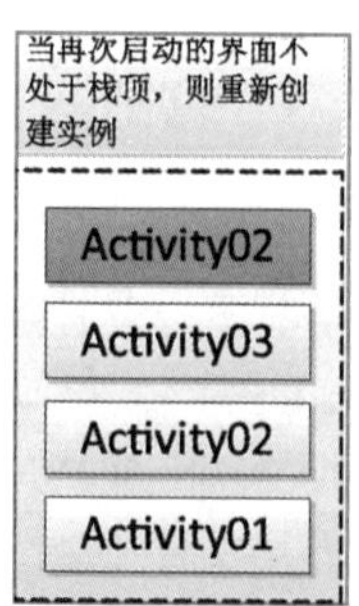

图 3-28　singleTop 模式示意图二

3. singleTask 模式

该模式类似于设计模式中的"单例"，如果希望某个 Activity 在整个应用程序的上下文中只存在一个实例，可以使用 singleTask 模式。当 Activity 的启动模式被指定为 singleTask，每次启动该 Activity时系统首先会在任务栈中检查是否存在该 Activity 的实例，如果发现已经存在则直接使用该实例，并将当前 Activity 之上的所有 Activity 统统出栈，如果没有发现则创建一个新的 Activity 实例。

接下来通过一个图例展示 singleTask 模式下 Activity 在栈中的存放情况。在图 3-29 中，当再次启动 Activity01 时，并没有创建新实例，而是将 Activity03 和 Activity02 实例移除，直接复用 Activity01实例，这就是 singleTask 模式。

4. singleInstance 模式

该启动模式下的 Activity 相当于系统级别的"单例"，即如果需要 Activity 在整个系统中都只有一个实例，可以使用 singleInstance 模式。不同于以上三种启动模式，指定为 singleInstance 模式的 Activity 会启用一个新的任务栈来管理这个 Activity，如图 3-30所示。

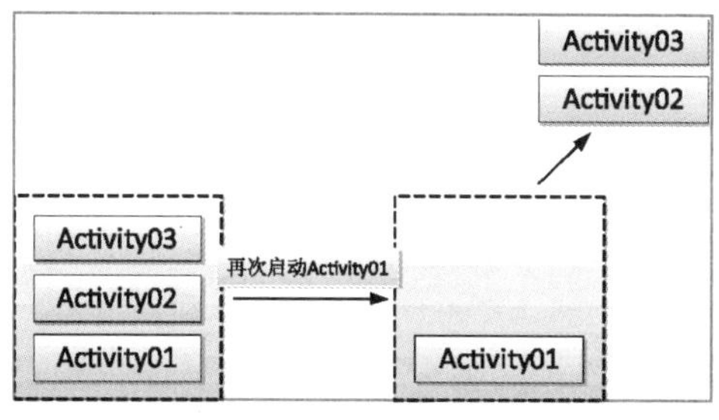

图 3-29　singleTask 模式示意图

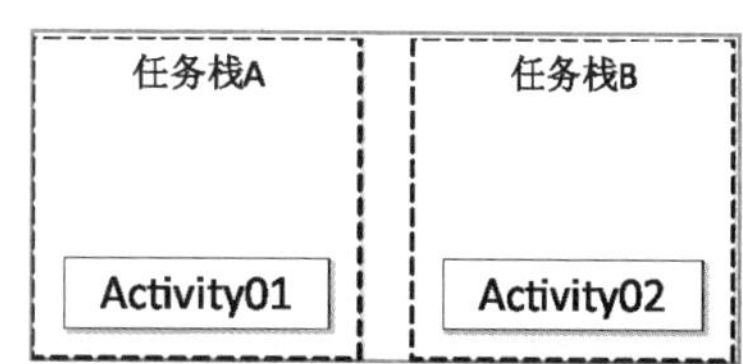

图 3-30　singleInstance 模式示意图

Android 系统中的浏览器程序就是一个典型的 singleInstance 模式应用场景。如果当前浏览器程序已经打开了，然后切换到其他应用进行一些操作。例如，打开微信 App，在微信中又需要打开某个链接，此时就会直接在刚才打开的浏览器程序中访问这个链接。当然，在其他应用中打开链接也是一样的。大家已经知道在 singleInstance 模式下会有一个单独的任务栈来管理某个 Activity，因此，不管是哪个应用程序来访问这个Activity，都共用的同一个任务栈，本质上解决了共享 Activity 实例的问题。

至此，Activity 的四种启动模式就介绍完了。在实际的 Android 项目开发过程中，巧妙设置 Activity 的启动模式会节省系统开销和提高程序运行效率。

3.4.3 Activity 启动模式实例

接下来通过一个小例子演示 singleTask 模式下 Activity 的启动情况,以加深读者对 Activity 启动模式的理解。具体操作步骤如下:

(1)新建一个名为 SingleTaskActivity 的项目,待项目创建成功后修改 layout 目录下自动生成的 activity_main.xml 布局文件,代码如下所示。

该布局文件中,添加了一个 TextView 控件用于显示当前 Activity 的名称;单击 Button 控件将启动 SecondActivity。界面预览效果如图 3-31 所示。

```
<?xml version="1.0" encoding="utf-8"?>
<RelativeLayout xmlns:android="http://schemas.android.com/apk/res/android"
    android:id="@+id/activity_main"
    android:layout_width="match_parent"
    android:layout_height="match_parent">

    <TextView
        android:id="@+id/tv"
        android:layout_width="wrap_content"
        android:layout_height="wrap_content"
        android:text="MainActivity" />

    <Button
        android:layout_width="wrap_content"
        android:layout_height="wrap_content"
        android:layout_below="@+id/tv"
        android:onClick="startSecondAct"
        android:text="启动 SecondActivity" />
</RelativeLayout>
```

图 3-31 activity_main.xml 预览效果图

(2)修改 MainActivity.java 文件的内容,具体代码如下:

```
public class MainActivity extends AppCompatActivity {

    @Override
    protected void onCreate(Bundle savedInstanceState) {
        super.onCreate(savedInstanceState);
        setContentView(R.layout.activity_main);
    }

    public void startSecondAct(View view) {
        startActivity(new Intent(this, SecondActivity.class));
    }
}
```

上述代码实现了 Button 的单击事件处理方法 startSecondAct(),该方法用于启动 SecondActivity。

(3)再创建两个 Activity,并分别命名为 SecondActivity 和 ThirdActivity。然后修改 SecondActivity 的布局文件 activity_second.xml,代码如下所示。

其中的控件及各控件的作用与 activity_main.xml 类似,这里不再赘述,完成修改之后界面的预览效果如图 3-32 所示。

```
<?xml version="1.0" encoding="utf-8"?>
<RelativeLayout xmlns:android="http://schemas.android.com/apk/res/android"
    android:id="@+id/activity_second"
    android:layout_width="match_parent"
    android:layout_height="match_parent">

    <TextView
        android:id="@+id/tv"
        android:layout_width="wrap_content"
        android:layout_height="wrap_content"
        android:text="SecondActivity" />

    <Button
        android:layout_width="wrap_content"
        android:layout_height="wrap_content"
        android:layout_below="@+id/tv"
        android:onClick="startThirdAct"
        android:text="启动 ThirdActivity" />
</RelativeLayout>
```

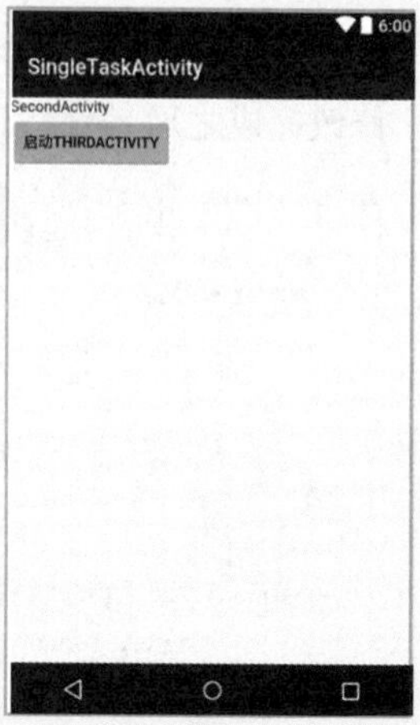

图 3-32　activity_second.xml 预览效果

(4)下一步修改 SecondActivity.java 文件的内容,具体代码如下:

```
public class SecondActivity extends AppCompatActivity {

    @Override
    protected void onCreate(Bundle savedInstanceState) {
        super.onCreate(savedInstanceState);
        setContentView(R.layout.activity_second);
    }

    public void startThirdAct(View view) {
        startActivity(new Intent(this, ThirdActivity.class));
    }
}
```

上述代码也和 MainActivity.java 是类似的。

(5)修改 activity_third.xml 布局文件的内容,具体如下所示.

```
<?xml version="1.0" encoding="utf-8"?>
<RelativeLayout xmlns:android="http://schemas.android.com/apk/res/android"
    android:id="@+id/activity_third"
    android:layout_width="match_parent"
    android:layout_height="match_parent">

    <TextView
        android:id="@+id/tv"
        android:layout_width="wrap_content"
        android:layout_height="wrap_content"
        android:text="ThirdActivity" />

    <Button
        android:layout_width="wrap_content"
        android:layout_height="wrap_content"
        android:layout_below="@+id/tv"
```

```
        android:onClick = "startMainAct"
        android:text = "启动 MainActivity" />
</RelativeLayout>
```

修改完成之后，最后添加 ThirdActivity.java 文件的逻辑代码：

```
public class ThirdActivity extends AppCompatActivity {

    @Override
    protected void onCreate(Bundle savedInstanceState) {
        super.onCreate(savedInstanceState);
        setContentView(R.layout.activity_third);
    }

    public void startMainAct(View view) {
        startActivity(new Intent(this, MainActivity.class));
    }
}
```

(6)在运行程序之前，不要忘了在 AndroidManifest.xml 文件中 MainActivity 对应的 <activity> 标签里添加 android:launchMode = "singleTask"，来设置 MainActivity 的启动模式。代码如下所示。

```
<activity android:name = ".MainActivity"
    android:launchMode = "singleTask">
```

完成上述操作后运行程序，首先在 MainActivity 界面上单击“启动 SecondActivity”按钮，然后在跳转的 SecondActivity 界面上单击“启动 ThirdActivity”按钮再次跳转到 ThirdActivity。此时，任务栈中从栈顶到栈底依次是 ThirdActivity、SecondActivity 和 MainActivity。接下来，继续单击“启动 MainActivity”按钮，界面跳转至 MainActivity，这时如果单击返回键将直接退出应用程序。分析原因，由于在清单文件中把 MainActivity 的启动模式设置成了 singleTask，因此在 ThirdActivity 中启动 MainActivity 时，会把任务栈中已经存在的 MainActivity 的实例直接放回栈顶，同时移除 MainActivity 之上的 SecondActivity 和 ThirdActivity。这样，当在 MainActivity 界面单击返回键时，任务栈中只有一个 MainActivity 的实例了，它被销毁之后应用也即随之退出。

3.5 应用 Intent 在 Activity 之间传递数据

在 Android 应用中，经常会有多个 Activity，而这些 Activity 之间又经常需要交换数据。本节就来详细讲解如何使用 Intent 在 Activity 之间传递数据，以及如何启动另一个 Activity 并返回处理结果。

3.5.1 Intent 概述

Intent，中文译为“意图”，是 Android 系统提供的一种协助应用间的交互与通信的机制。Intent 负责对应用中一次操作的动作、涉及的数据、附加数据等进行描述，Android 系统则根据此 Intent 的描述，负责找到对应的组件，将 Intent 传递给调用的组件，并完成组件的调用。Intent 不仅可用于应用程序内部，也可用于应用程序的 Activity/Service(即服务，Android 四大组件之一)之间的交互。因此，可以将 Intent 理解为不同组件之间通信的“媒介”或者是载体，专门提供组件互相调用的相关信息。

Intent 虽然不是 Android 系统四大组件中的一员，但充当着 Activity、服务和广播三大核心组件间相互通信的重要角色，可以称其为 Android 系统中的“运输大队长”。对于不同的组件，Android 提供了不同的 Intent 启动方法，具体如表 3-1 所示。

表 3-1　Intent 启动不同组件的方法

组件类型	启动方法
Activity	startActivity(Intent intent)
	startActivityForResult(Intent intent,int requestCode)
Service	ComponentName startService(Intent service)
	boolean bindService(Intent service,ServiceConnection conn,int flags)
BroadcastReceiver	sendBroadcast(Intent intent)
	sendBroadcast(Intent intent,String receiverPermission)
	sendOrderedBroadcast(Intent intent,String receiverPermission)

Intent 对象中包含了接收该 Intent 的组件感兴趣的信息(如执行的操作和操作的数据)和 Android系统感兴趣的信息(如处理该 Intent 的组件的类别)。Intent 对象封装了它要执行动作的属性,其七大属性为:Action(动作)、Category(类别)、Data(数据)、Type(类型)、ComponentName(组件信息)、Flag(标记)和 Extra(附加信息)。下面简要介绍 Intent 对象各种属性的作用。

1. Action

Action 是指 Intent 要实施的动作,是一个字符串常量。如果指明了一个 Action,执行者就会依照这个动作的指示,接收相关输入,表现对应行为,并产生符合条件的输出。需要注意的是,一个 Intent 对象最多只能包括一个 Action 属性。

在 Intent 类中,定义了一系列的动作常量,其目标组件包括 Activity 和 BroadcastReceiver 两类。标准的 Activity Actions 如表 3-2 所示。

表 3-2　标准的 Activity Actions

Action 常量	对应字符串	Action 功能
ACTION_MAIN	android. intent. action. MAIN	应用程序入口
ACTION_VIEW	android. intent. action. VIEW	将数据显示给用户
ACTION_ATTACH_DATA	android. intent. action. ATTACH_DATA	指定某些数据将被附加到其他地方
ACTION_EDIT	android. intent. action. EDIT	将数据显示给用户用于编辑
ACTION_PICK	android. intent. action. PICK	从列表中选择一项,并返回所选的数据
ACTION_CHOOSER	android. intent. action. CHOOSER	显示 Activity 选择器
ACTION_GET_CONTENT	android. intent. action. GET_CONTENT	允许用户选择特定类型的数据并将其返回
ACTION_DIAL	android. intent. action. DIAL	显示拨号面板
ACTION_CALL	android. intent. action. CALL	使用提供的数据给某人拨打电话
ACTION_SEND	android. intent. action. SEND	向某人发送消息,接收者未指定
ACTION_SENDTO	android. intent. action. SENDTO	向某人发送消息,接收者已指定
ACTION_ANSWER	android. intent. action. ANSWER	接听电话
ACTION_INSERT	android. intent. action. INSERT	插入数据
ACTION_DELETE	android. intent. action. DELETE	删除数据
ACTION_RUN	android. intent. action. RUN	无条件运行数据
ACTION_SYNC	android. intent. action. SYNC	执行数据同步
ACTION_PICK_ACTIVITY	android. intent. action. ACTIVITY	选择给定 Intent 的 Activity
ACTION_SEARCH	android. intent. action. SEARCH	执行查询
ACTION_WEB_SEARCH	android. intent. action. WEB_SEARCH	执行联机查询
ACTION_FACTORY_TEST	android. intent. action. FACTORY_TEST	工厂测试的入口

2. Category

Intent 中的 Category 属性起着对 Action 补充说明的作用，它也是一个字符串，用于为 Action 增加额外的附加类别信息。在程序中可调用 Intent 的 addCategory( )方法为 Intent 添加 Category，并且在 Intent 对象中可以添加任意多个 Category。与 Action 类似，在 Intent 类中也预定义了一些类别常量，常用的标准 Category 常量如表 3-3 所示。

表 3-3 常用的标准 Category 常量

Category 常量	对应字符串	Category 功能
CATEGORY_DEFAULT	android. intent. category. DEFAULT	默认的 Category
CATEGORY_BROWSABLE	android. intent. category. BROWSABLE	指定该 Activity 能被浏览器安全调用
CATEGORY_LAUNCHER	android. intent. category. LAUNCHER	Activity 显示在顶级程序列表中
CATEGORY_INFO	android. intent. category. INFO	用于提供包信息
CATEGORY_HOME	android. intent. category. HOME	设置该 Activity 随系统启动而运行
CATEGORY_PREFERENCE	android. intent. category. PREFERENCE	该 Activity 是参数面板
CATEGORY_TEST	android. intent. category. TEST	设置该 Activity 用于测试
CATEGORY_CAR_DOCK	android. intent. category. CAR_DOCK	指定手机被插入汽车硬件时运行该 Activity
CATEGORY_DESK_DOCK	android. intent. category. DESK_DOCK	指定手机被插入桌面硬件时运行该 Activity
CATEGORY_CAR_MODE	android. intent. category. CAR_MODE	设置该 Activity 可在车载环境下使用

3. Data

Data 通常用于向 Action 属性提供操作的数据。Data 属性的值是个 URI 对象，Android 中一个 URI 对象通常通过如下形式的字符串来表示：

```
content://com.android.contacts/contacts/1
tel:123
```

上面是两个 URI 的具体例子，它的一般格式定义如下：

```
scheme://host:port/path
```

4. Type

Type 属性用于指定 Data 所指定的 URI 对应的 MIME 类型，这种 MIME 类型可以是任何自定义的 MIME 类型，只要符合 abc/xyz 这样的字符串格式即可。

Data 和 Type 的关系比较微妙，这两个属性会相互覆盖。也即是说，如果为 Intent 先设置 Data，后设置 Type，那么 Type 属性将会覆盖 Data 属性，也就意味着 Data 属性将不再起作用；如果为 Intent 先设置 Type，后设置 Data，那么 Data 属性将会覆盖 type 属性。如果希望 Intent 既有 Data 属性，也有 Type 属性，则需要调用 Intent 的 setDataAndType( )方法。

5. ComponentName

Intent 的 ComponentName 属性指定 Intent 的目标组件的类名称。ComponentName 属性包含如表 3-4 所示的几个构造方法。

表 3-4 ComponentName 的构造方法

构造方法声明	构造方法描述
ComponentName(String pkg, String cls)	创建 pkg 包下的 cls 类所对应的组件
ComponentName(Context pkg, String cls)	创建 Context 环境下的 cls 类(完整路径名)所对应的组件
ComponentName(Context pkg, Class < ? > cls)	创建 Context 环境下的 cls 类(字节码)所对应的组件

从上面的构造方法中可以看出，创建一个 ComponentName 需要指定包名和类名，从而可以唯一地确定一个目标组件。

6. Flag

Intent 的 Flag 属性用于为该 Intent 添加一些额外的控制标记，Intent 可调用 addFlags( )方法来为 Intent 添加 Flag。Intent 中常用的 Flag 如表 3-5 所示。

表 3-5　Intent 中常用的 Flag

Flag(标记)	功能描述
FLAG_ACTIVITY_BROUGHT_TO_FRONT	通常在应用代码中不需要设置这个 FLAG，当 launchMode 为 singleTask 时系统会默认设置这个标记
FLAG_ACTIVITY_CLEAR_TOP	如果设置了这个标记，并且待启动的 Activity 已经存在于当前的任务栈中，那就不会再给这个 Activity 新创建一个实例，而是将任务栈中在它之上的其他 Activity 全部关闭，然后把 Intent 作为一个新的 Intent 传递给这个 Activity
FLAG_ACTIVITY_NEW_TASK	设置这个标记可以为待启动的 Activity 创建一个新的任务栈
FLAG_ACTIVITY_NO_ANIMATION	禁用掉系统默认的 Activity 切换动画
FLAG_ACTIVITY_NO_HISTORY	该标记控制被启动的 Activity 将不会保留在历史栈中
FLAG_ACTIVITY_REORDER_TO_FRONT	如果设置了这个标记，而且被启动的 Activity 如果已经在运行，那这个 Activity会被调到栈顶
FLAG_ACTIVITY_SINGLE_TOP	该标记相当于 launchMode 中的 singleTop 模式

7. Extra

Intent 的 Extra 属性通常用于在多个 Activity 之间进行数据交换，Extra 可以通过 putExtra(键，值)的形式设置数据。

3.5.2　显式 Intent 和隐式 Intent

Android 中 Intent 寻找目标组件的方式分为两种：显式 Intent 和隐式 Intent。接下来分别对这两种意图进行详细的介绍。

1. 显式 Intent

指定了 ComponentName 属性的 Intent 已经明确了它将要启动哪个组件，因此称这种 Intent 为显式 Intent。如果需要启动当前应用中其他的 Activity，可以使用显式意图来完成。其示例代码如下：

```
Intent intent = new Intent(this, OtherActivity.class);
startActivity(intent);
```

Intent 有多个重载的构造方法，其中一个是 Intent(Context packageContext，Class < ? > cls)。在上述示例代码中，就是通过这个构造方法来创建 Intent 对象的。第一个参数 packageContext 是上下文对象，第二个参数 cls 指定要启动的目标 Activity。因为 Activity 是 Context 类的子类，所以第一个参数可以传 this，代表当前的 Activity 对象。

除了可以通过指定类名开启目标组件外，下面的代码同样可以做到。

```
Intent intent = new Intent();
intent.setClassName("ayit.edu.cn.projectname", "ayit.edu.cn.projectname.OtherActivity");
startActivity(intent);
```

这段代码通过调用 Intent 的 setClassName(包名，类全路径名)方法指定需要开启的组件所在的包名和全路径名。

除了上述两种方式外，其实还有很多种启动目标组件的写法，读者可以在 Android 官网查阅相关开发文档做进一步的了解。

通过这种方式来启动 Activity，Intent 的“意图”非常明显，因此称之为显式 Intent。

2. 隐式 Intent

没有明确指定组件名的 Intent 称为隐式 Intent。由于隐式 Intent 没有明确要启动哪个组件，因此应用程序将会根据 Intent 指定的规则去启动符合条件的组件，但具体是哪个组件则不确定，系统会去分析这个 Intent，并找出合适的 Activity 来启动。

所谓“合适的 Activity”，简单来说就是可以响应某个隐式 Intent 的 Activity。举个例子，比有四个人，赵身高为 170 cm，钱身高为 180 cm，孙身高为 160 cm，李身高为 190 cm。如果是显式Intent 的话，如果要指明选择孙的话会说“我选择孙”，但如果是隐式 Intent，则会说：“我要选择身高 160 cm 的”。虽然没有明确指明要选孙，但系统会根据条件寻找最匹配的人。

在 Android 中，为了支持隐式 Intent，可以声明一个甚至多个 IntentFilter。每个 IntentFilter 用以描述组件所能响应 Intent 请求的能力。在 IntentFilter 中类似于上面例子中的“身高”条件的匹配条件有 Action、Category、Data。

一个隐式的 Intent 请求，必须要通过 Action、Category 以及 Data 这三个方面的检查才能够启动目标组件。如果任何一方面不匹配，Android 都不会将该隐式 Intent 传递给目标组件。如何为组件声明自己的 IntentFilter？常见的方法是在 AndroidManifest. xml 文件中使用 <intent-filter> 标签描述组件的 IntentFilter。示例代码如下：

```
<activity android:name = "cn.edu.ayit.OtherActivity" >
    <intent - filter >
        <action android:name = "cn.edu.ayit.xxx" / >
        <category android:name = "android.intent.category.DEFAULT" / >
    </intent - filter >
</activity >
```

在上述代码中，<action> 标签指明了当前 Activity 可以响应的动作为" cn. edu. ayit. xxx"，而 <category> 标签则包含了一些类别信息，只有当 <action> 和 <category> 中的内容同时匹配时，Activity 才会被启动。使用隐式 Intent 启动当前 Activity 的示例代码如下：

```
//隐式意图
Intent intent = new Intent();
intent.setAction("cn.edu.ayit.xxx");
startActivity(intent);
```

其中，Intent 通过调用 setAction( ) 方法指定了" cn. edu. ayit. xxx" 这个动作，但是并没有指定 category，这是因为清单文件中配置的 android. intent. category. DEFAULT 是一种默认的 category，在调用 startActivity( ) 方法时，系统会自动将这个 category 添加到 Intent 中。

至此两种 Intent 就介绍完了。在两者中，显式 Intent 开启组件时必须要指定组件的名称，一般只在本应用程序切换组件时使用。而隐式 Intent 的功能要比显式 Intent 更加强大，不仅可以开启本应用的组件，还可以开启其他应用的组件，例如打开 Android 系统自带的照相机、浏览器等。下面通过一个实例演示如何使用隐式 Intent 开启系统浏览器，具体操作步骤如下：

(1) 新建一个名为 OpenBrowser 的项目，待项目创建成功后修改 layout 目录下自动生成的 activity_main. xml 布局文件，具体代码如下所示。

该 XML 代码在 RelativeLayout 中添加了两个控件，单击 Button 将在浏览器中打开用户在 EditText 里输入的网址。界面预览效果如图 3-33 所示。

```
<?xml version="1.0" encoding="utf-8"?>
<RelativeLayout xmlns:android="http://schemas.android.com/apk/res/android"
    android:id="@+id/activity_main"
    android:layout_width="match_parent"
    android:layout_height="match_parent">

    <EditText
        android:id="@+id/et_url"
        android:layout_width="match_parent"
        android:layout_height="wrap_content"
        android:hint="请输入想要打开的网址"/>

    <Button
        android:id="@+id/btn_open_url"
        android:layout_width="wrap_content"
        android:layout_height="wrap_content"
        android:layout_below="@+id/et_url"
        android:text="进入网站"/>
</RelativeLayout>
```

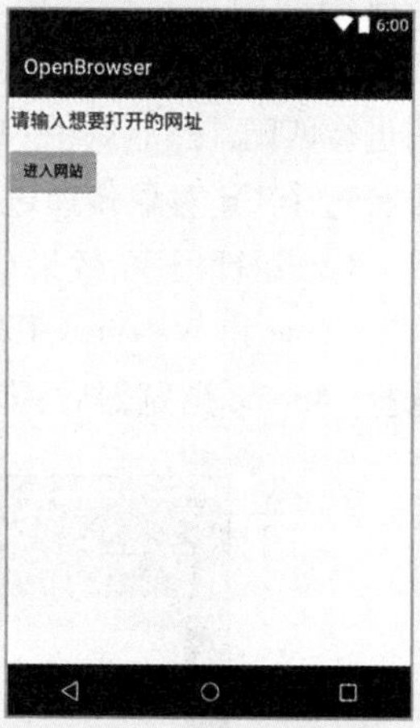

OpenBrowser
请输入想要打开的网址
进入网站

图 3-33　activity_main.xml 预览效果

（2）在 MainActivity 中实现逻辑代码，具体如下所示。

```
public class MainActivity extends AppCompatActivity {

    private EditText etUrl;
    private Button btnOpenUrl;

    @Override
    protected void onCreate(Bundle savedInstanceState) {
        super.onCreate(savedInstanceState);
        setContentView(R.layout.activity_main);

        etUrl = (EditText) findViewById(R.id.et_url);
        btnOpenUrl = (Button) findViewById(R.id.btn_open_url);

        btnOpenUrl.setOnClickListener(new View.OnClickListener() {
            @Override
            public void onClick(View v) {
                String url = etUrl.getText().toString().trim();
                //如果用户输入的网址不为空
                if(!TextUtils.isEmpty(url)) {
                    //开启系统浏览器
                    Intent intent = new Intent();
                    intent.setAction("android.intent.action.VIEW");
                    intent.setData(Uri.parse(url));
                    intent.addCategory("android.intent.category.DEFAULT");

                    startActivity(intent);
                }
            }
        });
    }
}
```

在上述代码中，如果用户输入的网址不为空，则创建一个 Intent 对象，这个对象就是打开浏览器应用的隐式意图。接下来，通过 setAction( ) 方法设置需要开启 Activity 的动作为"android.intent.action.VIEW"，这是一个 Android 系统内置的动作，通过这个 Action 可以和系统的浏览器应用进行匹配。然后调用 Uri 类的静态方法 parse( ) 将网址字符串解析成 Uri 对象，再调用 setData( ) 方法将这个 Uri 对象传递进去。

(3) 运行程序，效果如图 3-34 所示。在输入框中填好百度的网址并单击"进入网站"按钮，此时 Chrome 和 WebView Browser Tester 都符合 Intent 指定的匹配规则，所以弹出了 Open with 窗口，选择 Chrome 浏览器后，即可在 Chrome 中打开百度的首页。

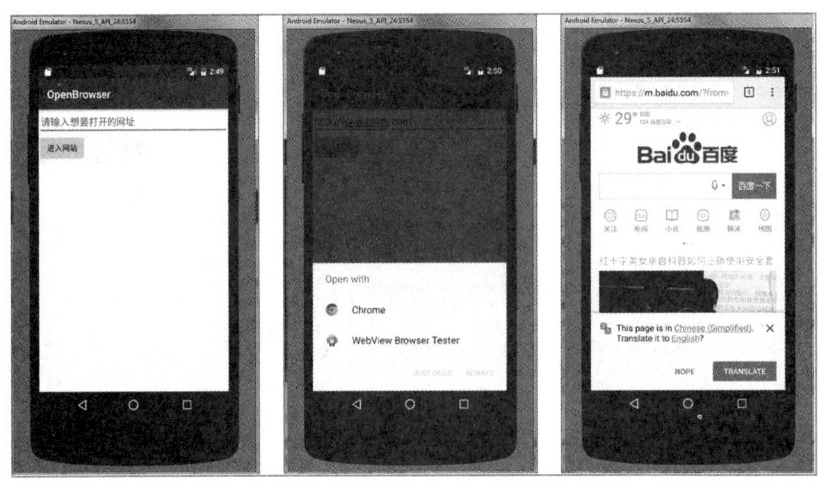

图 3-34 运行效果

3.5.3 向 Activity 传递数据

在 Android 开发中，经常需要在 Activity 之间传递数据。Intent 作为 Android 系统中的"运输大队长"，除了可以像前面的小节中那样帮助我们启动一个 Activity，还可以在启动目标 Activity 的时候传递数据。其工作原理如图 3-35 所示。

使用 Intent 传递数据的方法很简单，只需调用 putExtra( ) 方法将想要传递的数据存在 Intent 中即可。启动了另一个活动后，只需要再把这些数据从 Intent 中取出来就可以了。例如，Activity01 中有一个字符串，现在想把这个字符串传递给 Activity02，具体代码可以编写如下：

```
Intent intent = new Intent(this, Activity02.class);
intent.putExtra("keyOfData", "data");
startActivity(intent);
```

Hey buddy, catch!
It's only for me!
ACTIVITY
INTENT
ACTIVITY

图 3-35 Intent 工作原理图示

代码中使用显式 Intent 的方式来启动 Activity02，并通过 putExtra( ) 方法传递了字符串"data"。这里的 putExtra( ) 方法接收两个参数，第一个参数是"键"，第二个参数才是真正要传递的数据，即数据的"值"，"键"作为当前数据"值"的唯一标识，用于后面从 Intent 中取值。

如果想要在 Activity02 中取出传递过来的数据，可以使用下面的代码：

```
Intent intent = getIntent();
String data = intent.getStringExtra("keyOfData");
```

在上述代码中,首先通过 getIntent()方法获取到用于启动 Activity02 的 Intent 对象,然后调用 getStringExtra()方法,该方法接收一个 String 类型的参数,即相应的"键",就可以得到传递的数据了。除了 getStringExtra()方法外,Intent 还提供了 getIntExtra、getBooleanExtra 等方法来获取整型、布尔类型等各种不同类型的数据。

直接把需要传递的数据存在 Intent 中是最简单的一种数据传递方式,还有一种传递数据的方法是通过 Bundle 对象。Bundle,中文翻译为"捆,一批",因此可以将其看作 Intent 这个"运输大队长"携带的数据包。利用 Bundle 对象先把数据打好包,然后通过调用 putExtras()方法将数据包存入 Intent 中,从而完成 Activity 间数据的传递。调用 putExtras()方法传递数据可以使用如下代码:

```
Intent intent = new Intent(this, Activity02.class);
Bundle bundle = new Bundle();
bundle.putString("keyOfData", "data");
intent.putExtras(bundle);
startActivity(intent);
```

在上述代码中,首先创建了一个 Bundle 对象,通过调用其 putXXX()方法设置所需传递的不同类型的数据。如果想要在 Activity02 中取出上述方式传递的数据,可以使用下面的代码:

```
Intent intent = getIntent();
Bundle bundle = intent.getExtras();
String data = bundle.getString("keyOfData");
```

在上述这段代码中,首先通过 Intent 对象的 getExtras()方法获取到 Intent 携带的 Bundle,然后再根据存入的"键"取出对应的"值"。Bundle 的使用方式类似于 JDK 中的 Map,都是以 key-value,即键值对的形式来存取数据的。其实用 Intent 传递数据以及对象时,它的内部也是调用了 Bundle 对象的相应 put()方法,也就是说 Intent 的内部实际上封装了一个 Bundle。

3.5.4　用户登录实例

由于实际开发过程中经常需要在 Activity 之间传递数据,因此接下来通过一个用户登录的实例帮助读者更好地掌握 Intent 的使用。具体操作步骤如下。

(1)新建一个名称为 UserLogin 的项目,然后首先将一张事先准备好的头像图片 head. png 复制至 res/drawable 目录下,如图 3-36 所示。

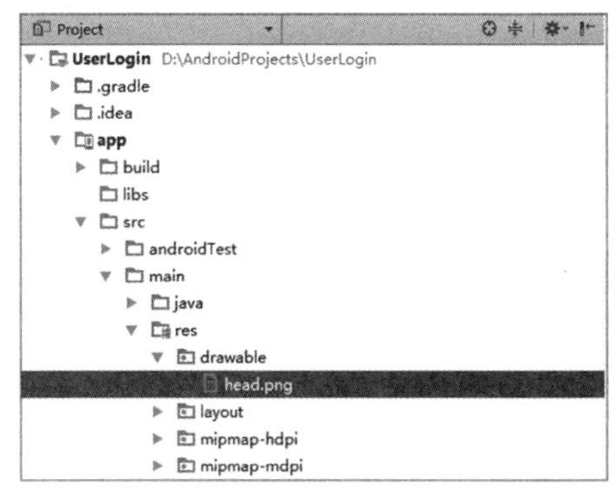

图 3-36　复制 head.png 图片

(2)修改 layout 目录下自动生成的 activity_main.xml 布局文件,代码如下所示。

该 XML 代码中,定义了一个垂直的线性布局 LinearLayout,其中包含了一个 ImageView 用来显示用户的头像,两个嵌套的水平线性布局分别用于输入用户名和密码,Button 的单击事件则用于实现登录逻辑。界面预览效果如图 3-37 所示。

```
<?xml version="1.0" encoding="utf-8"?>
<LinearLayout xmlns:android="http://schemas.android.com/apk/res/android"
    android:id="@+id/activity_main"
    android:layout_width="match_parent"
    android:layout_height="match_parent"
```

```
android:gravity = "center_horizontal"
android:orientation = "vertical"
android:padding = "10dp" >

<ImageView
    android:layout_width = "60dp"
    android:layout_height = "60dp"
    android:layout_marginTop = "80dp"
    android:src = "@drawable/head" />

<LinearLayout
    android:layout_width = "match_parent"
    android:layout_height = "wrap_content"
    android:layout_marginTop = "8dp" >

    <TextView
        android:layout_width = "wrap_content"
        android:layout_height = "wrap_content"
        android:text = "账号:"
        android:textColor = "#000000"
        android:textSize = "20sp" />

    <EditText
        android:id = "@+id/et_username"
        android:layout_width = "match_parent"
        android:layout_height = "wrap_content"
        android:hint = "请输入用户名" />
</LinearLayout>

<LinearLayout
    android:layout_width = "match_parent"
    android:layout_height = "wrap_content"
    android:layout_marginTop = "6dp" >

    <TextView
        android:layout_width = "wrap_content"
        android:layout_height = "wrap_content"
        android:text = "密码:"
        android:textColor = "#000000"
        android:textSize = "20sp" />

    <EditText
        android:id = "@+id/et_password"
        android:layout_width = "match_parent"
        android:layout_height = "wrap_content"
        android:hint = "请输入密码"
        android:inputType = "textPassword" />
</LinearLayout>

<Button
    android:id = "@+id/btn_login"
```

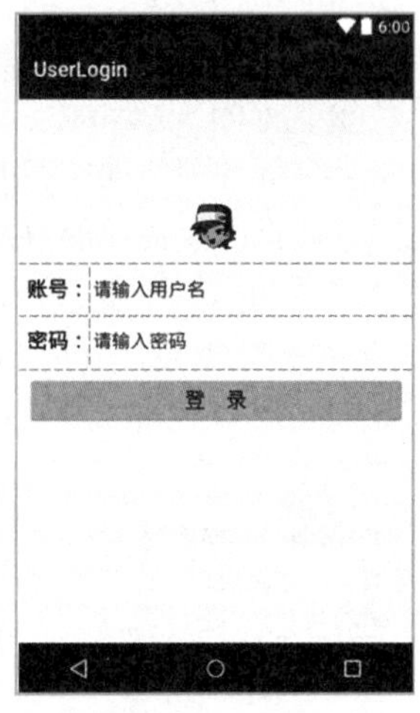

图 3-37 登录界面预览效果

```
        android:layout_width = "match_parent"
        android:layout_height = "wrap_content"
        android:layout_marginTop = "10dp"
        android:text = "登    录"
        android:textSize = "20sp" />
</LinearLayout>
```

(3)布局文件编写完成后,需要在 MainActivity 中实现数据传递的处理,具体代码如下所示。

```
public class MainActivity extends AppCompatActivity {

    private EditText etUserName;
    private EditText etPassword;
    private Button btnLogin;

    @Override
    protected void onCreate(Bundle savedInstanceState) {
        super.onCreate(savedInstanceState);
        setContentView(R.layout.activity_main);

        etUserName = (EditText) findViewById(R.id.et_username);
        etPassword = (EditText) findViewById(R.id.et_password);
        btnLogin = (Button) findViewById(R.id.btn_login);

        btnLogin.setOnClickListener(new View.OnClickListener() {
            @Override
            public void onClick(View v) {
                String username = etUserName.getText().toString().trim();
                String password = etPassword.getText().toString().trim();
                if(! TextUtils.isEmpty(username) && ! TextUtils.isEmpty(password)) {

                    Intent intent =new Intent(MainActivity.this, LoginSuccessActivity.class);
                    //利用 Intent 对象来进行传值
                    intent.putExtra("username", username);
                    intent.putExtra("password", password);
                    intent.putExtra("isMarried", true);
                    intent.putExtra("height", 180);
                    intent.putExtra("weight", 180.00);
                    startActivity(intent);

                }
            }
        });
    }
}
```

单击"登录"按钮后,首先会获取编辑框内输入的用户名和密码,要求不能为空,然后创建一个 Intent 对象,并调用其 putExtra( )方法添加需要传递的数据,最后通过调用 startActivity( )方法启动 LoginSuccessActivity。

(4)新建一个用来展示数据的 Activity,即 LoginSuccessActivity,然后修改它的布局文件 activity _login_success.xml,具体代码如下:

```
<?xml version="1.0" encoding="utf-8"?>
<RelativeLayout xmlns:android="http://schemas.android.com/apk/res/android"
    android:id="@+id/activity_login_success"
    android:layout_width="match_parent"
    android:layout_height="match_parent">

    <TextView
        android:id="@+id/tv_info"
        android:layout_width="match_parent"
        android:layout_height="wrap_content"
        android:textSize="20sp"
        android:textColor="#000000"/>
</RelativeLayout>
```

上述 XML 文件中,根元素为 RelativeLayout,其中添加了一个 TextView 控件,用于显示从 MainActivity传递过来的数据。

(5)布局文件编写完成后,接着在 LoginSuccessActivity 中实现处理逻辑,具体代码如下所示。

```
public class LoginSuccessActivity extends AppCompatActivity {

    private TextView tvInfo;

    @Override
    protected void onCreate(Bundle savedInstanceState) {
        super.onCreate(savedInstanceState);
        setContentView(R.layout.activity_login_success);
        tvInfo = (TextView) findViewById(R.id.tv_info);
        //获取 MainActivity 传递过来的 Intent 对象
        Intent intent = getIntent();
        String username = intent.getStringExtra("username");
        String password = intent.getStringExtra("password");
        boolean isMarried = intent.getBooleanExtra("isMarried", false);
        int height = intent.getIntExtra("height", 0);
        double weight = intent.getDoubleExtra("weight", 0.0);
        tvInfo.setText(username + "您好,欢迎您,您的密码是" + password + ",婚姻状况:" +
                (isMarried ? "已婚" : "未婚") + ",height:" + height + ",weight:" + weight);
    }
}
```

在上述代码中,通过 getIntent()方法获取到 Intent 对象,然后调用 Intent 的 getXXXExtra()方法,传入相应的"键"值,从而获取到传递的数据。其中,getBooleanExtra()、getIntExtra()和 getDoubleExtra()方法的第二个参数均表示查询不到数据时返回的默认值。传来的数据全部获取完毕后,通过 TextView 进行显示。需要注意的是,getXXXExtra()方法传入的参数必须与 MainActivity 中 putExtra()方法中传入的"键"相同,否则会返回 null 或指定的默认值。

程序运行效果如图 3-38 所示。在登录界面填写用户名和密码并单击"登录"按钮后,将跳转到 LoginSuccessActivity 界面,其中的文本框显示由 MainActivity 传递过来的数据信息。

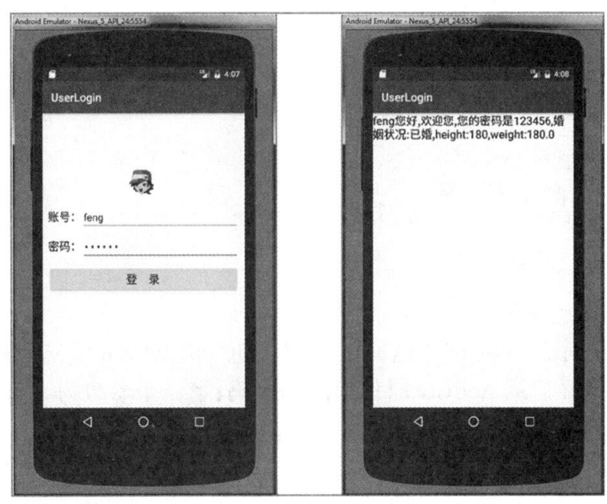

图 3-38　程序运行效果

3.5.5　从 Activity 返回结果

在 Android 中,既然可以向 Activity 传递数据,当然也能够从 Activity 返回处理结果给上一个 Activity。例如,在使用手机 QQ 时,在头像选择界面进入图库选择图片后,会回到头像选择界面并带回了图库中选择的图片信息。这种需求十分常见,因此 Android 在 Activity 中提供了一个 startActivityForResult( )方法,使用该方法启动的 Activity 在销毁的时候能够返回结果给上一个 Activity。

下面的代码展示了如何使用 startActivityForResult( )方法。

```
Intent intent = new Intent(this, Activity02.class);
startActivityForResult(intent, REQUEST_CODE);
```

从上述代码中可以看出,startActivityForResult( )方法接收两个参数,第一个参数还是 Intent,第二个参数是一个 int 类型的请求码,要求唯一,用于在之后的回调中判断数据的来源。

接下来在 Activity02 中添加返回数据的示例代码,具体代码如下:

```
Intent intent = new Intent();
intent.putExtra("keyOfData", "data");
setResult(RESULT_OK, intent);
finish();
```

上述代码实现了回传数据的功能。首先,创建了一个 Intent 对象,它的作用仅仅是用于回传数据,并没有指定任何的“意图”。然后,把要返回的数据存放在 Intent 中,再调用 setResult( )方法,这个方法就是专门用于向上一个 Activity 返回数据的。setResult( )方法接收两个参数,第一个参数是处理的结果码,一般只使用 RESULT_OK 和 RESULT_CANCELED 这两个 Activity 类中的静态常量;第二个参数则是把带有数据的 Intent 传递回去,最后调用 finish( )方法销毁当前的 Activity。

由于使用了 startActivityForResult( )方法来启动 Activity02,因此在 Activity02 被销毁之后会回调 Activity01 中的 onActivityResult( )方法,故需要在 Activity01 中重写该方法来处理返回的数据。具体代码如下所示:

```
@Override
protected void onActivityResult(int requestCode, int resultCode, Intent data) {
    super.onActivityResult(requestCode, resultCode, data);

    if(requestCode == REQUEST_CODE) {
        if(resultCode == RESULT_OK) {
            String data = data.getStringExtra("keyOfData");
        }
    }
}
```

在上述代码中获取到了 Activity02 返回的数据。onActivityResult( )方法有三个参数:第一个参数为 requestCode,表示在启动 Activity 时传递的请求码;第二个参数为 resultCode,表示在返回数据时传入的结果码;第三个参数 data,即携带着返回数据的 Intent 对象。

需要注意的是,在一个 Activity 中有可能调用 startActivityForResult( )方法去启动多个不同的 Activity,而每一个 Activity 返回的数据都会回调到 onActivityResult( )这个方法中,因此,多数情况下,首先要做的就是通过检查 requestCode 的值来判断数据来源。确定数据是从某个被启动的 Activity返回的之后,再通过 resultCode 的值来判断处理结果是否成功。最后从 data 中取出返回的数据并进行处理,这样,就完成了从 Activity 中返回结果的任务。

3.5.6 头像选择实例

本小节将通过一个头像选择的程序来演示 Activity 回传数据的处理流程。该实例的具体操作步骤如下:

(1)新建一个名为 AvatarSelection 的项目,然后修改 layout 目录下的 activity_main. xml 布局文件,代码如下所示。

在垂直线性布局中,ImageView 控件用于显示用户头像,默认显示为 mipmap 目录下的ic_laucher 图标;单击 Button 将通过 Intent 对象打开头像选择界面。该界面预览效果如图 3-39 所示。

```
<?xml version="1.0" encoding="utf-8"?>
<LinearLayout xmlns:android="http://schemas.android.com/apk/res/android"
    android:id="@+id/activity_main"
    android:layout_width="match_parent"
    android:layout_height="match_parent"
    android:gravity="center_horizontal"
    android:orientation="vertical">

    <ImageView
        android:id="@+id/iv_avatar"
        android:layout_width="80dp"
        android:layout_height="80dp"
        android:layout_marginTop="30dp"
        android:src="@mipmap/ic_launcher" />

    <Button
        android:layout_width="wrap_content"
        android:layout_height="wrap_content"
        android:onClick="choose"
        android:text="打开头像选择界面" />

</LinearLayout>
```

图 3-39 主 Activity 预览效果

(2)在 MainActivity 中实现处理逻辑,具体代码如下所示。

```
public class MainActivity extends AppCompatActivity {

    //请求码
    private static final int REQUEST_CODE =1;

    private ImageView ivAvatar;

    @Override
    protected void onCreate(Bundle savedInstanceState) {
        super.onCreate(savedInstanceState);
        setContentView(R.layout.activity_main);

        ivAvatar = (ImageView) findViewById(R.id.iv_avatar);
    }

    //Button 点击事件处理方法
    public void choose(View view) {
        Intent intent = new Intent(this, SelectionActivity.class);
        startActivityForResult(intent, REQUEST_CODE);
    }

    @Override
    protected void onActivityResult(int requestCode, int resultCode, Intent data) {
        super.onActivityResult(requestCode, resultCode, data);

        if(requestCode == REQUEST_CODE && resultCode == RESULT_OK) {
            //从传回的 Intent 中获取选择的图片资源 ID
            int imgId = data.getIntExtra("imageId", R.mipmap.ic_launcher);
            ivAvatar.setImageResource(imgId);
        }
    }
}
```

上述代码中,单击 Button 时将通过 startActivityForResult( )方法启动目标 Activity,从而可以接收从开启的 Activity 返回的数据。onActivityResult( )方法是从当前界面启动的 Activity 返回时执行的回调方法,按照处理逻辑执行的流程后面再对该方法进行具体的介绍。

(3)创建选择头像的 SelectionActivity,并首先修改它的布局文件 activity_selection.xml,具体代码如下所述。

该 XML 代码中,TextView 控件用于显示提示信息,两个 ImageView 分别显示两张事先复制到 res/drawable 目录下的头像图片。头像选择界面预览效果如图 3-40 所示。

```
<?xml version="1.0" encoding="utf-8"?>
<RelativeLayout xmlns:android="http://schemas.android.com/apk/res/android"
    android:id="@+id/activity_selection"
    android:layout_width="match_parent"
    android:layout_height="match_parent"
    android:padding="10dp">

    <TextView
        android:id="@+id/tv"
```

```
        android:layout_width = "wrap_content"
        android:layout_height = "wrap_content"
        android:text = "点击选择头像:"
        android:textColor = "#000000"
        android:textSize = "20dp" />

    <ImageView
        android:id = "@+id/iv_img_one"
        android:layout_width = "80dp"
        android:layout_height = "80dp"
        android:layout_below = "@+id/tv"
        android:src = "@drawable/img01" />

    <ImageView
        android:id = "@+id/iv_img_two"
        android:layout_width = "80dp"
        android:layout_height = "80dp"
        android:layout_below = "@+id/iv_img_one"
        android:src = "@drawable/img02" />

</RelativeLayout>
```

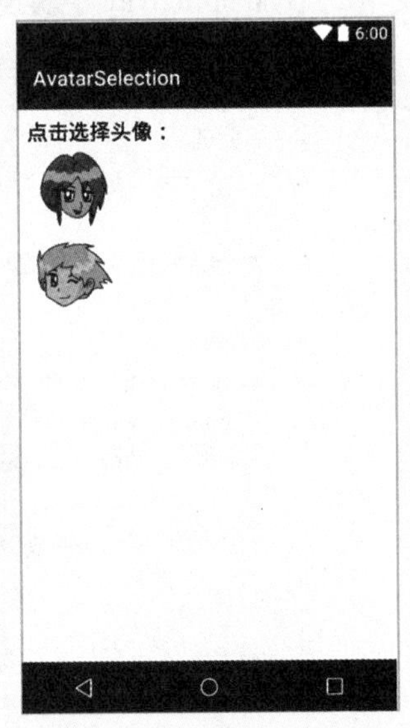

图 3-40　头像选择界面预览效果

(4)布局文件编写完成后,接下来在 SelectionActivity 中实现处理逻辑,具体代码如下所示。

```
public class SelectionActivity extends AppCompatActivity implements View.OnClickListener {

    private ImageView ivImgOne;
    private ImageView ivImgTwo;

    @Override
    protected void onCreate(Bundle savedInstanceState) {
        super.onCreate(savedInstanceState);
        setContentView(R.layout.activity_selection);

        ivImgOne = (ImageView) findViewById(R.id.iv_img_one);
        ivImgTwo = (ImageView) findViewById(R.id.iv_img_two);

        // 给 ImageView 设置监听
        ivImgOne.setOnClickListener(this);
        ivImgTwo.setOnClickListener(this);
    }

    @Override
    public void onClick(View v) {
        switch(v.getId()) {
            // 图片 img01 被点击
            case R.id.iv_img_one:
                returnData(R.drawable.img01);
                break;
            // 图片 img02 被点击
            case R.id.iv_img_two:
                returnData(R.drawable.img02);
                break;
        }
```

```
        }

        // 回传数据给 MainActivity
        private void returnData(int imgId) {
            Intent intent = new Intent();
            intent.putExtra("imageId", imgId);
            setResult(RESULT_OK, intent);
            finish();
        }
    }
```

上述代码中,分别给两个 ImageView 对象设置了监听,由于这里已经让 SelectionActivity 实现了 View. OnClickListener 接口,因此调用 setOnClickListener( )方法时直接传入 this 作为参数即可。当其中一张图片被单击时,将调用 SelectionActivity 中重写的 onClick( )方法处理单击事件。在此方法中,通过 switch 语句判断具体是哪张图片被单击了,从而将这张图片的 id 作为参数传递给 returnData( )方法。returnData( )方法中创建了一个 Intent 对象,并将所选图片的 id 存入其中,最后调用 setResult( )方法返回 MainActivity。需要注意的是,从 SelectionActivity 返回数据后应该调用 finish( )将其关闭掉。

注意:

当一个界面上需要处理单击事件的控件较多时,可以使用上述方式为每个控件添加单击事件处理逻辑,即在当前 Activity 中实现 OnClickListener 接口。这样做的好处是使得代码的结构清晰,提高可读性。

(5)当选择完头像并从 SelectionActivity 返回时,便会回调 MainActivity 中的 onActivityResult( )方法。该方法中首先通过逻辑表达式 requestCode == REQUEST_CODE && resultCode == RESULT_OK 判断数据是从 SelectionActivity 返回的并且处理结果为 RESULT_OK,然后便可以从 Intent 类型的 data 对象中获取回传的图片资源 id,最后通过调用 ImageView 的 setImageResource( )方法将此 id 对应的图片设置为图像视图显示的内容。

完成上述操作后,运行程序,效果如图 3-41 所示。在主 Activity 单击"打开头像选择界面"按钮跳转到 SelectionActivity,在此界面中单击两张图片中的某一张选择头像后,将返回主界面,并且之前选择的头像已经显示出来了。

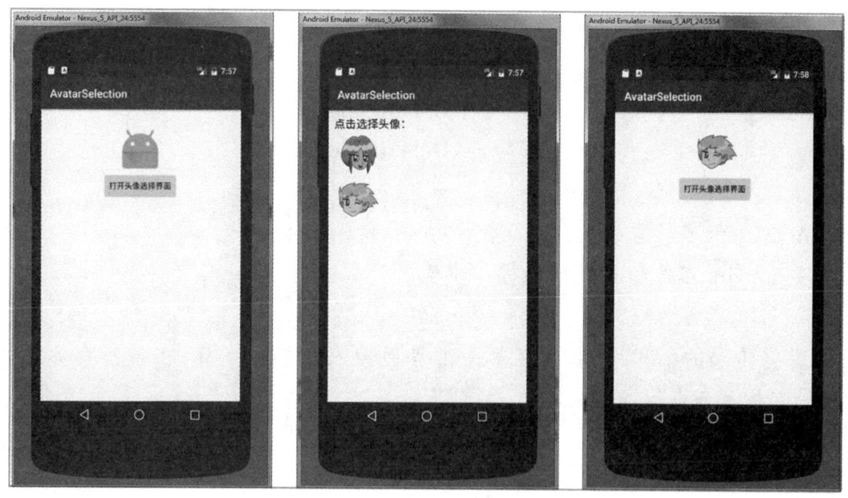

图 3-41　实例运行效果

小结

本章主要讲解了 Android 中的四大组件之一 Activity 的相关知识。主要包括 Activity 概述、Activity 的生命周期和启动模式,Intent 的使用以及 Activity 间的数据传递。Activity 是 Android 中最基本也是最常用的一个组件,凡是有界面的 Android 应用都会使用到 Activity,读者应该通过编写章节中穿插的大量实用的案例,熟练掌握 Activity 组件的使用。

习题

1. 填空题

(1) Activity 的三种生存期,分别是________、________和________。

(2) Activity 生命周期的四种状态分别是________、________、________和________。

(3) ________意图不仅可以开启本应用的组件,还可以开启其他应用的组件。

(4) 如果希望 Android 应用中的某一个界面一直处于竖屏或者横屏状态,不随手机的旋转而改变,可以在清单文件中通过设置 <activity> 标签的________属性来完成。

2. 选择题

(1) 下列方法中,(　　)不属于 Activity 的生命周期方法。

A. onCreate()　　B. onStart()

C. onBind()　　D. onResume()

(2) 对一些资源以及状态的保存,最好是在 Activity 生命周期的(　　)方法中进行。

A. onPause()　　B. onCreate()

C. onStart()　　D. onResume()

(3) 下列关于 Activity 的描述,错误的是(　　)。

A. Activity 是 Android 的四大组件之一

B. Activity 有四种启动模式

C. Activity 有显式和隐式之分

D. 用户在界面上的操作是通过 Activity 来管理的

(4) Intent 传递数据时,下列的(　　)数据类型可以被传递。

A. CharSequence　　B. Parcelable

C. Bundle　　D. Serializable

3. 简答题

(1) 简述 Activity 的四种启动模式。

(2) 简述从 Activity 回传结果数据的操作步骤。

4. 编程题

编写一个数据传递的小程序,要求在第一个界面输入姓名和生日,在第二个界面上显示"××(姓名)您好,您的星座是××座"。

第 4 章 使用 Fragment

教学目标：

（1）掌握创建和在 Activity 中添加 Fragment 的方法。

（2）掌握 Fragment 的生命周期。

（3）掌握 Fragment 和 Activity 之间通信的常用手段。

随着移动设备的迅速发展，不仅手机成为人们生活中的必需品，就连平板电脑和平板电视也变得越来越普及。这些搭载 Android 操作系统的平板设备与手机最大的差别就在于屏幕的大小，而屏幕的差距可能会使同样的界面在不同的设备上显示出不同的效果。为了能够同时兼顾手机和平板设备的开发，自 Android 3.0 版本开始提供了 Fragment。本章将针对 Fragment 的相关知识进行详细的讲解。

4.1 初识 Fragment

第 3 章中学习了 Activity 的相关知识，在智能手机上，Activity 通常会填满整个屏幕，显示构成应用程序用户界面的各个 View。Activity 本质上是 View 的一个容器。但是，在大屏幕设备，例如平板电脑上显示 Activity 时，就有些不太合适了。因为屏幕增大了，所以必须重新排列 Activity 中的所有 View，以便充分利用增加的空间，这导致需要对 View 层次做复杂的变动。更好的方法是使用“轻量级 Activity”，让每个轻量级 Activity 包含自己的一组 View。在运行时，根据 Android 设备的屏幕方向，一个 Activity 可以包含一个或者多个这样的轻量级 Activity。在 Android 3.0 及更高版本中，这种“轻量级 Activity”被称为“碎片”，即 Fragment。

Fragment（碎片）是一种可以嵌入在 Activity 中的 UI 片段，它能让程序更加合理地利用大屏幕空间，因而 Fragment 在平板上应用非常广泛。Fragment 与 Activity 十分相似，它包含布局，同时也具有自己的生命周期。

Fragment 需要包含在 Activity 中，一个 Activity 里面可以包含一个或者多个 Fragment，而且一个 Activity 可以同时展示多个 Fragment。同时，每个 Fragment 也具有自己的布局。假如正在开发一个新闻 App，其中一个界面展示了一组新闻的列表，当单击了其中一个标题时，就打开另一个界面显示新闻的详细内容。在普通手机上展示新闻列表和新闻详情各需要一个 Activity，原因在于普通手机屏幕尺寸较小，因此一屏用来展示新闻列表，另一屏展示新闻内容是合理的。设计效果如图 4-1 所示。

可是如果在 Android 平板上也这么做就太浪费屏幕空间了，因此通常在平板上都是用一个 Activity 展示两个 Fragment，其中一个 Fragment 用来展示新闻列表，另一个用来展示新闻详情。设计效果如图 4-2 所示，显然这样就可以将屏幕空间更充分地利用起来了。

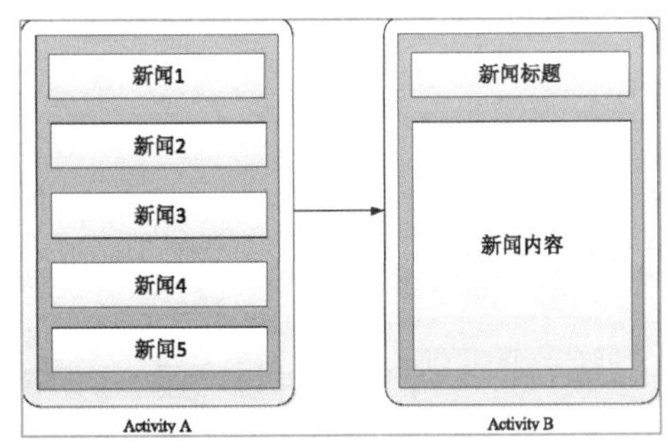

图 4-1 手机的设计效果

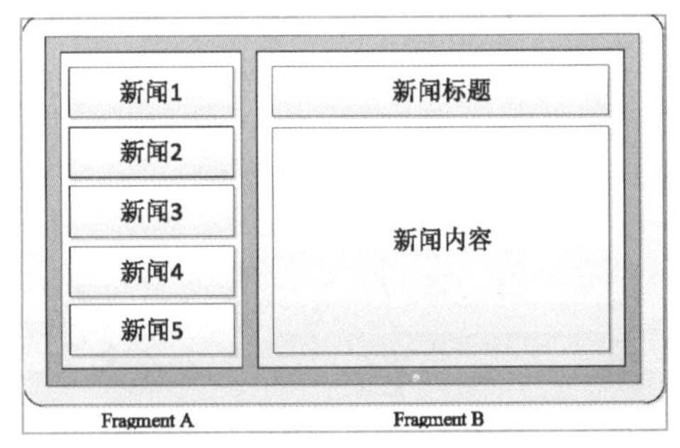

图 4-2 平板的双 Fragment 设计效果

介绍到这里可能各位会有一个疑问，既然 Fragment 适用于平板电脑，那么普通的手机屏幕适用吗？答案是肯定的。Fragment 本身是可复用的组件，是否在一个 Activity 界面中放置多个 Fragment 取决于屏幕的大小，如果屏幕大小不够，那么就可以在 Activity A 中只包含 Fragment A，在 Activity B 中只包含 Fragment B，单击 A 中的 item 跳转到 B 就可以。

4.2 Fragment 的创建与使用

通过上一小节的介绍，我们已经对 Fragment 有了一个整体的了解。本小节将针对 Fragment 的具体使用进行详细的讲解。

4.2.1　创建 Fragment

与创建 Activity 类似,要创建一个 Fragment,必须创建一个 Fragment 的子类,或者继承自另一个已经存在的 Fragment 的子类。例如,要创建一个名称为 FirstFragment 的 Fragment,具体代码如下所示:

```
public class FirstFragment extends Fragment {

    @Override
    public View onCreateView(LayoutInflater inflater, ViewGroup container,
                             Bundle savedInstanceState) {
        // 为当前 Fragment 加载布局文件
        return inflater.inflate(R.layout.fragment_first, container, false);
    }

}
```

上述代码重写了 Fragment 的 onCreateView( )方法,并在该方法中调用了 LayoutInflater 的 inflate( )方法将 Fragment 布局文件加载进来。需要注意的是,当系统首次调用 Fragment 时,如果想显示一个 UI 界面,那么在 Fragment 中,必须重写该方法并返回一个 View,这个 View 就是当前 Fragment 显示的界面内容;否则,如果 Fragment 没有 UI 界面,onCreateView( )方法可以返回 null。

Fragment 类的代码看起来很像 Activity,它包含了和 Activity 类似的回调方法,例如 onCreate( )、onStart( )、onPause( )以及 onStop( )方法。事实上,如果准备将一个现成的 Android 应用转换到使用 Fragment,可能只需要将代码从 Activity 的回调方法中分别移动到 Fragment 的回调方法中即可。

这样,一个最简单的 Fragment 就已经创建好了,接下来讨论怎么在界面上显示 Fragment 的内容。

注意:

Android SDK 提供了两个 Fragment 类,二者所在的包不同,分别是 android. app. Fragment 和 android. support. v4. app. Fragment。继承 android. app. Fragment 类则程序只能兼容 Android 3.0 以上的系统,继承 android. support. v4. app. Fragment 类可以兼容更低版本(1.6)的 Android 系统。

4.2.2　添加 Fragment

一个 Fragment 必须被嵌入到一个 Activity 中,不能脱离其所属的宿主 Activity 而单独使用。在 Activity 中添加 Fragment 有两种方式:一种是直接在布局文件中添加,将 Fragment 作为 Activity 整个布局的一部分;另一种是当 Activity 运行时,动态地将 Fragment 添加到 Activity 中。接下来对这两种添加方式分别进行介绍。

1. 直接在布局文件中添加 Fragment

像第 2 章介绍的各种 UI 控件一样,可以使用 <fragment> </fragment>起止标签向布局文件中添加 Fragment。该标签与其他控件的标签类似,但必须要指定 android:name 属性,该属性的值为 Fragment 的全路径名。

接下来,通过一个实例演示在布局文件中添加 Fragment 的用法,具体步骤如下所示:

(1)新建一个名为 LayoutFragment 的项目,并创建两个 Fragment。将第一个 Fragment 命名为 LeftFragment,代码如下所示。

```
public class LeftFragment extends Fragment {

    @Override
    public View onCreateView(LayoutInflater inflater, ViewGroup container,
                             Bundle savedInstanceState) {
        return inflater.inflate(R.layout.fragment_left, container, false);
    }

}
```

然后在 res/layout 目录下创建 LeftFragment 的布局文件 fragment_left. xml,并修改其代码如下:

```
<FrameLayout xmlns:android = "http://schemas.android.com/apk/res/android"
    android:layout_width = "match_parent"
    android:layout_height = "match_parent"
    android:background = "#44660000" >

    <TextView
        android:layout_width = "wrap_content"
        android:layout_height = "wrap_content"
        android:layout_gravity = "center"
        android:text = "LeftFragment"
        android:textSize = "30sp" />

</FrameLayout>
```

将第二个 Fragment 命名为 RightFragment,代码如下所示。

```
public class RightFragment extends Fragment {

    @Override
    public View onCreateView(LayoutInflater inflater, ViewGroup container,
                             Bundle savedInstanceState) {
        return inflater.inflate(R.layout.fragment_right, container, false);
    }

}
```

然后同样需要在 res/layout 目录下创建 RightFragment 的布局文件 fragment_right. xml,完成之后编写它的代码,具体如下所示。

```
<FrameLayout xmlns:android = "http://schemas.android.com/apk/res/android"
    android:layout_width = "match_parent"
    android:layout_height = "match_parent"
    android:background = "#006600" >

    <TextView
        android:layout_width = "wrap_content"
        android:layout_height = "wrap_content"
        android:layout_gravity = "center"
        android:text = "RightFragment"
        android:textSize = "30sp" />

</FrameLayout>
```

(2)修改 layout 目录下自动生成的 activity_main. xml 布局文件,具体代码如下:

```
<?xml version="1.0" encoding="utf-8"?>
<LinearLayout xmlns:android="http://schemas.android.com/apk/res/android"
    android:id="@+id/activity_main"
    android:layout_width="match_parent"
    android:layout_height="match_parent"
    android:orientation="horizontal">

    <fragment
        android:id="@+id/fragment_left"
        android:name="cn.edu.ayit.layoutfragment.LeftFragment"
        android:layout_width="0dp"
        android:layout_height="match_parent"
        android:layout_weight="1" />

    <fragment
        android:id="@+id/fragment_right"
        android:name="cn.edu.ayit.layoutfragment.RightFragment"
        android:layout_width="0dp"
        android:layout_height="match_parent"
        android:layout_weight="2" />
</LinearLayout>
```

在上述 XML 代码中,定义了一个水平的线性布局,其中引入了两个 <fragment> 标签,使用 <fragment> 标签时需要添加 id 属性和 name 属性。需要注意的是,name 属性需要指定为 Fragment 的完整路径。此外,在两个 <fragment> 标签中通过把 android:layout_width 都设置为"0dp",android:layout_weight 属性分别设置为"1"和"2",使得两个 Fragment 在水平方向按照 1:2 的比例进行显示。运行程序,效果如图 4-3 所示。

2. 动态添加 Fragment

直接在布局文件中添加 Fragment 的方法很简单,但是 Fragment 真正的强大之处在于,它可以在程序运行时动态地添加到 Activity 之中。根据具体情况来动态地添加 Fragment,利于将程序界面定制得更加多样化。依然通过一个实例演示动态添加 Fragment 的方法,具体操作步骤如下:

(1)重新创建一个名为 DynamicFragment 的项目,然后直接将上个项目(LayoutFragment)中的 LeftFragment 和 RightFragment 及它们的布局文件复制至当前项目的对应目录中,如图 4-4 所示。

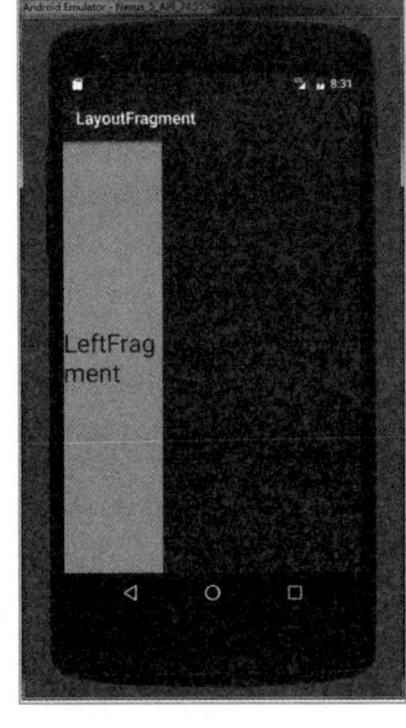

图 4-3 程序运行效果

图 4-4 目录结构图示

(2)对 LeftFragment 的布局文件进行简单的改动,具体代码如下所示。

修改完成后预览效果如图 4-5 所示。

```
<FrameLayout xmlns:android="http://schemas.android.com/
apk/res/android"
    android:layout_width="match_parent"
    android:layout_height="match_parent"
    android:background="#44660000">

    <Button
        android:layout_width="wrap_content"
        android:layout_height="wrap_content"
        android:layout_gravity="center"
        android:onClick="click"
        android:text="Button" />

</FrameLayout>
```

图 4-5 fragment_left.xml 预览效果

(3)新建一个 SecondRightFragment,它的代码如下:

```
public class SecondRightFragment extends Fragment {

    @Override
    public View onCreateView(LayoutInflater inflater, ViewGroup container,
                             Bundle savedInstanceState) {
        return inflater.inflate(R.layout.fragment_right_second, container, false);
    }

}
```

然后将其布局文件 fragment_right_second.xml 修改如下:

```
<FrameLayout xmlns:android="http://schemas.android.com/apk/res/android"
    android:layout_width="match_parent"
    android:layout_height="match_parent"
    android:background="#66000066">

    <TextView
        android:layout_width="wrap_content"
        android:layout_height="wrap_content"
        android:layout_gravity="center"
        android:text="SecondRightFragment"
        android:textSize="30sp" />

</FrameLayout>
```

(4)修改 activity_main.xml 布局文件,具体代码如下:

```
<?xml version="1.0" encoding="utf-8"?>
<LinearLayout xmlns:android="http://schemas.android.com/apk/res/android"
    android:id="@+id/activity_main"
    android:layout_width="match_parent"
    android:layout_height="match_parent"
```

```
    android:orientation="horizontal">

    <FrameLayout
        android:id="@+id/fl_left"
        android:layout_width="0dp"
        android:layout_height="match_parent"
        android:layout_weight="1" />

    <FrameLayout
        android:id="@+id/fl_right"
        android:layout_width="0dp"
        android:layout_height="match_parent"
        android:layout_weight="2" />

</LinearLayout>
```

上述XML代码在一个水平线性布局里按照1:2的比例添加了两个FrameLayout,它们的作用相当于盛放Fragment的容器。这里的帧布局就像是一个占位符,将它设置为多大,其中的Fragment最大就能有多大。此外,作为Fragment的容器,既可以使用FrameLayout,也可以使用RelativeLayout或者LinearLayout,效果都是一样的。

(5)布局文件编写完成后,最后在MainActivity中实现处理逻辑,具体代码如下所示。

```
public class MainActivity extends AppCompatActivity {

    @Override
    protected void onCreate(Bundle savedInstanceState) {
        super.onCreate(savedInstanceState);
        setContentView(R.layout.activity_main);

        //获取Fragment的管理器
        FragmentManager manager = getFragmentManager();
        //开启Fragment的事务。
        //这个事务可以对Fragment进行增加、移除、替换这样的操作。(add,remove,replace方法)
        FragmentTransaction transaction = manager.beginTransaction();
        transaction.add(R.id.fl_left, new LeftFragment());
        transaction.add(R.id.fl_right, new RightFragment());
        //transaction.add(R.id.ll_left, new LeftFragment(), "left");
        //必须要做的事情:提交.
        transaction.commit();
    }

    public void click(View view) {
        FragmentManager manager = getFragmentManager();
        FragmentTransaction transaction = manager.beginTransaction();
        transaction.replace(R.id.fl_right, new SecondRightFragment());
        transaction.commit();
    }
}
```

上述代码首先通过调用Activity的getFragmentManager()方法获取FragmentManager对象,然后调用该对象的beginTransaction()方法开启Fragment的事务,接下来,通过FragmentTransaction对象的add()方法动态添加了Fragment。add()方法接收两个参数,第一个参数表示展示Fragment的容器资源id,第二个参数指的是添加到容器中的Fragment实例。最后需要提交事务,通过调用 commit()方法来完成。此外,代码的最后实现了 LeftFragment 中的 Button 控件单击事件处理方法 click(),该方法中,通过调用 FragmentTransaction 对象的 replace()方法,将原来 id 为 R. id. fl_right的 FrameLayout 容器中的 RightFragment 对象替换为 SecondRightFragment 的实例。

运行程序,效果如图 4-6 所示。当单击 LeftFragment 中的 Button 时,RightFragment 将替换为 SecondRightFragment。

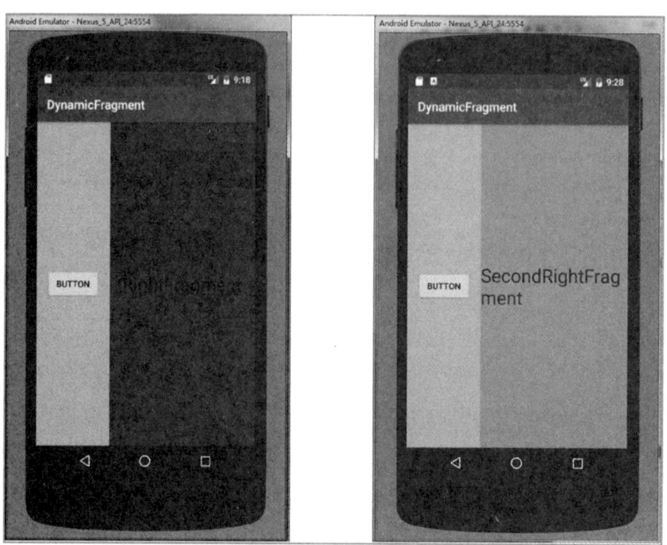

图 4-6 程序运行效果

结合上述实例,可以将动态添加 Fragment 的过程归纳为五步:

- 创建待添加的 Fragment 实例。
- 在 Activity 中通过 getFragmentManager()方法获取 FragmentManager。
- 通过调用 FragmentManager 的 begigTransaction()方法开启一个事务。
- 向容器内添加或替换容器内当前的 Fragment,一般使用 replace()方法实现,需要传入容器的 id 和待添加的 Fragment 实例。
- 调用 commit()方法提交事务。

4.2.3 Fragment 和返回栈

第 3 章介绍了 Activity 任务栈的机制,允许用户通过单击“返回”键回到上一个 Activity(如果有的话,否则直接退出当前应用)。而在上一小节动态添加 Fragment 的示例程序中,按下“返回”键程序就会直接退出。在单击了 Button 按钮的情况下,发生了界面的切换,这时用户可能会理所当然地期望按下“返回”键会返回到前一个界面,Android 为该功能提供了方便的支持。

想要将一个 FragmentTransaction 添加到返回栈中,可以在调用 commit()方法之前,在 FragmentTransaction 中调用 addToBackStack()方法。具体代码如下所示:

```
FragmentManager manager = getFragmentManager();
FragmentTransaction transaction = manager.beginTransaction();
transaction.replace(R.id.fl_right, new SecondRightFragment());
transaction.addToBackStack(null);
transaction.commit();
```

addToBackStack()方法接收一个 String 类型的参数 name,用于描述返回栈的状态,一般传入 null 值即可。添加了这行代码后,重新运行程序,点击 Button 按钮切换屏幕右半边的 Fragment,然后按下返回键,这时程序并没有退出,而是回到了前一个 Fragment 界面,再次按下返回键退出整个应用。

4.3 Fragment 的生命周期

和 Activity 不同,Fragment 不需要在清单文件中进行注册。这是因为 Fragment 只有嵌入到一个 Activity 时,它才能够存在,它的生命周期也依赖于它所嵌入的 Activity。

4.3.1 Fragment 的状态

Fragment 与 Activity 十分相似,同样在其生命周期里也会经历运行状态、暂停状态、停止状态和销毁状态这四种状态,只不过在具体的回调方法上会有部分的区别。接下来针对这四种状态进行详细的讲解。

1. 运行状态

当一个 Fragment 是可见的,并且它所关联的 Activity 正处于运行状态,那么该 Fragment 也处于运行状态。

2. 暂停状态

当一个 Activity 进入暂停状态,与它相关联的可见的 Fragment 也会进入暂停状态。例如,另一个 Activity 处于前台并拥有焦点,但是该 Fragment 所在的 Activity 仍然可见(前台 Activity 局部透明或者没有覆盖整个屏幕),不过不能获得焦点。

3. 停止状态

当一个 Activity 进入停止状态时,与它关联的 Fragment 就会进入到停止状态。或者通过 FragmentTransaction 的 remove( )、replace( )方法将 Fragment 从 Activity 中移除。如果在事务提交之前调用 addToBackStack( )方法添加到返回栈中,这时的 Fragment 也会进入到停止状态。停止状态的 Fragment 仍然存活(所有状态和成员信息被系统保持着),然而,它对用户不再可见,并且如果宿主 Activity 被销毁,它也会被销毁。

4. 销毁状态

Fragment 总是依附于 Activity 而存在的,因此当 Activity 被销毁时,与它相关联的 Fragment 就会进入到销毁状态,只能等待被系统回收。

对于 Fragment,Android 官方也专门提供了一个它的生命周期模型的示意图,如图 4-7 所示。

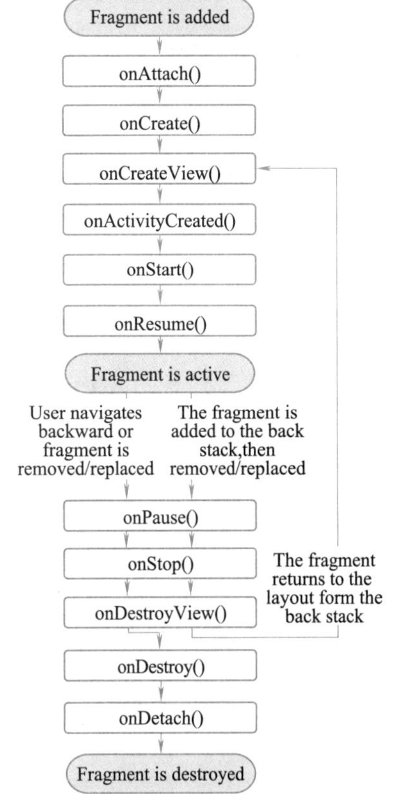

图 4-7　Fragment 的生命周期模型示意图

从图 4-7 中可以看出,与 Activity 的生命周期类似,Fragment类中也提供了一系列的回调方法,以覆盖 Fragment 生命周期的各个环节。并且,Activity 中的生命周期方法,在 Fragment 中基本都包含,除此之外 Fragment 还提供了一些附加的回调方法,接下来主要对这几个方法进行介绍。

- onAttach( )方法:当 Fragment 和 Activity 建立关联时被回调。
- onCreateView( )方法:每次创建 Fragment 的视图

(加载布局)时回调该方法,Fragment 将会显示此方法返回的 View。

- onActivityCreated( )方法:当 Fragment 所关联的Activity已经创建完成时调用。
- onDestroyView( )方法:当 Fragment 所包含的 View 被移除的时候回调。
- onDetach( )方法:当 Fragment 和 Activity 解除关联时被回调。

4.3.2 Fragment 生命周期实例

为了让大家更好地掌握 Fragment 的生命周期及其与宿主 Activity 的关联,接下来通过本小节的实例,观察在 Activity 里动态添加了一个 Fragment,当程序启动和退出时各自的回调方法执行情况。具体步骤如下所示。

(1)首先新建一个名为 FragmentLifeCycle 的项目,然后在项目中添加一个 MyFragment,具体代码如下所示。

```
public class MyFragment extends Fragment {

    private static final String TAG = "MainActivity";

    @Override
    public void onAttach(Activity activity) {
        Log.i(TAG, "MyFragment-->onAttach 执行了...");
        super.onAttach(activity);
    }

    @Override
    public void onCreate(Bundle savedInstanceState) {
        Log.i(TAG, "MyFragment-->onCreate 执行了...");
        super.onCreate(savedInstanceState);
    }

    @Override
    public View onCreateView(LayoutInflater inflater, ViewGroup container,
                             Bundle savedInstanceState) {
        Log.i(TAG, "MyFragment-->onCreateView 执行了...");
        return inflater.inflate(R.layout.fragment_mine, container, false);
    }

    @Override
    public void onActivityCreated(Bundle savedInstanceState) {
        Log.i(TAG, "MyFragment-->onActivityCreated 执行了...");
        super.onActivityCreated(savedInstanceState);
    }

    @Override
    public void onStart() {
        Log.i(TAG, "MyFragment-->onStart 执行了...");
        super.onStart();
    }

    @Override
    public void onResume() {
        Log.i(TAG, "MyFragment-->onResume 执行了...");
        super.onResume();
```

```
    }

    @Override
    public void onPause() {
        Log.i(TAG, "MyFragment-->onPause 执行了...");
        super.onPause();
    }

    @Override
    public void onStop() {
        Log.i(TAG, "MyFragment-->onStop 执行了...");
        super.onStop();
    }

    @Override
    public void onDestroyView() {
        Log.i(TAG, "MyFragment-->onDestroyView 执行了...");
        super.onDestroyView();
    }

    @Override
    public void onDestroy() {
        Log.i(TAG, "MyFragment-->onDestroy 执行了...");
        super.onDestroy();
    }

    @Override
    public void onDetach() {
        Log.i(TAG, "MyFragment-->onDetach 执行了...");
        super.onDetach();
    }
}
```

上述代码在 MyFragment 的每一个生命周期回调方法中都加入了输出 LogCat 日志的操作。

(2)修改 MyFragment 的布局文件,代码如下所示。

该 XML 代码的预览效果如图 4-8 所示。

```
<FrameLayout xmlns:android="http://schemas.android.com/apk/res/android"
    android:layout_width="match_parent"
    android:layout_height="match_parent"
    android:background="#66000066">

    <TextView
        android:layout_width="wrap_content"
        android:layout_height="wrap_content"
        android:text="MyFragment"
        android:textSize="30dp"
        android:layout_gravity="center"
        android:textColor="#000000"/>

</FrameLayout>
```

图 4-8　MyFragment 界面预览效果

(3)修改 layout 目录下自动生成的 activity_main. xml 布局文件,具体如下:

```
<?xml version="1.0" encoding="utf-8"?>
<RelativeLayout xmlns:android="http://schemas.android.com/apk/res/android"
    android:id="@+id/activity_main"
    android:layout_width="match_parent"
    android:layout_height="match_parent">

    <FrameLayout
        android:id="@+id/fl_container"
        android:layout_width="match_parent"
        android:layout_height="match_parent" />
</RelativeLayout>
```

上述代码中添加了一个宽高填满整个手机屏幕的 FrameLayout 作为展示 Fragment 的容器。

(4)在 MainActivity 中重写 Activity 生命周期中的所有回调方法,并在每个方法中打印 Log 信息。注意,不要忘了在 onCreate( )方法里动态添加 MyFragment 的实例。具体代码如下所示。

```
public class MainActivity extends AppCompatActivity {

    private static final String TAG = "MainActivity";

    @Override
    protected void onCreate(Bundle savedInstanceState) {
        super.onCreate(savedInstanceState);
        setContentView(R.layout.activity_main);

        Log.e(TAG, "MainActivity-->onCreate 执行了...");

        // 获取 Fragment 的管理器
        FragmentManager manager = getFragmentManager();
        // 开启 Fragment 的事务
        FragmentTransaction transaction = manager.beginTransaction();
        transaction.add(R.id.fl_container, new MyFragment());
        // 提交
        transaction.commit();
    }

    @Override
    protected void onStart() {
        Log.e(TAG, "MainActivity-->onStart 执行了...");
        super.onStart();
    }

    @Override
    protected void onResume() {
        Log.e(TAG, "MainActivity-->onResume 执行了...");
        super.onResume();
    }

    @Override
    protected void onPause() {
```

```
        Log.e(TAG, "MainActivity-->onPause 执行了...");
        super.onPause();
    }

    @Override
    protected void onStop() {
        Log.e(TAG, "MainActivity-->onStop 执行了...");
        super.onStop();
    }

    @Override
    protected void onRestart() {
        Log.e(TAG, "MainActivity-->onRestart 执行了...");
        super.onRestart();
    }

    @Override
    protected void onDestroy() {
        Log.e(TAG, "MainActivity-->onDestroy 执行了...");
        super.onDestroy();
    }
}
```

完成上述操作后，运行应用程序，并单击底部工具栏的 Android Monitor 打开 LogCat 窗口观察输出的日志信息，如图 4-9 所示。

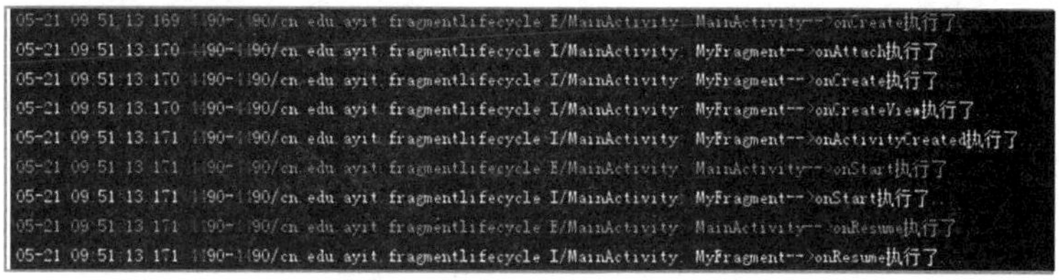

```
05-21 09:51:13.169 4490-4490/cn.edu.ayit.fragmentlifecycle E/MainActivity: MainActivity-->onCreate执行了
05-21 09:51:13.170 4490-4490/cn.edu.ayit.fragmentlifecycle I/MainActivity: MyFragment-->onAttach执行了
05-21 09:51:13.170 4490-4490/cn.edu.ayit.fragmentlifecycle I/MainActivity: MyFragment-->onCreate执行了
05-21 09:51:13.170 4490-4490/cn.edu.ayit.fragmentlifecycle I/MainActivity: MyFragment-->onCreateView执行了
05-21 09:51:13.171 4490-4490/cn.edu.ayit.fragmentlifecycle I/MainActivity: MyFragment-->onActivityCreated执行了
05-21 09:51:13.171 4490-4490/cn.edu.ayit.fragmentlifecycle E/MainActivity: MainActivity-->onStart执行了
05-21 09:51:13.171 4490-4490/cn.edu.ayit.fragmentlifecycle I/MainActivity: MyFragment-->onStart执行了
05-21 09:51:13.171 4490-4490/cn.edu.ayit.fragmentlifecycle E/MainActivity: MainActivity-->onResume执行了
05-21 09:51:13.171 4490-4490/cn.edu.ayit.fragmentlifecycle I/MainActivity: MyFragment-->onResume执行了
```

图 4-9　运行程序输出的 Log 日志

从上述 Log 日志中可以看出，当程序运行时，首先调用宿主 Activity 的 onCreate( )方法，然后，依次调用被动态添加的 MyFragment 的 onAttach( )、onCreate( )、onCreateView( )和 onActivityCreated( )方法，接下来，MainActivity 和 MyFragment 的 onStart( )和 onResume( )方法交替先后执行。因此，可以将创建的过程描述为：由宿主 Activity 带领 Fragment 执行生命周期中的方法。

观察完创建的情形后，再来一起观察下销毁的流程。按下返回键退出应用程序，此时 LogCat 打印的日志如图 4-10 所示。

```
05-21 09:51:49.645 4490-4490/cn.edu.ayit.fragmentlifecycle I/MainActivity: MyFragment-->onPause执行了
05-21 09:51:49.645 4490-4490/cn.edu.ayit.fragmentlifecycle E/MainActivity: MainActivity-->onPause执行了
05-21 09:51:50.176 4490-4490/cn.edu.ayit.fragmentlifecycle I/MainActivity: MyFragment-->onStop执行了
05-21 09:51:50.176 4490-4490/cn.edu.ayit.fragmentlifecycle E/MainActivity: MainActivity-->onStop执行了
05-21 09:51:50.176 4490-4490/cn.edu.ayit.fragmentlifecycle I/MainActivity: MyFragment-->onDestroyView执行了
05-21 09:51:50.176 4490-4490/cn.edu.ayit.fragmentlifecycle I/MainActivity: MyFragment-->onDestroy执行了
05-21 09:51:50.176 4490-4490/cn.edu.ayit.fragmentlifecycle I/MainActivity: MyFragment-->onDetach执行了
05-21 09:51:50.176 4490-4490/cn.edu.ayit.fragmentlifecycle E/MainActivity: MainActivity-->onDestroy执行了
```

图 4-10　退出程序输出的 Log 日志

从图 4-10 中可以看出，当程序退出时，Activity 和 Fragment 都会被销毁，此时是 Fragment 先感知到，于是销毁的过程就是 Fragment 带领 Activity 执行生命周期方法。因此，首先 MyFragment 执行 onPause( )方法，然后由 MainActivity 执行；接着 MyFragment 执行 onStop( )方法，之后仍然是 MainActivity

执行;在 MyFragment 依次执行了 onDestroyView( )、onDestroy( )、onDetach( )方法完成销毁并与宿主 Activity 解除关联之后,最后执行 MainActivity 的 onDestroy( )方法从而退出整个应用程序。

4.4 Fragment 与 Activity 间通信

虽然 Fragment 是嵌套在 Activity 中显示的,但是 Fragment 和 Activity 都是各自存在于一个独立的类中,它们之间并没有明显的方式来直接进行通信。在实际开发中,经常会遇到需要从 Activity 向它所包含的 Fragment 传递数据和在 Fragment 中回传结果给宿主 Activity 的情况,接下来分别对这两种情况进行讲解。

4.4.1 Activity 向 Fragment 传递数据

在任何 Fragment 中都可以使用 getActivity( )方法来获取它所嵌入的 Activity 的引用。例如,在 MainActivity 中添加了 CotentFragment,那么在 ContentFragment 中可以调用 getActivity( )方法得到 MainActivity 的实例,然后就可以访问 Activity 中的公共方法或者查找 Activity 中的控件了。示例代码如下:

```
// 获取 Activity 实例
MainActivity activity = (MainActivity) getActivity();
// 调用 Activity 中的方法
activity.methodInActivity();
// 查找 Activity 中的控件
Button btnInActivity = (Button) activity.findViewById(R.id.btn);
```

上面这种方式虽然简单,但是并不推荐,因为这会使 Fragment 的适配性变差;当然可以在操作之前,使用 instanceof 判断一下 Activity 的具体类型。

除了上述方式外,还可以通过 Fragment 的 setArguments( )方法从 Activity 向 Fragment 传递数据,并且通过 getArguments( )方法获取传递的数据。

4.4.2 Activity 向 Fragment 传递数据实例

下面通过一个实例来演示如何使用 setArguments( )和 getArguments( )方法向 Fragment 传递数据和在 Fragment 中获取传来的数据。具体步骤如下所示:

(1)新建一个名为 ActivityToFragment 的项目,然后修改 MainActivity 的布局文件,具体代码如下所示。

```
<?xml version="1.0" encoding="utf-8"?>
<RelativeLayout xmlns:android="http://schemas.android.com/apk/res/android"
    android:id="@+id/activity_main"
    android:layout_width="match_parent"
    android:layout_height="match_parent">

     <FrameLayout
         android:id="@+id/fl_container"
         android:layout_width="match_parent"
         android:layout_height="match_parent" />
</RelativeLayout>
```

上述 XML 文件中,根元素为 RelativeLayout,其中添加了一个帧布局,作为 Fragment 的容器。

(2)布局文件编写完成后,接着在 MainActivity 中实现处理逻辑,具体代码如下所示。

```
public class MainActivity extends AppCompatActivity {

    @Override
    protected void onCreate(Bundle savedInstanceState) {
        super.onCreate(savedInstanceState);
        setContentView(R.layout.activity_main);

        FragmentManager manager = getFragmentManager();
        FragmentTransaction transaction = manager.beginTransaction();

        ContentFragment fragment = new ContentFragment();
        transaction.add(R.id.fl_container, fragment);

        // Activity 向 Fragment 传递消息
        Bundle bundle = new Bundle();
        bundle.putString("data", "Hello,我是你的宿主 Activity");
        // setArguments 就相当于 Fragment 的构造方法,在 new Fragment 之后,必须立即执行这一个方法.
        // 或者说,它必须在 commit()之前完成
        fragment.setArguments(bundle);

        transaction.commit();
    }
}
```

上述代码首先通过调用 FragmentTransaction 对象的 add()方法动态添加了一个 ContentFragment 的实例,然后创建了一个 Bundle 对象,作为传递数据的载体,这里调用它的 putString()方法存入"data"和"Hello,我是你的宿主 Activity"这样的键值对数据;接下来再调用 Fragment 的 setArguments()方法将携带了数据的 Bundle 对象放置进去,最后提交事务。

(3)接下来,需要在 ContentFrament 中实现接收数据的处理逻辑,在这之前,先来编写它的布局代码,具体如下所示。

该 XML 代码在一个垂直线性布局中依次添加了一个 Button 和一个 TextView,前者被点击时将会获取 Activity 传来的数据,后者用于展示数据的内容。此布局预览效果如图 4-11 所示。

```
<LinearLayout xmlns:android="http://schemas.android.com/apk/res/android"
    android:layout_width="match_parent"
    android:layout_height="match_parent"
    android:gravity="center"
    android:orientation="vertical">

    <Button
        android:id="@+id/btn"
        android:layout_width="wrap_content"
        android:layout_height="wrap_content"
        android:text="获取从宿主 Activity 传递的数据" />

    <TextView
        android:id="@+id/tv"
        android:layout_width="wrap_content"
        android:layout_height="wrap_content"
        android:text="这是我自己个儿显示的文本"
        android:textColor="#000000"
        android:textSize="20sp" />

</LinearLayout>
```

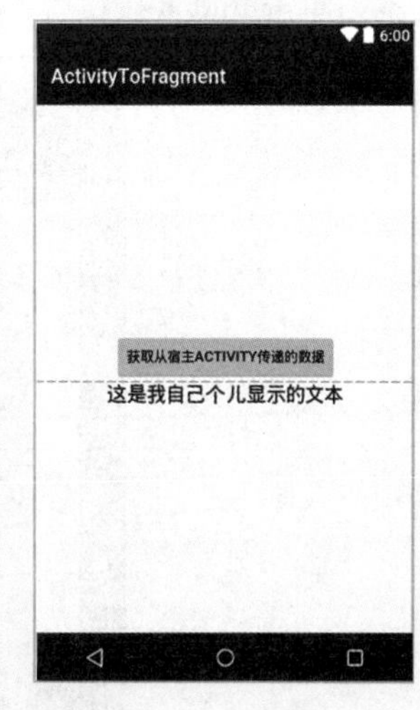

图 4-11　ContentFrament 布局文件预览效果

(4)布局代码编好之后,在 ContentFragment 中实现相应的处理,具体代码如下:

```
public class ContentFragment extends Fragment {

    @Override
    public View onCreateView(LayoutInflater inflater, ViewGroup container,
                             Bundle savedInstanceState) {
        // 利用布局填充器将一个布局文件转换成 View 对象
        View view = inflater.inflate(R.layout.fragment_content, container, false);

        // 实例化 Fragment 中的控件
        Button btn = (Button) view.findViewById(R.id.btn);
        final TextView tv = (TextView) view.findViewById(R.id.tv);

        // 给 Button 设置监听
        btn.setOnClickListener(new View.OnClickListener() {
            @Override
            public void onClick(View v) {
                Bundle bundle = getArguments();
                String info = bundle.getString("data");
                tv.setText(info);
            }
        });
        return view;
    }

}
```

上述代码中,首先通过调用 LayoutInflater 的 inflate()方法将一个布局资源转换成一个 View 对象,该对象就是 Fragment 显示的视图;然后调用 findViewById()方法实例化 View 中添加的控件;接下来,对 Button 按钮设置监听,当它被单击时,将回调 onClick()方法,其中通过调用 Fragment 的 getArguments()方法获取从宿主 Activity 传来的 Bundle 对象,再调用 Bundle 对象的getString()方法,通过"键"获取对应的"值"。最后调用 TextView 控件的 setText()方法将数据显示在文本框中。

程序运行效果如图 4-12 所示。Button 被单击前,TextView 的内容为"这是我自己个儿显示的文本";单击 Button 按钮后,TextView 将显示从 MainActivity 传来的数据。

图 4-12 运行效果图

4.4.3　Fragment 向 Activity 回传信息

为了方便 Fragment 与 Activity 的通信,FragmentManager 提供了一个 findFragmentById( ) 方法,它类似于 findViewById( ),专门用于从布局文件中获取 Fragment 实例,示例代码如下。

```
FragmentManager manager = getFragmentManager();
ContentFragment fragment = (ContentFragment) manager.findFragmentById(R.id.fragment_content);
```

findFragmentById( ) 方法接收一个 int 类型的参数,该参数代表 Fragment 在 Activity 布局中通过 android:id 属性指定的 id。

另外,还可以通过使用 findFragmentByTag( ) 方法来查找在 FragmentTransaction 中指定了 tag 标识的 Fragment,示例代码如下。

```
ContentFragment fragment = (ContentFragment) manager.findFragmentByTag("content");
```

至此,Fragment 和 Activity 之间的通信问题已经解决了,进一步的考虑,Fragment 和 Fragment 之间该如何进行通信呢? 实际上这个问题的解决思路非常简单,首先需要在 Fragment 中获取与它相关联的 Activity,然后再通过这个 Activity 去获取另一个 Fragment 的实例,这样也就实现了不同 Fragment 之间的通信功能。

上述方式虽然实现了 Fragment 向 Activity 传递数据,但这样做增大了 Fragment 的耦合度。Fragment 类要尽量保证其独立性,其中不应该有访问其他 Fragment 和 Activity 中资源的代码,否则这个 Fragment 就不能在不改动代码的情况下应用在其他地方。

如何让多个 Fragment 之间可以独立地多次使用,而不是紧密地绑定到一起呢? 通常的做法是在 Fragment 类中编写一个接口,然后在该 Fragment 的宿主 Activity 中实现该接口。这样依然可以实现 Fragment 与其宿主之间的信息交互。

在 Fragment 中定义接口实现回调的过程,可以归纳为以下五步:

- 在 Fragment 中定义接口,命名为 OnItemClickedListener,在该接口中定义抽象方法 onClick (String info)。
- 在 Fragment 中定义 OnItemClickedListener 类型的私有属性:private OnItemClicked-Listener mylistener。
- 在 Fragment 的 onAttach( ) 方法中执行如下的代码 mylistener = (OnItemClickedListener) getActivity( )。
- 在 Fragment 中,给某个控件添加监听器,在监听器中执行 mylistener. onClick("需要传递的数据")。
- 让 MainActivity(Fragment 所关联的 Activity) 实现 OnItemClickedListener 接口,重写 onClick (String info) 方法。参数就是 Fragment 传递的数据信息,在该方法中执行希望的处理逻辑。

4.4.4　Fragment 向 Activity 回传数据实例

下面通过一个实例来演示如何使用回调机制从 Fragment 向 Activity 回传数据。本节实例将在 4.4.2 小节 ActivityToFragment 项目的基础之上做进一步的完善。具体步骤如下所示:

(1) 在 ContentFragment 的布局文件中添加如下的代码。

该 XML 代码在 fragment_content. xml 里的 TextView 控件之后又添加了一个 Button 按钮,单击此按钮将向宿主 Activity 回传数据。添加完按钮后,布局文件的预览效果如图 4-13 所示。

```
<Button
    android:id = "@+id/btn_send_to_act"
    android:layout_width = "wrap_content"
    android:layout_height = "wrap_content"
    android:text = "向宿主 Activity 回传数据" />
```

图 4-13 布局文件修改后的预览效果

(2)布局文件编写完成后,修改 ContentFragment 的代码,具体如下所示:

```
public class ContentFragment extends Fragment {

    // 定义 OnItemClickedListener 类型的私有属性
    private OnItemClickedListener mylistener;
    // 定义内部接口,并在该接口中定义抽象方法 onClick(String info)
    public interface OnItemClickedListener {
        void onClick(String info);
    }

    @Override
    public void onAttach(Context context) {
        super.onAttach(context);

        // 判断与当前 Fragment 关联的 Activity 是否实现了 OnItemClickedListener 接口;
        // 如果是,则将其强转为 OnItemClickedListener 类型并赋值给私有字段 mylistener
        if(getActivity() instanceof OnItemClickedListener) {
            mylistener = (OnItemClickedListener) getActivity();
        }
    }

    @Override
    public View onCreateView(LayoutInflater inflater, ViewGroup container,
                             Bundle savedInstanceState) {
        // 利用布局填充器将一个布局文件转换成 View 对象
        View view = inflater.inflate(R.layout.fragment_content, container, false);

        // 实例化 Fragment 中的控件
        Button btn = (Button) view.findViewById(R.id.btn);
        Button btnSendToAct = (Button) view.findViewById(R.id.btn_send_to_act);
        final TextView tv = (TextView) view.findViewById(R.id.tv);

        // 给 Button 设置监听
        btn.setOnClickListener(new View.OnClickListener() {
            @Override
            public void onClick(View v) {
                Bundle bundle = getArguments();
```

```
                String info = bundle.getString("data");
                tv.setText(info);
            }
        });

        // 点击按钮回传消息给宿主 Activity
        btnSendToAct.setOnClickListener(new View.OnClickListener() {
            @Override
            public void onClick(View v) {
                // 此处调用 mylistener.onClick("需要传递给 Activity 的数据")
                mylistener.onClick("我是 fragment 传递给宿主的信息!");
            }
        });

        return view;
    }
}
```

上述代码中增加的关键处理逻辑已经用加粗的字体标出，所添加代码的作用与“在 Fragment 中定义接口实现回调过程”的前四步相对应，并且代码注释中已经描述的非常清楚，这里不再赘述。

(3) 在 MainActivity 中添加处理 Fragment 回传数据的代码，具体如下：

```
public class MainActivity extends AppCompatActivity implements ContentFragment.OnItemClickedListener
{

    @Override
    protected void onCreate(Bundle savedInstanceState) {
        super.onCreate(savedInstanceState);
        setContentView(R.layout.activity_main);

        FragmentManager manager = getFragmentManager();
        //ContentFragment fragment = (ContentFragment) manager.findFragmentById(R.id.fragment_content);
        //ContentFragment fragment = (ContentFragment) manager.findFragmentByTag("content");
        FragmentTransaction transaction = manager.beginTransaction();

        ContentFragment fragment = new ContentFragment();
        transaction.add(R.id.fl_container, fragment);

        // Activity 向 Fragment 传递消息
        Bundle bundle = new Bundle();
        bundle.putString("data", "Hello,我是你的宿主 Activity");
        //setArguments 就相当于 Fragment 的构造方法,在 new Fragment 之后,必须立即执行这一个方法.
        fragment.setArguments(bundle);

        transaction.commit();

    }

    @Override
    public void onClick(String info) {
        // 拿到 Fragment 传递过来的数据,显示在 Toast 中
        Toast.makeText(this, info, Toast.LENGTH_SHORT).show();
    }
}
```

为了观察方便,上述代码加粗了新增加代码部分的字体。想要在 MainActivity 中接收从 ContentFragment 传来的数据,首先让 MainActivity 实现了 ContentFragment. OnItem-ClickedListener 接口,并重写了其中的 onClick()方法,当 ContentFragment 中新添加的按钮被单击时,将会回调此方法,通过 Toast 显示 Fragment 传回的数据(就是参数 info)。在实际项目中,是将 Fragment_A 传给宿主的信息拿到后,再通过 setArguments()传递给 Fragment_B。这样就实现了两个 Fragment 之间的数据传递。

程序运行效果如图 4-14 所示。单击 TextView 上面的按钮,将获取 Activity 传递给 Fragment 的数据并显示在文本框控件中;单击 TextView 下面的按钮,将实现 Fragment 向 Activity 的数据回传,然后在 Activity 中通过 Toast 进行提示。

图 4-14 程序运行效果

4.5 仿微信主界面实例

在 Android 开发过程中,Fragment 不仅可以在平板电脑上使用,还经常会与 ViewPager 一起使用达到滑动切换界面的效果,例如微信主界面的设计及诸多应用程序的滑动欢迎界面等。本节将通过开发一个模仿微信主界面滑动切换功能界面的简单实例,对 Fragment 在实际项目中的应用进行更详细的讲解。具体操作步骤如下。

1. 创建项目

创建一个名为 WeixinDemo 的项目,然后修改 res/layout 目录下 activity_main. xml 布局文件的代码,具体如下所示。

```
<?xml version="1.0" encoding="utf-8"?>
<LinearLayout xmlns:android="http://schemas.android.com/apk/res/android"
    android:id="@+id/activity_main"
    android:layout_width="match_parent"
    android:layout_height="match_parent"
    android:orientation="vertical">

    <android.support.v4.view.ViewPager
        android:id="@+id/vp"
        android:layout_width="match_parent"
```

```
        android:layout_height="match_parent"
        android:layout_weight="1" />

    <RadioGroup
        android:id="@+id/rg"
        android:layout_width="match_parent"
        android:layout_height="wrap_content"
        android:orientation="horizontal"
        android:padding="8dp">

        <RadioButton
            android:id="@+id/rb_weixin"
            android:layout_width="0dp"
            android:layout_height="wrap_content"
            android:layout_weight="1"
            android:button="@null"
            android:gravity="center"
            android:text="微信"
            android:textSize="20sp" />

        <RadioButton
            android:id="@+id/rb_address_list"
            android:layout_width="0dp"
            android:layout_height="wrap_content"
            android:layout_weight="1"
            android:button="@null"
            android:gravity="center"
            android:text="通讯录"
            android:textSize="20sp" />

        <RadioButton
            android:id="@+id/rb_discovery"
            android:layout_width="0dp"
            android:layout_height="wrap_content"
            android:layout_weight="1"
            android:button="@null"
            android:gravity="center"
            android:text="发现"
            android:textSize="20sp" />

        <RadioButton
            android:id="@+id/rb_me"
            android:layout_width="0dp"
            android:layout_height="wrap_content"
            android:layout_weight="1"
            android:button="@null"
            android:gravity="center"
            android:text="我"
            android:textSize="20sp" />
    </RadioGroup>
</LinearLayout>
```

上述 XML 代码中,根元素为垂直的线性布局,其中首先添加了一个 ViewPager 控件用于展示 Fragment。需要注意的是,项目中要使用 android. support. v4. view 包中的 ViewPager 控件,因此在布局文件中添加 ViewPager 时需要写出它的完整路径。还有一点需要注意,ViewPager 在这里作为垂直线性布局中添加的第一个控件,它的高度已经被设置成了"match_parent",因此,这时为了让它下面的 RadioGroup 控件能够显示出来,需添加一个属性 android:layout_weight="1"。接下来添加的 RadioGroup 控件包含四个水平方向宽度相等的 RadioButton,其 android:padding 属性用于指定内边距,使得界面看起来更美观;某个 RadioButton 被单击时将切换至跟其文本对应的 Fragment,在 <RadioButton> 标签中,通过将属性 android:button 设置为"@null",去掉单选按钮前面默认显示的小圆点。主界面的预览效果如图 4-15 所示。

图 4-15 activity_main.xml 预览效果

2. 创建四个 Fragment

接下来,在项目中新建四个 Fragment 用于模仿微信的四个主要功能界面。分别将其命名为 WeixinFragment(微信)、AddressListFragment(通讯录)、DiscoveryFragment(发现)和 MeFragment(我)。其中,WeixinFragment 的代码如下所示。

```
public class WeixinFragment extends Fragment {

    @Override
    public View onCreateView(LayoutInflater inflater, ViewGroup container,
                                 Bundle savedInstanceState) {
        return inflater.inflate(R.layout.fragment_weixin, container, false);
    }

}
```

它的布局文件 fragment_weixin. xml 的代码如下:

```
FrameLayout xmlns:android="http://schemas.android.com/apk/res/android"
    android:layout_width="match_parent"
    android:layout_height="match_parent">

    <TextView
        android:layout_width="match_parent"
        android:layout_height="match_parent"
        android:gravity="center"
        android:text="微信界面"
        android:textColor="#000000"
        android:textSize="30sp" />

</FrameLayout>
```

其他三个 Fragment 跟 WeixinFragment 类似,区别仅在于各自布局文件中的 TextView 控件显示的文本不同。

3. 实现 MainActivity 处理逻辑

完成上述操作后,需要在 MainActivity 中编写逻辑处理的代码。具体如下所示。

```
public class MainActivity extends FragmentActivity {

    private List<Fragment> fragments;

    private ViewPager pager;
    private RadioGroup radioGroup;

    @Override
    protected void onCreate(Bundle savedInstanceState) {
        super.onCreate(savedInstanceState);
        setContentView(R.layout.activity_main);

        //初始化控件
        initView();
        //初始化数据
        initData();
    }

    private void initData() {
        fragments = new ArrayList<Fragment>();
        fragments.add(new WeixinFragment());
        fragments.add(new AddressListFragment());
        fragments.add(new DiscoveryFragment());
        fragments.add(new MeFragment());

        MainActPagerAdapter adapter = new MainActPagerAdapter(getSupportFragmentManager());
        pager.setAdapter(adapter);

        //设置运行程序时第一个 RadioButton 默认被选中
        ((RadioButton) radioGroup.getChildAt(0)).setChecked(true);
    }

    private void initView() {
        pager = (ViewPager) findViewById(R.id.vp);
        pager.addOnPageChangeListener(new ViewPager.OnPageChangeListener() {
            @Override
            public void onPageScrolled(int position,float positionOffset,int positionOffsetPixels) {

            }

            @Override
            public void onPageSelected(int position) {
                //当某个 Page 被选中时,切换 RadioButton
                RadioButton rb = (RadioButton) radioGroup.getChildAt(position);
                changeCheckedColor(position);
                rb.setChecked(true);
            }

            @Override
            public void onPageScrollStateChanged(int state) {
```

```
            }
        });

        radioGroup = (RadioGroup) findViewById(R.id.rg);
        radioGroup.setOnCheckedChangeListener(new RadioGroup.OnCheckedChangeListener() {
            @Override
            public void onCheckedChanged(RadioGroup group, int checkedId) {
                //根据RadioButton的id设置ViewPager现实的页面
                switch(checkedId) {
                    //点击微信
                    case R.id.rb_weixin:
                        pager.setCurrentItem(0);
                        changeCheckedColor(0);
                        break;
                    //点击通讯录
                    case R.id.rb_address_list:
                        pager.setCurrentItem(1);
                        changeCheckedColor(1);
                        break;
                    //点击发现
                    case R.id.rb_discovery:
                        pager.setCurrentItem(2);
                        changeCheckedColor(2);
                        break;
                    //点击我
                    case R.id.rb_me:
                        pager.setCurrentItem(3);
                        changeCheckedColor(3);
                        break;
                }
            }
        });
    }

    //根据点击的RadioButton改变文字颜色
    private void changeCheckedColor(int position) {
        RadioButton rb = null;
        for(int i = 0;i < radioGroup.getChildCount();i++) {
            rb = (RadioButton) radioGroup.getChildAt(i);
            if(position == i) {
                rb.setTextColor(Color.GREEN);
            } else {
                rb.setTextColor(Color.BLACK);
            }
        }
    }

    //自定义FragmentPagerAdapter
    private class MainActPagerAdapter extends FragmentPagerAdapter {
        public MainActPagerAdapter(FragmentManager fm) {
```

```
            super(fm);
        }

        @Override
        public Fragment getItem(int position) {
            return fragments.get(position);
        }

        @Override
        public int getCount() {
            return fragments.size();
        }
    }

}
```

上述代码比较长，我们从头开始对其中的关键部分进行详细的讲解。首先，定义了一个 List 集合，并通过泛型限定它只能存储 Fragment 的实例，该集合的作用是保存用于滑动的 Fragment 对象。

接下来，把 onCreate( ) 方法中初始化控件和数据的操作分别封装在 initView( ) 和 initData( ) 方法里。

在 initView( ) 方法中，通过调用 ViewPager 的 addOnPageChangeListener( ) 方法添加 pager 滑动切换的监听；调用 RadioGroup 的 setOnCheckedChangeListener( ) 方法设置 RadioButton 选中单击事件的监听。两个监听器的回调方法中都调用了代码中自定义的 changeCheckedColor(position) 方法，该方法的作用是改变选中的 RadioButton 的文本颜色。

initData( ) 方法中首先创建了四个 Fragment 的实例并 add 到 List 集合中，然后创建了一个我们自定义的 MainActPagerAdapter 对象，并通过调用 setAdapter( ) 方法将 adapter 作为参数传入，从而为 ViewPager 设置了适配器。

MainActPagerAdapter 继承自 FragmentPagerAdapter，后者是用于管理并呈现 Fragment 页面的，它相当于 ViewPager 和 Fragment 之间的一座桥梁。对于 FragmentPagerAdapter 的派生类，只需要重写 getItem( ) 和 getCount( ) 方法就可以了：其中，前者根据传入的参数 position 返回当前要显示的 Fragment 对象；后者返回用于滑动的 Fragment 的总个数。此外，由于 FragmentPagerAdapter 只提供了接收一个 FragmentManager 类型参数的构造方法，因此在 MainActPagerAdapter 中也需要定义包含一个 FragmentManager 参数的构造方法。

需要注意的是，FragmentPagerAdapter 接收的参数必须是 support-v4 包下的 FragmentManager，因此，创建 MainActPagerAdapter 对象时需要通过调用 getSupportFragmentManager( ) 方法获取 FragmentManager的实例；相应的，仿微信案例中的所有 Fragment 也必须是 v4 包下的；同时，MainActivity也修改为从 FragmentActivity 继承而来。

4. 运行程序

程序运行效果如图 4-16 所示。在主界面中，一方面可以通过单击底部的 RadioButton 切换 Fragment 界面；此外，还可以左右滑动 ViewPager 来切换 Fragment。当某个 RadioButton 被选中或者通过滑动切换至相应的界面时，RadioButton 中的文本将变为绿色。

图 4-16 程序运行效果

小结

本章主要讲解了可以嵌入在 Activity 中的 UI 片段——Fragment 的相关知识。主要包括 Fragment 的创建和添加，Fragment 的生命周期以及 Fragment 和 Activity 间的数据传递。在应用程序中使用 Fragment 不单是平板电脑、电视等 Android 大屏幕设备的首佳选择，也已经成为 Android 手机开发的流行趋势，通过本章的学习应该熟练掌握 Fragment 的相关操作。

习题

1. 填空题

(1) Fragment 与 Activity 十分相似，它包含________，同时也具有自己的________。

(2) Fragment 生命周期的四种状态分别是________、________、________和________。

(3) Fragment 显示的界面内容是通过________方法返回的。

(4) 在任何 Fragment 中都可以使用________方法来获取它所嵌入的 Activity 的引用。

2. 选择题

(1) Fragment 从创建到销毁不会执行的是(　　)。

A. onAttach()　　B. onCreateView()　　C. onResume()　　D. onRestart()

(2) 下列关于 Fragment 的描述，错误的是(　　)。

A. Fragment 可以直接在布局文件中添加

B. Fragment 可以在程序运行时动态地添加到 Activity 之中

C. 可以将一个 FragmentTransaction 添加到返回栈中

D. Fragment 可以像 Activity 一样单独使用

3. 简答题

(1) 简述 Fragment 的生命周期状态。

(2) 简述如何从 Activity 向 Fragment 传递数据。

4. 编程题

编写 Android 程序，在一个 Activity 中展示两个 Fragment：一个用于展示新闻列表；当单击列表中的某一条新闻标题时，在另一个 Fragment 中显示新闻详情。

第5章 Android数据存储

教学目标：

(1) 了解 Android 中的常用数据存储方式和各自的特点。

(2) 学会使用 SharedPreferences 和文件存储持久化数据。

(3) 掌握 SQLite 数据库相关操作。

(4) 学会使用 JUnit 测试程序。

无论使用何种平台或开发环境，也不管开发何种类型的应用程序，数据存储都是核心，Android 应用也不例外。Android 系统提供了五种数据存储的方式，分别是 SharedPreferences、文件存储、SQLite 数据库、ContentProvider 和网络存储。ContentProvider 和网络存储内容较多，并且存储方式与前三种有着明显差别，因此在后面的章节中专门进行介绍，本章将重点讲解 SharedPreferences、文件存储和 SQLite 数据库的相关知识。

5.1 常用数据存储方式概述

数据存储方式,也就是我们常讨论的数据持久化技术,指的是将内存中那些瞬时数据保存到存储设备中,保证即使在手机或计算机关机的情况下,这些数据仍然不会丢失。

Android 系统中的五种数据存储方式,每种方式都有其不同的特点。下面对这五种方式进行简单介绍。

- SharedPreferences:Android 中一种经常使用的轻量级存储方式,其本质就是基于 XML 文件存储键值对(key-value)的数据,通常用于存储较简单的参数设置、配置信息等。
- 文件存储:Android 中最基本的一种数据存储方式,使用了 Java 中的 I/O 操作来进行文件的保存和读取。常用于存储大量的数据,如图片、音乐或者视频等。
- SQLite 数据库:SQLite 是一个轻量级、跨平台的关系型数据库。数据库中所有信息都存储在单一文件内,占用内存小,并且支持基本 SQL 语法,是项目中经常被采用的一种数据存储方式。
- ContentProvider:内容提供者,它是 Android 四大组件之一,是 Android 系统中用来实现应用程序之间数据共享的一种存储方式。由于 Android 系统中的数据基本都是私有的,要将程序中的私有数据分享给其他应用程序,推荐使用 ContentProvider。相对于其他对外共享数据的方式而言,ContentProvider 统一了数据访问方式,使用起来更规范。
- 网络存储:Android 应用就是一个 C/S 结构程序的 Client 端(有时也相当于 B/S 结构程序的 Browser 端),网络存储把数据存储到服务器,不存储在本地,使用的时候直接通过网络从服务器获取,避免了手机端信息丢失以及其他的安全隐患。

接下来,将分别针对前三种数据存储方式进行详细的介绍。

5.2 轻量级存储 SharedPreferences

很多软件都有配置文件,里面存放该程序运行中的各个属性值,由于其配置信息并不多,所以通常不采用数据库的存储方式,而是存放在 properties、XML 等格式的文件中。Android 中利用 SharedPreferences 来存放应用中的配置信息。

SharedPreferences 是 Android 平台上一个轻量级的存储类,主要用于存储一些应用程序的配置参数,例如登录状态、自定义参数的设置等。SharedPreferences 中存储的数据是以 key-value,也就是键值对的形式保存在 XML 文件中的,该文件位于 data/data/ < package name > /shared_prefs/目录下。需要注意的是,SharedPreferences 中的 value 值只能是 float、int、long、boolean、String 或 StringSet 类型的数据。

下面我们就来具体介绍 SharedPreferences 的"存"和"取"。

5.2.1 将数据存储到 SharedPreferences 中

使用 SharedPreferences 类存储数据时,首先需要获取 SharedPreferences 对象。Android 中获取 SharedPreferences 对象的方法有两种:

1. getSharedPreferences(String name,int mode)方法

getSharedPreferences( )方法在 Context 类中,此方法接收两个参数:第一个参数用于指定 SharedPreferences 文件的名称,当指定的文件不存在时,会进行创建;第二个参数用于指定文件操

作模式,该模式有四个值可供选择,具体如下:

- MODE_PRIVATE:默认操作模式,代表该文件是私有数据,只能被本应用程序访问。
- MODE_APPEND:会检查文件是否存在,如果存在,就向文件追加内容,否则创建新文件。
- MODE_WORLD_READABLE:允许其他应用程序对该 SharedPreferences 文件进行读操作。
- MODE_WORLD_WRITEABLE:允许其他应用程序对该 SharedPreferences 文件进行读写操作。

2. getPreferences(int mode)方法

该方法在 Activity 中,和 getSharedPreferences()方法相似,不过它只接收一个参数,即操作模式,因为使用这个方法时会自动将当前活动的类名作为 SharedPreferences 的文件名。

得到了 SharedPreferences 对象后,就可以开始向 SharedPreferences 文件中存储数据了。但是还有一点需要注意,SharedPreferences 对象本身只能获取数据,并不支持数据的存储和修改,存储和修改数据需要通过 SharedPreferences. Editor 对象实现。实际上,Editor 是 SharedPreferences 的一个内部接口,要想获取 Editor 的实例,需要调用 SharedPreferences 对象的 Edit()方法,示例代码如下:

```
Editor editor = sharedPreferences.edit();   //获取编辑器
```

Editor 的相关方法如表 5-1 所示。

表 5-1 SharedPreferences. Editor 的相关方法

方法声明	功能描述
putString(String key,String value)	向 SharedPreferences 中存入指定 key 对应的 String 类型数据
putInt(String key,int value)	向 SharedPreferences 中存入指定 key 对应的 int 类型数据
putFloat(String key,float value)	向 SharedPreferences 中存入指定 key 对应的 float 类型数据
putLong(String key,long value)	向 SharedPreferences 中存入指定 key 对应的 long 类型数据
putBoolean(String key,boolean value)	向 SharedPreferences 中存入指定 key 对应的 boolean 类型数据
putStringSet(String key,Set <String> value)	向 SharedPreferences 中存入指定 key 对应的 Set 类型数据
remove(String key)	删除 SharedPreferences 里指定 key 对应的值
clear()	清空 SharedPreferences 里的所有数据
commit()	当 Editor 编辑完成后,调用该方法提交修改

通过 SharedPreferences 对象获取到 Editor 实例之后,就可以通过 Editor 对象的相关方法存储数据了,具体代码如下:

```
//得到一个 SharedPreferences 对象。需要两个参数:第一个参数:文件名;第二个参数:文件的权限。
SharedPreferences sp = getSharedPreferences("config", MODE_PRIVATE);
//得到一个编辑器对象
SharedPreferences.Editor editor = sp.edit();
//利用得到编辑器对象开始存储数据
editor.putString("name", "冯老师");
editor.putBoolean("ismarried", true);
editor.putInt("age", 35);
//必须在数据操作完毕之后进行提交
editor.commit();
```

与存储数据类似,SharedPreferences 删除数据时同样需要先获取到 Editor 对象,然后通过该对象删除数据,具体代码如下:

```
SharedPreferences sp = getSharedPreferences("config", MODE_PRIVATE);
SharedPreferences.Editor editor = sp.edit();
//删除一条数据
editor.remove("age");
//删除所有数据
editor.clear();
editor.commit();
```

注意:

存入和删除数据时,一定要在代码最后使用 editor.commit()方法提交数据,否则数据将不能正常保存。

多学一招:通过 Editor.apply()方法提交数据。

在 SharedPreferences 文件中使用 Editor 的 putXXX()方法或 remove()方法存入或删除数据后,也可以使用 editor.apply()方法提交数据。它和 commit()方法的区别在于:

- apply()方法没有返回值而 commit()方法返回 boolean 表明修改是否提交成功。
- apply()方法是将修改数据的操作先提交到内存,而后异步的真正提交到硬件磁盘,而 commit()方法是同步的提交到硬件磁盘。因此,在多个线程中并发的调用 commit()方法的时候,它们会等待正在处理的 commit 保存到磁盘后再操作,从而降低了执行效率。
- apply()方法没有任何失败的提示。

由于在一个进程中,SharedPreferences 是单个实例,一般不会出现并发冲突,如果对提交的结果不关心,建议使用 apply()方法,当然需要确保提交成功且有后续操作的话,还是建议使用 commit()方法的。

5.2.2 从 SharedPreferences 中读取数据

使用 SharedPreferences,更准确的说是 Editor 对象来存储数据是非常简单的,从 SharedPreferences 文件中读取数据更是如此。SharedPreferences 对象中提供了一系列的 get 方法,用于读取存储的数据,每个 get 方法都对应于 SharedPreferences. Editor 中的一种 put 方法。例如,读取一个布尔型数据可以使用 getBoolean()方法,读取一个字符串可以使用 getString()方法。SharedPreferences 中读取数据的相关方法如表 5-2 所示。

表 5-2 SharedPreferences 的相关方法

方法名称	功能描述
String getString(String key, String defValue)	获取 SharedPreferences 中指定 key 对应的 String 值
int getInt(String key, int defValue)	获取 SharedPreferences 中指定 key 对应的 int 值
float getFloat(String key, float defValue)	获取 SharedPreferences 中指定 key 对应的 float 值
long getLong(String key, long defValue)	获取 SharedPreferences 中指定 key 对应的 long 值
boolean getBoolean(String key, boolean defValue)	获取 SharedPreferences 中指定 key 对应的 boolean 值
Set <String> getStringSet(String key, Set <String> defValue)	获取 SharedPreferences 中指定 key 对应的 String 值
boolean contains(String key)	判断 SharedPreferences 是否包含特定名称为 key 的数据

续表

方法名称	功能描述
abstract Map < String, ? > getAll( )	获取 SharedPreferences 里全部的键值对(key-value)
SharedPreferences. Editor edit( )	返回一个 Editor 对象

从上表中可以看出,SharedPreferences 中的 get 方法都接收两个参数:第一个参数是“键”,应与存储数据时使用的 key 一致,否则查找不到数据;第二个参数是默认值,表示当传入的键找不到对应的值时该方法就以这个值作为返回值。

SharedPreferences 获取数据更加地简单,只需要创建 SharedPreferences 对象,然后使用该对象获取相应 key 对应的 value 即可,示例代码如下:

```
SharedPreferences sp = getSharedPreferences("config", MODE_PRIVATE);
// 取数据的时候,直接利用 SharedPreferences 对象进行 getXXX()
String name = sp.getString("name", "nobody");
boolean isMarried = sp.getBoolean("ismarried", false);
int age = sp.getInt("age", 18);
```

5.2.3　保存登录信息实例

类似于微信、美团等很多 Android 应用,只有在手机上第一次安装使用时需要输入用户名和密码,后续打开 App 就直接进入已经登录成功的界面了。接下来通过一个实例演示如何使用 SharedPreferences 实现保存登录信息的功能。具体步骤如下所示。

(1)新建一个名为 SavingLoginInfo 的项目,待项目创建成功后修改 layout 目录下自动生成的 activity_main. xml 布局文件,代码如下所示。

```
<?xml version="1.0" encoding="utf-8"?>
<LinearLayout xmlns:android="http://schemas.android.com/apk/res/android"
    android:id="@+id/activity_main"
    android:layout_width="match_parent"
    android:layout_height="match_parent"
    android:gravity="center_horizontal"
    android:orientation="vertical"
    android:padding="10dp">

    <ImageView
        android:layout_width="60dp"
        android:layout_height="60dp"
        android:layout_marginTop="80dp"
        android:src="@drawable/head" />

    <LinearLayout
        android:layout_width="match_parent"
        android:layout_height="wrap_content"
        android:layout_marginTop="8dp">

        <TextView
            android:layout_width="wrap_content"
            android:layout_height="wrap_content"
            android:text="账号:"
            android:textColor="#000000"
            android:textSize="20sp" />
```

```
        EditText
            android:id="@+id/et_username"
            android:layout_width="match_parent"
            android:layout_height="wrap_content"
            android:hint="请输入用户名" />
    </LinearLayout>

    <LinearLayout
        android:layout_width="match_parent"
        android:layout_height="wrap_content"
        android:layout_marginTop="6dp">

        TextView
            android:layout_width="wrap_content"
            android:layout_height="wrap_content"
            android:text="密码:"
            android:textColor="#000000"
            android:textSize="20sp" />

        EditText
            android:id="@+id/et_password"
            android:layout_width="match_parent"
            android:layout_height="wrap_content"
            android:hint="请输入密码"
            android:inputType="textPassword" />
    </LinearLayout>

    <Button
        android:id="@+id/btn_login"
        android:layout_width="match_parent"
        android:layout_height="wrap_content"
        android:layout_marginTop="10dp"
        android:text="登    录"
        android:textSize="20sp" />

    <CheckBox
        android:id="@+id/cb_saved"
        android:layout_width="wrap_content"
        android:layout_height="wrap_content"
        android:layout_gravity="right"
        android:text="是否记住您的用户名和密码" />
</LinearLayout>
```

上述 XML 代码的预览效果如图 5-1 所示。此界面和 3.4.4 小节"用户登录实例"中的登录界面基本一致,这里不再赘述,唯一的区别在于新增了一个 CheckBox 控件,当用户勾选这个复选框时,则将用户名和密码保存在 SharedPreferences 中。

(2)向项目中添加一个 LoginSuccessActivity,并修改它的布局文件,完成后效果如图 5-2所示。该 Activity 的作用仅仅表示登录成功后的跳转界面。

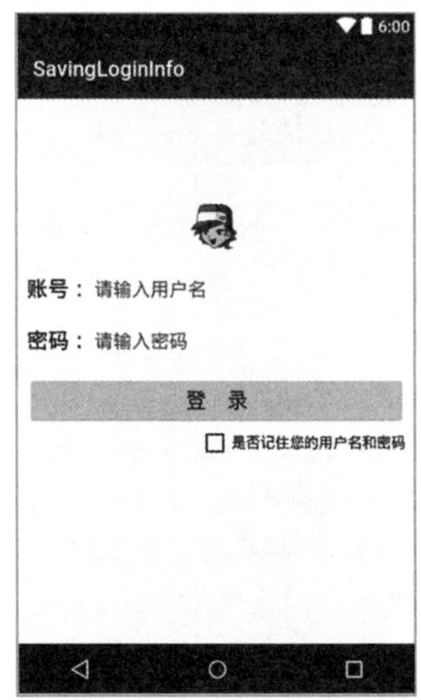

图 5-1　布局文件预览效果

图 5-2　LoginSuccessActivity 界面预览效果

(3)需要在 MainActivity 中实现处理逻辑,具体代码如下所示。

```
public class MainActivity extends AppCompatActivity {

    private EditText etUserName;
    private EditText etPassword;
    private Button btnLogin;
    private CheckBox cbSaved;
    private SharedPreferences preferences;

    @Override
    protected void onCreate(Bundle savedInstanceState) {
        super.onCreate(savedInstanceState);
        setContentView(R.layout.activity_main);

        etUserName = (EditText) findViewById(R.id.et_username);
        etPassword = (EditText) findViewById(R.id.et_password);
        cbSaved = (CheckBox) findViewById(R.id.cb_saved);
        btnLogin = (Button) findViewById(R.id.btn_login);
        preferences = getSharedPreferences("login_info", MODE_PRIVATE);

        btnLogin.setOnClickListener(new View.OnClickListener() {
            @Override
            public void onClick(View v) {
                String username = etUserName.getText().toString().trim();
                String password = etPassword.getText().toString().trim();
                // 判断用户输入信息是否完整
                if (! TextUtils.isEmpty(username) && ! TextUtils.isEmpty(password)) {
                // 如果勾选了 cbSaved,则将复选框勾选状态和用户登录信息记录在 SharedPreferes 中
                    if(cbSaved.isChecked()) {
                        SharedPreferences.Editor editor = preferences.edit();
                        editor.putBoolean("isSaved", cbSaved.isChecked());
```

```
                    editor.putString("username", username);
                    editor.putString("password", password);
                    editor.commit();
                } else {  // 如果没有勾选 cbSaved,则清空 SharedPreferences 的内容
                    SharedPreferences.Editor editor = preferences.edit();
                    editor.clear();
                    editor.commit();
                }
                // 登录成功,跳转到 LoginSuccessActivity
                Intent intent = new Intent(MainActivity.this, LoginSuccessActivity.class);
                startActivity(intent);
                // 销毁登录界面
                finish();
            } else {
                Toast.makeText(MainActivity.this, "请将登录信息填写完整",
Toast.LENGTH_SHORT).show();
            }
        }
    });

    // 打开登录界面时首先判断 SharedPreferences 中是否记录了登录信息
    boolean isSaved = preferences.getBoolean("isSaved", false);
    if (isSaved) {
        // 勾选 CheckBox,并将 SharedPreferences 记录的用户名和密码设置到 EditText 中
        cbSaved.setChecked(true);
        etUserName.setText(preferences.getString("username", ""));
        etPassword.setText(preferences.getString("password", ""));
    }
  }
}
```

上述代码首先在 onCreate( ) 方法中对布局文件里的各控件进行初始化,并获取了一个 SharedPreferences 对象,用于对登录信息进行存取。然后为"登录"按钮添加了监听器,当用户单击时,执行 onClick( ) 方法检查用户名和密码输入的内容,两者均不为空时,接着判断 CheckBox 的勾选情况,根据结果分别执行将登录信息存入 SharedPreferences 或清空 SharedPreferences 中全部内容的具体操作。接下来简单的做直接登录成功的处理,跳转到 LoginSuccessActivity 界面并销毁 MainActivity。onCreate( ) 方法的最后,通过 SharePreferences 对象的 getBoolean( ) 方法获取 key 为" isSaved" 的数据,如果之前记录了登录信息,则直接将其显示在用户名和密码的输入框中。

完成上述操作后,运行程序,效果如图 5-3 所示。输入用户名和密码,然后勾选 CheckBox 控件记录登录信息,单击登录按钮跳转到 LoginSuccessActivity 界面。在此界面单击返回键将退出程序回到应用程序列表界面,接着单击 SavingLoginInfo 图标重新运行程序,将看到用户之前保存的登录信息已经显示在界面上了,从而避免了每次登录都需要重复输入的麻烦。

由于已经在程序中看到了存入 SharedPreferences 中的数据,证明之前数据确实已经保存成功了,但这种方式需要每次存完数据之后运行程序才能观察到结果。除此之外,还可以借助 Android Device Monitor 工具来进行查看。依次选择 Android Studio 菜单栏中的 Tools→Android→Android

Device Monitor 命令，如图 5-4 所示。

图 5-3　LoginSuccessActivity 界面预览效果

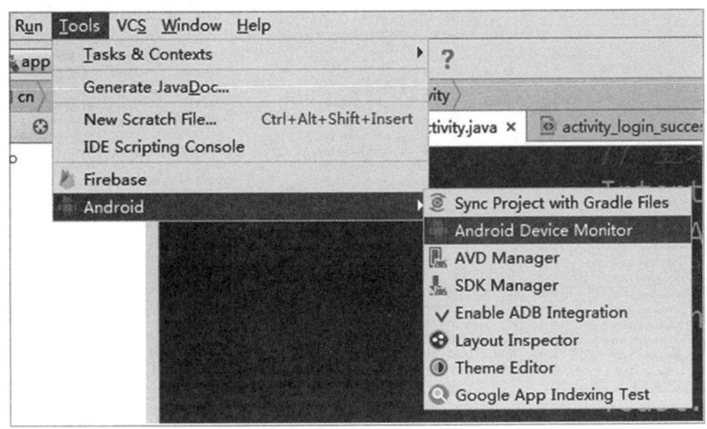

图 5-4　选择 Tools→Android→的 Android Device Monitor 命令

选择图 5-4 中的 Android Device Monitor 命令后，将打开 Android 设备监视器的主界面，如图 5-5所示。该监视器中最常用的一个工具就是 DDMS（Dalvik Debug Monitor Service），即 Dalvik 虚拟机调试监控服务。在 Android 开发环境中，使用 DDMS 可以进行的操作有为测试设备截屏、查看特定进程中正在运行的线程以及堆栈信息、LogCat、广播状态信息、模拟电话呼叫、接收 SMS、虚拟地理坐标等，其功能非常强大，对于安卓开发者来说是一个非常实用的工具。

接下来进入 File Explorer 标签页，在这里找到/data/data/cn. edu. ayit. savingloginfo 目录，打开它的 shared_prefs 子目录，将看到生成了一个 login_info. xml 文件，如图 5-6 所示。

然后单击图 5-6 中右上角的按钮可以将这个文件导出到计算机上，成功导出之后并使用记事本打开 login_info. xml 文件进行查看，其内容如图 5-7 所示。从中可以看出，在 EditText 中输入的登录信息确实已经成功保存到 SharedPreferences 中了。

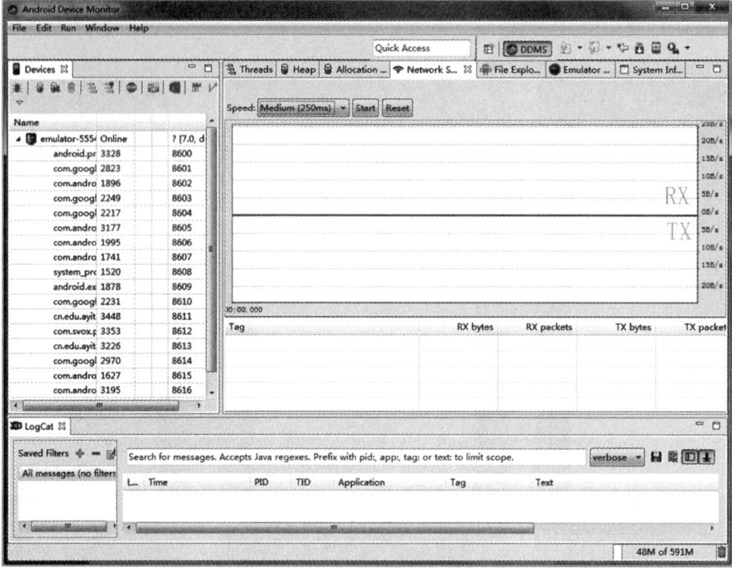

图 5-5　Android 设备监视器主界面

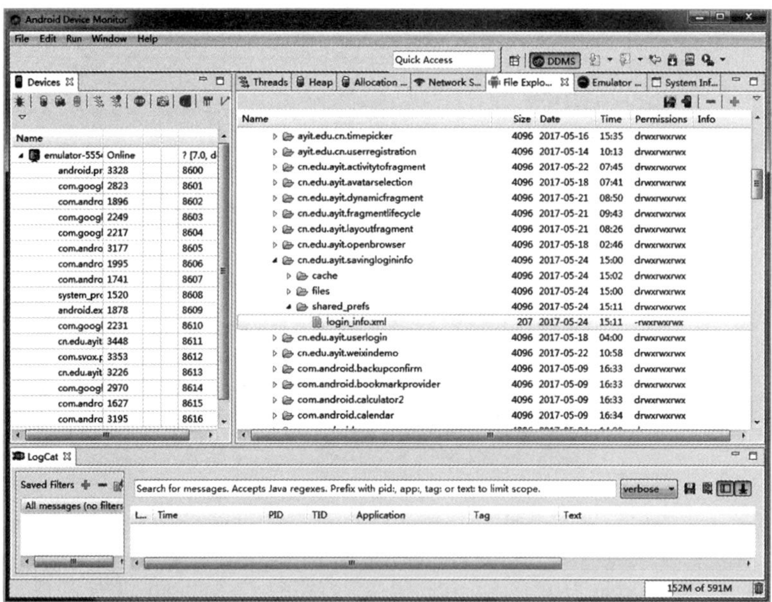

图 5-6　生成的 login_info.xml 文件

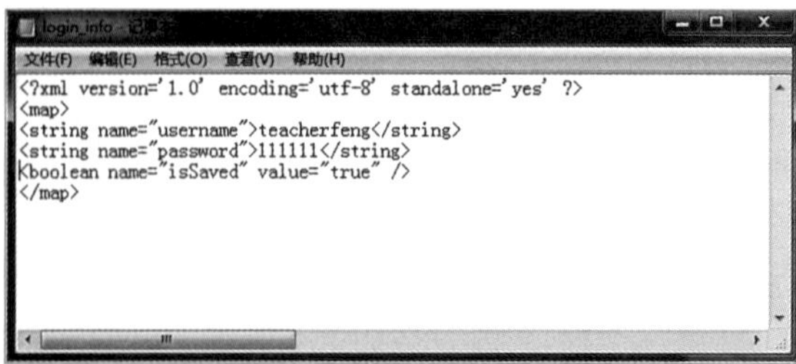

```
<?xml version='1.0' encoding='utf-8' standalone='yes' ?>
<map>
<string name="username">teacherfeng</string>
<string name="password">111111</string>
<boolean name="isSaved" value="true" />
</map>
```

图 5-7　login_info.xml 文件中的内容

5.3 文件存储

文件存储是各种不同类型的应用程序开发过程中最基本的一种数据存储方式，对 Android 应用也不例外。简单来说就是利用 JDK 中的 I/O 操作把数据原封不动地存储到文件中，一般不会对存储的内容做任何的格式化处理，因而它比较适合于存储一些简单的文本数据或二进制数据。Android 中的文件存储分为内部存储和外部存储两类，下面分别对其进行具体的介绍。

5.3.1 内部存储

内部存储是指将应用程序的数据以文件的方式存储到设备的内置存储空间中（该文件位于 data/data/ <package name>/files/目录下）。内部存储方式存储的文件被其所创建的应用程序私有，其他应用程序无权进行操作。当创建的应用程序被卸载时，其内部存储文件也随之被删除。当内置存储器的存储空间不足时，缓存文件可能会被删除以释放空间（缓存文件位于 data/data/ <package name>/cache/目录下），因此，缓存文件是不可靠的。当使用缓存文件时，应用程序应负责维护好自己的缓存文件，并且将缓存文件限制在特定的大小之内。

内部存储使用的是 Context 类中定义的 openFileOutput( )方法和 openFileInput( )方法，两个方法的完整声明如下：

```
FileOutputStream openFileOutput(String name, int mode)
FileInputStream openFileInput(String name)
```

上述两个方法中，openFileOutput( )用于打开应用程序中对应的输出流，从而获取 FileOutputStream 对象，然后将数据存储到指定的文件中；openFileInput( )用于打开应用程序对应的输入流，获取到 FileInputStream 对象，然后从文件中读取数据。两个方法的第一个参数都是 String 类型的 name，表示文件名；openFileOutput( )方法的 mode 参数表示文件的操作模式。

mode 主要有两种模式可选，即（CONTEXT.）MODE_PRIVATE 和 MODE_APPEND。其中 MODE_PRIVATE 是默认的操作模式，表示当指定同样文件名的时候，所写入的内容将会覆盖原文件中的内容，而 MODE_APPEND 则表示如果该文件已经存在，就往文件里面追加内容，不存在就创建新文件。两种模式的共同点是该文件只能被当前应用程序访问，属于私有数据。其实文件的操作模式本来还有另外两种：MODE_WORLD_READABLE 和 MODE_WORLD_WRITEABLE，这两种模式下允许其他的应用程序对本程序中的文件进行读写操作，而让其他应用程序直接访问本应用的私有数据非常容易带来安全性的隐患，已在 Android 4.2 版本中被废弃。

接下来分别通过两段示例代码展示如何对内部存储读写数据。“写”内部存储的具体代码如下：

```
//  文件名称
String fileName = "data.txt";
// 所需持久化的数据
String data = "HelloWorld";
FileOutputStream fos = null;
try {
    fos = openFileOutput(fileName, MODE_PRIVATE);
// 将数据写入文件
    fos.write(data.getBytes());
```

```
} catch (Exception e) {
        e.printStackTrace();
} finally {
// 关闭 FileOutputStream
        try {
            if(fos != null) {
                fos.close();
            }
        } catch (IOException e) {
            e.printStackTrace();
        }
}
```

上述代码中,通过 FileOutputStream 对象将字符串"HelloWorld"写到 data. txt 文件中。

"读"内部存储的具体代码如下:

```
String data = null;
FileInputStream fis = null;
try {
        // 获得文件输入流
        fis = openFileInput("data.txt");
        // 获取与 FileInputStream 关联的文件的字节数,并创建缓冲区
        byte[] buffer = new byte[fis.available()];
        // 将文件内容读取到 buffer 中
        fis.read(buffer);
        data = new String(buffer);
} catch (Exception e) {
        e.printStackTrace();
} finally {
        // 关闭 FileInputStream
        try {
            if(fis != null) {
                fis.close();
            }
        } catch (IOException e) {
            e.printStackTrace();
        }

}
```

在上述代码中,首先通过 openFileInput("data. txt")获取到文件输入流对象,然后将文本文件的内容读取到 buffer 缓冲区中,最后调用 String 类的构造方法将字节数组转换成一个字符串。

5.3.2 外部存储

通过上一节的学习我们已经知道,Android 中提供了特有的两个方法来进行 I/O 操作(openFileInput()和 openFileOutput()),但是手机内置存储空间毕竟很有限,为了更好地存储应用程序的大数据文件,需要读写 SD 卡。SD 卡大大扩充了手机的存储能力。

外部存储是指将文件存储到一些外置存储设备上,例如,SD 卡或者设备内嵌的存储卡,属于持久化的存储方式。外部存储的文件不被某个应用程序所私有,可以被其他应用程序共享,当该

外置存储设备连接到计算机上时，这些文件可以被浏览、修改和删除。因此这种存储方式并不安全。

由于外部存储器可能处于被移除、丢失或者其他各种状态，因此在使用外部存储之前，必须使用 Environment. getExternalStroageState( ) 方法来确认外部存储器是否可用。当外置设备可用并且具有读写权限时，就可以通过 FileInputStream、FileOutputStream 或者 FileReader、FileWriter 等 I/O 流操作对象来读写外置存储设备中的文件。

向 SD 卡中存储数据的示例代码如下：

```
// 获取 SD 卡状态
String sdState = Environment.getExternalStorageState();
// 判断 SD 卡是否可用
if (Environment.MEDIA_MOUNTED.equals(sdState)) {
    // 获取 SD 卡的完整路径
    String sdPath = Environment.getExternalStorageDirectory().getAbsolutePath();
    File file = new File(sdPath, "data.txt");
    String data = "HelloWorld";
    // 利用 FileWriter 写文本文件
    FileWriter fw = null;
    try {
        fw = new FileWriter(file);
        fw.write(data);
    } catch (Exception e) {
        e.printStackTrace();
    } finally {
        try {
            if(fw != null) {
                fw.close();
            }
        } catch (IOException e) {
            e.printStackTrace();
        }

    }
}
```

上述代码中，使用 Environment. getExternalStorageDirectory( ). getAbsolutePath( ) 方法来获取 SD 卡根目录的绝对路径（例如"storage/emulated/0"）。不同手机厂商生产的手机 SD 卡根目录可能不一致，用这种方法可以根据不同的情况获取实际的存储位置。

从 SD 卡中读取数据的示例代码如下：

```
// 获取 SD 卡状态
String sdState = Environment.getExternalStorageState();
// 判断 SD 卡是否可用
if(Environment.MEDIA_MOUNTED.equals(sdState)) {
    // 获取 SD 卡的完整路径
    String sdPath = Environment.getExternalStorageDirectory().getAbsolutePath();
    File file = new File(sdPath, "data.txt");
    FileInputStream fis = null;
    // 用于包装 InputStreamReader，提高读文本文件性能
    BufferedReader br = null;
```

```
    try {
        fis = new FileInputStream(file);
        // InputStreamReader 是字节流通向字符流的桥梁
        br = new BufferedReader(new InputStreamReader(fis));
        String data = br.readLine();
    } catch (Exception e) {
        e.printStackTrace();
    } finally {
        try {
            if(br != null) {
                br.close();
            }
        } catch (IOException e) {
            e.printStackTrace();
        }
    }
}
```

读取外置设备中的数据时,同样需要首先判断外置设备是否可用,然后通过 BufferedReader 对象高效地读取指定目录下的文本文件。

通过上述两段示例代码,可以归纳出读写 SD 卡的一般步骤如下:

- 调用 Environment 的 getExternalStorageState( )方法判断手机是否成功挂载 SD 卡。
- 调用 Environment 的 getExternalStorageDirectory( )方法获取外部存储器的根目录。
- 在清单文件中通过设置 <uses-permission android:name = "android.permission.MOUNT_UNMOUNT_FILESYSTEMS"/>添加在 SD 卡中创建与删除文件的权限;通过设置 <uses-permission android:name = "android.permission.WRITE_EXTERNAL_STORAGE"/>添加向 SD 卡写入数据的权限。
- 执行读写操作(基本 IO 流操作)。

注意:

读写 SD 卡中的数据需要在清单文件中的 <manifest> 节点下添加 SD 卡的读写权限,具体代码如下所示:

```
<uses-permission android:name="android.permission.READ_EXTERNAL_STORAGE" /> // 读 SD 卡权限
<uses-permission android:name="android.permission.WRITE_EXTERNAL_STORAGE" /> // 写 SD 卡权限
```

多学一招: Android 权限机制。

Android 系统的权限管理遵循"最小特权原则",即所有的 Android 应用程序都被赋予了最小权限。一个 Android 应用程序如果没有声明任何权限,就没有任何特权。因此,应用程序如果想访问其他文件、数据和资源就必须在 AndroidManifest.xml 文件中进行声明,以所声明的权限去访问这些资源。否则,如果缺少必要的权限,由于沙箱(对使用者来说可以理解为一种安全环境,对恶意访问者来说是一种限制)的保护,这些应用程序将不能够正常提供所期望的功能与服务。

所有应用程序对权限的申请和声明都被强制标识于 AndroidManifest.xml 文件之中,通过 <uses-permission>、<permission> 等标签指定。如果需要申请某个权限,可以通过指定 <uses-permission name = "android.permission.XXX">进行设置。应用程序申请的权限在安装时提示给用户,用户可以根据自身需求和隐私保护决定是否允许对该应用程序授权。并且,Android M 版本之后,将这个权限在运行时做了进一步的检查,用户随时可拒绝权限。

5.3.3　小小日记簿实例

为了让读者更好地掌握文件存储数据的方法,接下来通过开发一个小小日记簿的应用程序演示如何使用内部存储持久化数据,具体步骤如下:

(1)创建一个名称为 DiaryDemo 的项目,然后修改 MainActivity 的布局文件,具体代码如下所示。

该 XML 代码中,依次添加了一个 TextView 控件,一个 EditText 控件和两个 Button 控件,并且为每一个控件都设置了 id 属性,可以在 MainActivity 中调用 findViewById( )进行实例化。其中,EditText 控件用于输入日记的内容,通过属性 android:inputType = "textMultiLine"将其设置为多行显示,通过 android:gravity = "left|top"指定 EditText 中的文本从左上角开始显示。此布局文件的预览效果如图 5-8所示。

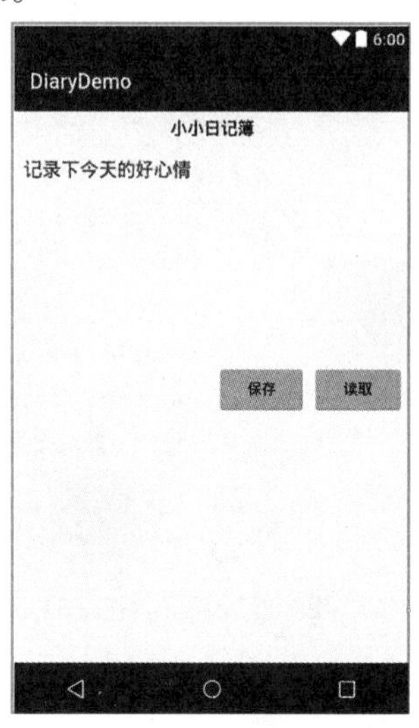

图 5-8　布局文件预览效果

```
<?xml version="1.0" encoding="utf-8"?>
<RelativeLayout xmlns:android="http://schemas.android.com/apk/res/android"
    android:id="@+id/activity_main"
    android:layout_width="match_parent"
    android:layout_height="match_parent"
    android:padding="6dp">

    <TextView
        android:id="@+id/tv"
        android:layout_width="wrap_content"
        android:layout_height="wrap_content"
        android:layout_alignParentTop="true"
        android:layout_centerInParent="true"
        android:text="小小日记簿"
        android:textColor="#000000"
        android:textSize="16sp" />

    <EditText
        android:id="@+id/et_content"
        android:layout_width="match_parent"
        android:layout_height="200dp"
        android:layout_below="@+id/tv"
        android:layout_marginTop="8dp"
        android:gravity="left|top"
        android:hint="记录下今天的好心情"
        android:inputType="textMultiLine" />

    <Button
        android:id="@+id/btn_read"
        android:layout_width="wrap_content"
        android:layout_height="wrap_content"
```

```
            android:layout_alignParentRight = "true"
            android:layout_below = "@+ id/et_content"
            android:text = "读取" />

        <Button
            android:id = "@+ id/btn_save"
            android:layout_width = "wrap_content"
            android:layout_height = "wrap_content"
            android:layout_below = "@+ id/et_content"
            android:layout_marginRight = "6dp"
            android:layout_toLeftOf = "@+ id/btn_read"
            android:text = "保存" />

</RelativeLayout>
```

（2）布局编写完成后，接下来在 MainActivity 中实现处理逻辑，具体代码如下所示。

```
public class MainActivity extends AppCompatActivity {

    private EditText etContent;
    private Button btnSave;
    private Button btnRead;
    // 获取当前日期用以生成日记文件名
    private Calendar calendar;

    @Override
    protected void onCreate(Bundle savedInstanceState) {
        super.onCreate(savedInstanceState);
        setContentView(R.layout.activity_main);

        etContent = (EditText) findViewById(R.id.et_content);
        btnSave = (Button) findViewById(R.id.btn_save);
        btnRead = (Button) findViewById(R.id.btn_read);

        calendar = Calendar.getInstance();
        // 为保存按钮添加监听器
        btnSave.setOnClickListener(new View.OnClickListener() {
            @Override
            public void onClick(View v) {
                String content = etContent.getText().toString().trim();
                // 输入的内容不能为空
                if (! TextUtils.isEmpty(content)) {
                    // 生成日记文件名
                    String fileName = "" + calendar.get(Calendar.YEAR) + "-" +
                            (calendar.get(Calendar.MONTH) + 1) + "-" +
                            calendar.get(Calendar.DAY_OF_MONTH) + ".txt";
                    FileOutputStream fos = null;
                    // 用于包装 OutputStreamWriter,提高写文本文件性能
                    BufferedWriter bw = null;
```

```
                        try {
                            fos = openFileOutput(fileName, MODE_PRIVATE);
                            bw = new BufferedWriter(new OutputStreamWriter(fos));
                            bw.write(content);
                            bw.flush();
                            Toast.makeText(MainActivity.this, "日记保存成功",
Toast.LENGTH_SHORT).show();
                        } catch (Exception e) {
                            e.printStackTrace();
                            Toast.makeText(MainActivity.this, "日记保存失败",
Toast.LENGTH_SHORT).show();
                        } finally {
                            if(bw != null) {
                                try {
                                    bw.close();
                                } catch (IOException e) {
                                    e.printStackTrace();
                                }
                            }
                        }

                    } else {
                        Toast.makeText(MainActivity.this, "小主,请写点什么吧",
Toast.LENGTH_SHORT).show();
                    }
                }
            });

            btnRead.setOnClickListener(new View.OnClickListener() {
                @Override
                public void onClick(View v) {
                    // 日记文件名
                    String fileName = "" + calendar.get(Calendar.YEAR) + "-" +
                            (calendar.get(Calendar.MONTH) + 1) + "-" +
                            calendar.get(Calendar.DAY_OF_MONTH) + ".txt";
                    FileInputStream fis = null;
                    // 用于包装 InputStreamReader,提高读文本文件性能
                    BufferedReader br = null;
                    try {
                        fis = openFileInput(fileName);
                        br = new BufferedReader(new InputStreamReader(fis));
                        String line = null;
                        // 利用 StringBuffer 拼装读取的日记内容
                        StringBuffer buffer = new StringBuffer();
                        while((line = br.readLine()) != null) {
                            buffer.append(line).append("\r\n"); // 每读一行在行尾加上换行符
                        }
                        if(! TextUtils.isEmpty(buffer.toString())) {
                            etContent.setText(buffer.toString());
                        }
                    } catch (Exception e) {
```

```
                            e.printStackTrace();
                            Toast.makeText(MainActivity.this, "今天还没写日记呢",
Toast.LENGTH_SHORT).show();
                        } finally {
                            if (br != null) {
                                try {
                                    br.close();
                                } catch (IOException e) {
                                    e.printStackTrace();
                                }
                            }
                        }

                    }
                });
            }
        }
```

在上述代码中,添加了一个 Calendar 类型的成员变量,用于获取当前的年月日信息以生成日记文件的名称。需要注意的是,通过 Calendar 对象获得的月份比实际月份少 1。然后在 onCreate()方法中初始化布局中的控件并对“保存”和“读取”按钮分别注册监听器。当“保存”按钮被单击时,将获取 EditText 中的内容并执行判空操作,如果不为空,则调用 Calendar 对象的相关方法生成日记文件名,并使用 BufferedWriter 对象将日记写入内部存储中;反之,若单击“读取”按钮,将使用 BufferedReader 对象读取日记文件中的内容,如果日记文件存在,则成功读取内容后将其设置到 EditText 控件中。

程序运行效果如图 5-9 所示。在主界面中,没有输入任何内容直接单击“保存”按钮将会弹出 Toast 提示信息;输入日记并保存后,再单击“读取”按钮,将会把之前保存到内部存储中的内容从文件里读取出来并显示到 EditText 控件中;但是如果当天没有保存任何日记而直接单击“读取”按钮,则会显示今天没有写日记的吐司。

图 5-9　程序运行效果

项目的最后,依然可以借助 Android Device Monitor 工具来查看写入内部存储的数据。进入 File Explorer 标签页,在这里找到/data/data/cn. edu. ayit. diarydemo 目录,打开它的 files 子目录,将看到生成了一个 txt 文件,如图 5-10 所示。

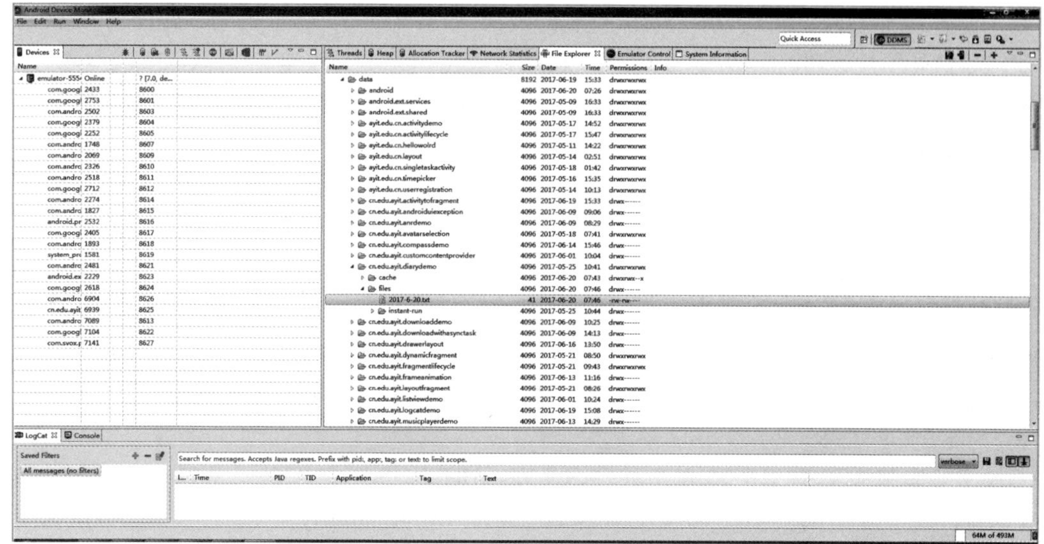

图 5-10　生成的 txt 文件

然后单击界面右上角的按钮将这个文件导出到计算机上，成功导出之后，使用记事本打开文件进行查看，其内容如图 5-11 所示。也即表明在 EditText 控件中输入的日记内容确实已经成功保存至内部存储中了。

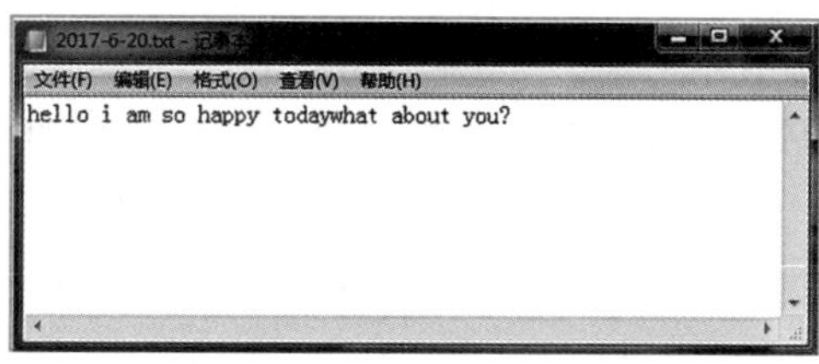

图 5-11　日记文件中的内容

5.4 SQLite 数据库

前面介绍了用 SharedPreferences 和文件存储持久化数据的方法，但是当大量地频繁使用数据进行存储时，就要用到数据库来管理信息数据了。在 Android 中使用 SQLite 数据库来高效管理大量的数据，本节将对 SQLite 的使用方法进行详细讲解。

5.4.1　SQLite 数据库简介

Android 通过 SQLite 数据库来实现结构化数据存储。SQLite 是一个轻量级的关系型数据库，第一个版本诞生于 2000 年 5 月，它是遵守 ACID 的关联式数据库管理系统(即数据库事务正确执行的四个基本要素：原子性 Atomicity、一致性 Consistency、隔离性 Isolation 和持久性 Durability)。SQLite 数据库最初就是为嵌入式设计的，其资源占用非常低，在内存中只需要占用零点几兆字节的存储空间，这也是 Android 设备采用 SQLite 数据库的重要原因之一。

SQLite 数据库不像其他数据库，如 MySQL、Oracle 等，它没有服务器进程，而是通过文件保存数据库，该文件是跨平台的，可以放在其他平台中使用。一个文件就是一个数据库，数据库名称即文件名。基于 SQLite 自身的先天优势，使得它在嵌入式领域中得到了广泛应用。

SQLite 支持大多数的 SQL92 标准，并且可以在所有主要的操作系统上运行，它是由 SQL 编译器、内核、后端以及附件几个部分组成的。在保存数据时，SQLite 支持 NULL、INTEGER、REAL、TEXT 和 BLOB 五种数据类型，分别代表空值、整型值、浮点值、字符串文本、二进制对象。但实际上 SQLite 也接收 varchar(n)、char(n)、decimal(p,s)等数据类型，在于 SQLite 采用动态数据类型。

当某个值插入到数据库时，SQLite 将会检查它的类型，如果该类型与关联的列不匹配，SQLite 则会尝试将该值转换成该列的类型，如果不能转换，则该值将作为本身的类型存储，SQLite 称之为“弱类型”。因此，可以将各种类型的数据保存到任何字段中，而不用关心字段声明的数据类型。这也是 SQLite 数据库最大的特点。

5.4.2 创建 SQLite 数据库

为了方便使用 SQLite 数据库，Android SDK 提供了一系列对数据库进行操作的类和接口，其中，专门提供了一个抽象类 SQLiteOpenHelper 对数据库进行创建和升级操作。Android 系统推荐的创建 SQLite 数据库的方法，是创建自己的继承自 SQLiteOpenHelper 类的子类，并且重写其中的两个抽象方法 onCreate( ) 和 onUpdate( )，然后分别在这两个方法中去实现创建、升级数据库的逻辑。

除了上面提到的两个抽象方法外，SQLiteOpenHelper 中还有两个非常重要的实例方法：getReadableDatabase( ) 和 getWriteableDatabase( )，SQLiteOpenHelper 的子类通过这两个方法来获取 SQLite 数据库的实例对象，并保证以同步方式访问。通常情况下 getReadableDatabase( ) 和 getWriteableDatabase( ) 方法都是创建或打开一个现有的数据库，并返回一个可对数据库进行读写操作的对象。但在某些情况下，例如磁盘空间已满，getReadableDatabase( ) 方法返回的对象将以只读的方式去打开数据库，而 getWriteableDatabase( ) 方法将抛出异常。

SQLiteOpenHelper 类常用的方法如表 5-3 所示。

表 5-3 SQLiteOpenHelper 常用方法

方法名称	功能描述
public SQLiteOpenHelper (Context context, String name, CursorFactory factory, int version)	构造方法，一般需要传递所创建的数据库名称即 name 参数，版本号 version 最小为 1
public void onCreate(SQLiteDatabase db)	当数据库第一次创建的时候执行
public void onUpdate (SQLiteDatabase db, int odlVersion, int newVersion)	数据库版本更新时调用，三个参数为：一个 SQLiteDatabase 对象，一个旧的数据库版本号和一个新的数据库版本号
public SQLiteDatabase getReadableDatabase( )	创建或打开一个只读的数据库
public SQLiteDatabase getWriteableDatabase( )	创建或打开一个可读写的数据库

创建 SQLite 数据库的具体代码如下所示。

```
public class DBHelper extends SQLiteOpenHelper {

    private static String DB_NAME = "student.db";//数据库名.
    private static int DB_VERSION = 1;

    //创建数据库
    public DBHelper(Context context) {
        //4 个参数:
        //①上下文;②数据库的名称;③一般都为 null,用于创建一个 Cursor 对象;④版本号.
        super(context, DB_NAME, null, DB_VERSION);
    }

    //用于建表.在数据库被第一次创建的时候会调用.
```

```
    //SQLiteDatabase:就是我们要操纵的数据库对象
    @Override
    public void onCreate(SQLiteDatabase db) {
        String sql = "CREATE TABLE student (_id INTEGER PRIMARY KEY AUTOINCREMENT,name VARCHAR
(10),age VARCHAR(4),sex VARCHAR(2))";
        db.execSQL(sql);//exec:execute:执行.
    }
    //当数据库版本号增加时调用
    @Override
    public void onUpgrade(SQLiteDatabase db, int oldVersion, int newVersion) {
    }
}
```

上述代码中,建立了一个名为 student.db 的数据库,并且将创建数据库表的 SQL 语句定义在 onCreate()方法中。当数据库第一次被创建时会自动调用该方法,并执行方法中的 SQL 语句。当数据库版本号增加时则会调用 onUpdate()方法。

需要注意的是,只有在真正操作数据库,如调用 getReadableDatabase()或者 getWriteableDatabase()方法时,数据库才会被创建,创建的数据库文件位于/data/data/ < package name >/database/目录下。

多学一招:升级 SQLite 数据库。

除了 onCreate()方法外,SQLiteOpenHelper 中还有一个抽象方法 onUpdate(),该方法是用于对数据库进行升级的,它在整个 Android 应用数据库管理工作中起着非常重要的作用。

往往,随着 Android 应用程序的版本更新,如果之前的数据库表结构发生了变化或者添加了新表,这时就需要对数据库也进行升级。表 5-2 中已经介绍过,SQLiteOpenHelper 类的构造方法接收的其中一个参数是 int 类型的 version,它的含义就是当前数据库的版本号。下面举例进行说明。假设在 Android 应用 1.0 版本中,使用 SQLiteOpenHelper 访问数据库时,version 参数传入的值为 1,那么数据库版本号 1 就会记录在数据库中;当应用程序升级到 1.1 版本,数据库往往也需要跟着发生变化,这时 1.1 版本的程序中就要使用一个大于 1 的整数作为参数 version 的值来创建 SQLiteOpenHelper 对象,用于访问新的数据库,例如可以将 version 参数设置为 2。当系统在构造 SQLiteOpenHelper 类的对象时,如果发现传入的版本号跟之前数据库记录的不一致,就会自动调用 onUpgrade()方法,使得开发者可以在此方法里执行数据库的升级操作。

接下来,通过一个实例演示如何实现 SQLite 数据库的升级。首先,新建一个名为 SQLiteUpdate 的项目,指定包名为 cn.edu.ayit.sqliteupdate,待项目创建成功后,在包上右击,并在弹出的快捷菜单中依次选择 New→Java Class 命令,打开如图 5-12 所示的 Create New Class 对话框。

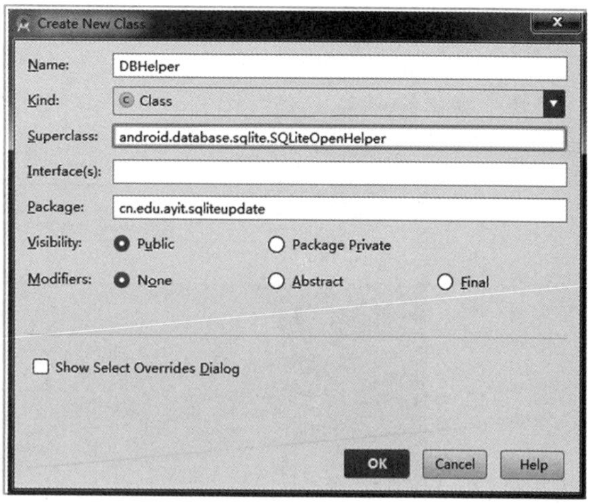

图 5-12　Create New Class 对话框

在上述对话框中,在 Name 文本框中输入 DBHelper,Superclass 指定为 android.database.

sqlite.SQLiteOpenHelper，然后单击 OK 按钮完成创建，接着修改 DBHelper 的代码，具体如下所示：

```
public class DBHelper extends SQLiteOpenHelper {

    private static final String TAG = "DBHelper";
    private static String DB_NAME = "students.db";//数据库名.
    private static int DB_VERSION = 1;

    //创建数据库
    public DBHelper(Context context) {
        //4 个参数:
        //①上下文;②数据库的名称;③一般都为 null,用于创建一个 Cursor 对象;④版本号.
        super(context, DB_NAME, null, DB_VERSION);
    }

    //用于建表.在数据库被第一次创建的时候会调用.
    //SQLiteDatabase:就是我们要操纵的数据库对象
    @Override
    public void onCreate(SQLiteDatabase db) {
        Log.i(TAG, "数据库创建了...");
        String sql = "CREATE TABLE student (_id INTEGER PRIMARY KEY AUTOINCREMENT,name VARCHAR
(10),age VARCHAR(4),sex VARCHAR(2))";
        db.execSQL(sql);//执行建表的 SQL 语句
    }

    // 当数据库版本号增加时调用
    @Override
    public void onUpgrade(SQLiteDatabase db, int oldVersion, int newVersion) {
        Log.i(TAG, "数据库升级了...");
    }
}
```

DBHelper 用于建库、建表和数据库升级的相关处理，编写完成后，在 MainActivity 的onCreate( ) 方法里添加两行代码，具体如下所示。

```
DBHelper dbHelper = new DBHelper(this);
SQLiteDatabase db = dbHelper.getReadableDatabase();
```

接下来运行程序，然后观察 LogCat 日志，可以看到输出了“数据库创建了”的信息，如图 5-13 所示。

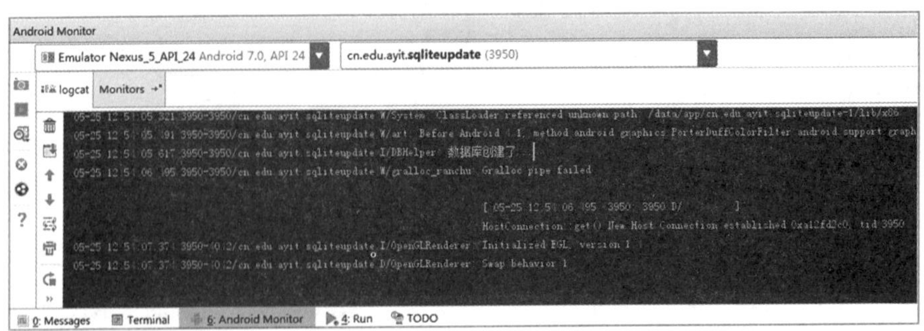

图 5-13 LogCat 日志信息

此时退出应用,并将 DBHelper 中整型常量 DB_VERSION 的值修改为2,然后重新运行程序,接着查看 LogCat 的输出内容,"数据库升级了"将被打印,如图5-14所示。

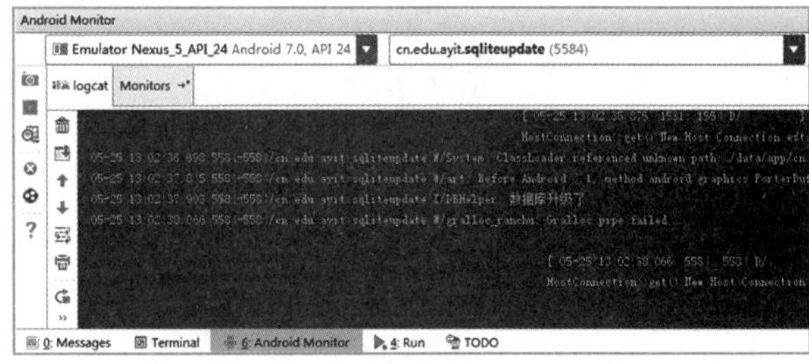

图5-14 执行了 onUpdate()方法的 LogCat 日志信息

5.4.3 数据库的 CRUD

创建好数据库之后,接下来介绍如何对表中的数据进行操作。SQLiteDatabase 是一个数据库访问类,该类封装了一系列数据库操作的 API,可以对数据进行 CRUD 操作,即数据库的增删改查。一些常用的操作数据库的方法如表5-4所示。

表5-4 SQLiteDatabase 常用方法

方法名称	功能描述
public long insert(String table, String nullColumnHack, ContentValue values)	该方法用于在表中插入一条记录,其中,参数 table 指的是表名,nullColumnHack 表示字段名,values 代表参数集合
public int delete(String table, String whereClause, String[] whereArgs)	该方法用于删除表中的一条记录
public int update(String table, ContentValue values, String whereClause, String[] whereArgs)	该方法用于修改表中特定的数据
pubic Cursor query(String table, String[] columns, String selection, String[] selectionArgs, String groupBy, String having, String orderBy)	该方法用于查询表中的数据,其中,columns 指定需要查询的列,selection 代表查询条件,selectionArgs 代表查询参数值
public Cursor rawQuery(String sql, String[] selectionArgs)	执行带占位符的 SQL 查询
public void execSQL(String sql, object[] bindArgs)	执行一条带占位符的 SQL 语句
public void close()	关闭数据库

下面分别针对这四种数据库基本操作的实现进行详细的讲解。

1. 插入数据

SQLiteDatabase 类提供了一个 insert()方法,这个方法就是专门用于插入数据的。从表5-4中可以看出,该方法接收三个参数:第一个参数是表名;第二个参数是一个字段名,如果需要插入一条所有字段值都为 null 的记录,必须要指定一个字段名来作为该参数,以此告诉数据库,将要插入的这条记录的字段都为 null 值。如果不指定一个字段名作为该参数,而是使用 null 值的话,这时插入一条完全为 null 的记录,数据库将会报错。一般用不到这个功能,第二个参数直接传入 null 值即可;第三个参数是一个 ContentValues 对象,该类用于放置参数,它的内部是利用 Map 集合实现的。key 表示所插入数据的字段名,value 表示该字段所对应的值。

向数据库中插入数据的示例代码如下所示。

```
public long insert(String name, String age, String sex) {
    // 获取可读写的 SQLiteDatabase 对象
    SQLiteDatabase db = helper.getWritableDatabase();
    // 创建 ContentValues 对象
    ContentValues values = new ContentValues();
    // 将数据添加到 values
```

```
    values.put("name", name);
    values.put("age", age);
    values.put("sex", age);
    //插入一条数据到 student 表
    long id = db.insert("student", null, values);
    //关闭数据库
    db.close();
    return id;
}
```

上述代码使用 insert( )方法将数据插入 student 表中。其中,该方法的第三个参数为 ContentValues 对象,它类似于 Map 集合,通过键值对的形式存入数据。这里的 key 表示插入数据所对应的列名,value 表示具体插入的值。

需要注意的是,使用完 SQLiteDatabase 对象后一定要及时关闭,否则数据库连接会一直存在,导致资源得不到释放,会不断消耗内存,并且会报出数据库未关闭异常;当系统内存不足时将获取不到 SQLiteDatabase 对象。insert( )方法执行完毕后,SQLite 数据库的 student 表中将新增一条记录。实际上通过编写 SQL 语句的方式,也可以通过调用 execSQL( )方法向 SQLite 数据库中插入一条新的数据。具体代码如下:

```
//获取可读写的 SQLiteDatabase 对象
SQLiteDatabase db = helper.getWritableDatabase();
String sql = "insert into student (name,age,sex) values('光头强','25','男')";
db.execSQL(sql);
```

2. 修改数据

SQLiteDatabase 中提供的 update( )方法,用于对数据进行修改,具体代码如下:

```
public int update(String name, String age) {
    SQLiteDatabase db = helper.getWritableDatabase();
    ContentValues values = new ContentValues();
    values.put("age", age);
    int number = db.update("student", values, "name = ?", new String[]{name});
    db.close();
    return number;
}
```

上述代码修改了 student 表中 name 字段为(参数)name 的记录,将这条(组)记录的 age 字段更新为(参数)age。其中,SQLiteDatabase 类的 update( )方法接收四个参数:第一个参数表示表名,指定需要修改哪张表里的数据;第二个参数是 ContentValues 对象,把要修改的数据在这里组装进去,指定将哪些字段(key)更新为哪些值(value),字段名和值一一对应;第三个和第四个参数用于约束修改某一行或某几行中的数据,相当于 SQL 中的 where 子句,传 null 表示不指定,默认更新所有记录。需要说明的是,update( )方法的第四个参数是一个字符串数组,表示 whereClause 语句中表达式的占位参数列表,数组中的字符串将会依次替换掉 where 条件中的"?"。

修改数据同样可以通过调用 execSQL( )方法实现,示例代码如下:

```
SQLiteDatabase db = helper.getWritableDatabase();
String sql = "update student set age = '" + age + "' where name = '" + name + "'";
db.execSQL(sql);
```

上述代码的执行结果跟调用 update( )方法是一样的。

3. 删除数据

接下来介绍如何使用 SQLiteDatabase 类提供的 delete( ) 方法删除某张表中的记录，具体代码如下：

```
public int delete(String name) {
    SQLiteDatabase db = helper.getWritableDatabase();
    int number = db.delete("student", "name = ?", new String[]{name});
    db.close();
    return number;
}
```

上述代码对 student 表中 name 字段的值为(参数)name 的记录进行删除，不同于插入和修改数据，删除操作不需要使用 ContentValues 对象。delete( ) 方法接收三个参数：第一个参数仍然表示表名，第二个和第三个参数的作用跟 update( ) 方法后两个参数的作用一样，相当于 SQL 中的 where 子句，用来约束删除某一行或某几行的数据，不指定默认删除所有行。

介绍到这里想必各位读者已经猜到了，调用 execSQL( ) 方法当然也可以用来执行删除操作，代码如下：

```
SQLiteDatabase db = helper.getWritableDatabase();
String sql = "delete from student where name = '" + name + "'";
db.execSQL(sql);
```

4. 查询数据

SQLiteDatabase 中的 query( ) 方法用于对数据进行查询。这个方法的参数相对复杂，最短的一个重载方法也需要传入七个参数，如表 5-4 所示。为了便于读者掌握，对每个参数的具体作用介绍如下：

- table：指定查询的表名，对应 SQL 语句 from table_name。
- columns：指定查询的字段名，对应 SQL 语句"select column1, column2"。
- selection：指定 where 子句的约束条件，对应 SQL 语句"where column = ?"(? 表示占位符)。
- selectionArgs：为 where 中的占位符提供具体的值。
- groupBy：指定需要分组的列，相当于 SQL 中的 group by 语句。
- having：相当于 SQL 中的 having 子句，对 group by 后的结果进一步约束。
- orderBy：指定查询结果的排序方式，对应 SQL 语句 order by column。

其他几个重载的 query( ) 方法大同小异，可以自行查阅相关文档进行了解，这里不再具体介绍。了解了 query( ) 方法各个参数的准确含义，接下来通过一段示例代码演示 SQLite 数据库的查询操作。

```
public void selectAll(String sex) {
    // 正常情况下，调用 getWritableDatabase 和 getReadableDatabase 得到的对象是一样的
    // 但是如果磁盘满了、或者数据库明确指明是要以只读的方式来打开，则它们返回的值是不一样的
    SQLiteDatabase db = helper.getReadableDatabase();
    Cursor cursor = db.query("student", null, "sex = ?", new String[]{sex}, null, null, null);
    while (cursor.moveToNext()) {
        // 遍历结果集
        String name = cursor.getString(cursor.getColumnIndex("name"));
        String age = cursor.getString(cursor.getColumnIndex("age"));
    }
    // 关闭游标
    cursor.close();
    db.close();
}
```

Query( )方法的返回值是一个 Cursor 对象,相当于结果集 ResultSet。实际上,Cursor 是一个游标接口,在数据库操作中作为返回值。它提供了遍历查询结果的方法。Cursor 游标常用方法如表 5-5所示。

表 5-5　Cursor 游标常用方法

方法名称	功能描述
boolean moveToNext( )	用于将游标移动到下一行
boolean moveToFirst( )	用于将游标移动到结果集的第一行
boolean moveToLast( )	用于将游标移动到结果集的最后一行
boolean moveToPrevious( )	用于将游标移动到上一行
boolean moveToPosition( )	用于将游标移动至指定位置
int getPosition( )	返回当前游标的位置
int getColumnIndex(String columnName)	返回指定列的索引值,如果列不存在则返回 -1
String getColumnName(int columnIndex)	根据列的索引值获取列的名称
String[ ] getColumnNames	获取结果集中所有列的名称的数组
int getCount( )	返回结果集中记录的总条数
int getInt(int columnIndex)	获取指定列的整型值
int getString(int columnIndex)	获取指定列的字符串结果

上述代码调用 query( )方法查询完成后返回 Cursor 结果集,接着用一个 while 对其进行循环遍历,moveToNext( )作为 while 循环的条件表达式,用来判断结果集中是否存在下一条记录,如果存在则返回 true 并且将游标移动至该条记录。接下来,在循环体中可以通过调用 Cursor 的 getColumnIndex( )方法获取某一个字段在查询结果中对应的位置索引,然后将这个索引传入对应的取值方法中,就可以得到从数据库中查询到的数据了。

与前面介绍的增、删、改操作的不同之处是,前三个操作都可以用 execSQL( )方法执行 SQL 语句,而查询数据除了使用 query( )方法外,还可以使用 rawQuery( )方法执行 SQL 执行查询,示例代码如下:

```
SQLiteDatabase db = helper.getReadableDatabase();
String sql = "select *  from student where sex = ?";
Cursor cursor = db.rawQuery(sql, new String[]{sex});
```

最后有一点需要注意,和 SQLiteDatabase 对象一样,使用完 Cursor 对象时,也一定要及时关闭,否则会造成内存泄漏。

注意:

execSQL( )方法通过执行一条 SQL 语句来完成增删改的操作,但这个方法没有返回值。而 insert( )、update( )和 delete( )方法都有返回结果,分别表示新插入的记录对应的行号以及更新和删除操作影响的记录条数。

5.4.4 SQLite 事务操作

数据库事务(Transaction)是并发控制的基本单位。所谓的事务,指的是一个操作序列,这些操作要么都执行,要么都不执行,它是一个不可分割的工作单位。例如,银行转账操作,从一个账号扣款并使另一个账号增款,只有这两部分都完成才认为转账成功,如果其中一个操作出现异常执行失败,则会导致两个账户的金额不同步。因此,必须做到这两个操作要么都执行,要么都不执行。所以,应该把它们看成一个事务。事务是数据库维护数据一致性的单位,在每个事务结束时,都能保持数据一致性。

SQLite 中当然引入了事务,接下来通过下面的示例代码来模拟银行的转账业务,演示如何执行一个事务操作。

```
DBHelper helper = new DBHelper(mContext);
//获取可读写的 SQLiteDatabase 对象
SQLiteDatabase db = helper.getWritableDatabase();
//开始数据库事务
db.beginTransaction();
try {
    //执行转出操作
    db.execSQL("update account set balance = balance - 1000 where accountid = 10010");
    //执行转入操作
    db.execSQL("update account set balance = balance + 1000 where accountid = 10001");

    //标记数据库事务执行成功
    db.setTransactionSuccessful();
} catch (Exception e) {
    //事务处理失败
} finally {
    //关闭事务
    db.endTransaction();
    db.close();
}
```

上述代码中,首先得到一个可读写的 SQLiteDatabase 对象,然后使用 SQLiteDatabase 的 beginTransaction()方法去开启一个事务,程序执行到 endTransaction()方法时会检查事务的标志是否为成功,如果程序执行到 endTransaction()之前调用了 setTransactionSuccessful()方法设置事务的标志为成功,则所有从 beginTransaction()方法开始的操作都会被提交,如果没有调用 setTransactionSuccessful()方法则回滚事务。最后需要关闭事务,如果不关闭事务,则事务只有等到超时才会自动结束,会降低数据库并发执行的效率。

5.4.5　我的通讯簿实例

前面讲解了 SQLite 数据库的创建以及基本操作,接下来通过一个"我的通讯簿"实例演示 SQLite 数据库在 Android 应用开发中的具体应用,该实例的实现步骤如下所示。

(1)新建一个名为 MyContactBook 的项目,然后在项目中添加一个 DBHelper 类用于创建数据库和建立数据库表,具体代码如下所示。

```
public class DBHelper extends SQLiteOpenHelper {
    private static String DB_NAME = "contacts.db";
    private static int DB_VERSION = 1;

    public DBHelper(Context context) {
        super(context, DB_NAME, null, DB_VERSION);
    }
```

```
    @Override
    public void onCreate(SQLiteDatabase db) {
        String sql = "CREATE TABLE contact (_id INTEGER PRIMARY KEY AUTOINCREMENT,name VARCHAR
(10),phonenumber VARCHAR(12))";
        db.execSQL(sql);
    }

    @Override
    public void onUpgrade(SQLiteDatabase db, int oldVersion, int newVersion) {

    }
}
```

(2)在项目指定的包 cn. edu. ayit. mycontactbook 下新建一个 dao(Data Access Object,即数据访问对象)包,并在 dao 包下创建一个 ContactDao 类,然后把对 contact 表进行 CRUD 的操作封装在这个类中。具体代码如下所示。

```
public class ContactDao {

    private Context mContext;
    private DBHelper helper;
    private static String TABLE_NAME = "contact";

    // 生成 DBHelper 类
    public ContactDao(Context context) {
        this.mContext = context;
        helper = new DBHelper(mContext);
    }

    // 封装了一个插入数据的工具方法
    public long insert(ContentValues values) {
        SQLiteDatabase db = helper.getWritableDatabase();
        long id = db.insert(TABLE_NAME, null, values);
        db.close();
        return id;
    }

    // 删除全部数据
    public int deleteAll() {
        SQLiteDatabase db = helper.getWritableDatabase();
        int number = db.delete(TABLE_NAME, null, null);
        db.close();
        return number;
    }

    // 删除某个联系人的数据
    public int deleteByName(String name) {
        SQLiteDatabase db = helper.getWritableDatabase();
        int number = db.delete(TABLE_NAME, "name = ?", new String[]{name});
        db.close();
        return number;
    }
```

```
    //修改某个联系人的数据
    public int update(ContentValues values, String name) {
        SQLiteDatabase db = helper.getWritableDatabase();
        int number = db.update(TABLE_NAME, values, "name = ?", new String[]{name});
        db.close();
        return number;
    }

    //查询所有记录
    public Cursor selectAll() {
        SQLiteDatabase db = helper.getReadableDatabase();
        return db.query(TABLE_NAME, null, null, null, null, null, null);
    }
}
```

(3)修改 MainActivity 的布局文件,具体代码如下所示。

该 XML 代码的预览效果如图 5-15 所示。

```
<?xml version="1.0" encoding="utf-8"?>
<LinearLayout xmlns:android="http://schemas.android.com/apk/res/android"
    android:id="@+id/activity_main"
    android:layout_width="match_parent"
    android:layout_height="match_parent"
    android:orientation="vertical"
    android:padding="8dp">

    <TextView
        android:layout_width="wrap_content"
        android:layout_height="wrap_content"
        android:layout_gravity="center_horizontal"
        android:text="我的通讯簿"
        android:textColor="#000000"
        android:textSize="26sp" />

    <LinearLayout
        android:layout_width="match_parent"
        android:layout_height="wrap_content"
        android:orientation="horizontal">

        <TextView
            android:layout_width="wrap_content"
            android:layout_height="wrap_content"
            android:text="姓      名:"
            android:textColor="#000000"
            android:textSize="20sp" />

        <EditText
            android:id="@+id/et_name"
            android:layout_width="match_parent"
            android:layout_height="wrap_content"
            android:hint="联系人姓名" />
```

```
</LinearLayout>

<LinearLayout
    android:layout_width="match_parent"
    android:layout_height="wrap_content"
    android:orientation="horizontal">

    <TextView
        android:layout_width="wrap_content"
        android:layout_height="wrap_content"
        android:text="联系方式:"
        android:textColor="#000000"
        android:textSize="20sp" />

    <EditText
        android:id="@+id/et_phone_number"
        android:layout_width="match_parent"
        android:layout_height="wrap_content"
        android:hint="联系方式"
        android:inputType="number" />
</LinearLayout>

<LinearLayout
    android:layout_width="match_parent"
    android:layout_height="wrap_content"
    android:orientation="horizontal">

    <Button
        android:id="@+id/btn_insert"
        android:layout_width="0dp"
        android:layout_height="wrap_content"
        android:layout_weight="1"
        android:text="添加" />

    <Button
        android:id="@+id/btn_delete"
        android:layout_width="0dp"
        android:layout_height="wrap_content"
        android:layout_weight="1"
        android:text="删除" />

    <Button
        android:id="@+id/btn_update"
        android:layout_width="0dp"
        android:layout_height="wrap_content"
        android:layout_weight="1"
        android:text="修改" />

    <Button
        android:id="@+id/btn_query"
        android:layout_width="0dp"
```

图 5-15　主界面预览效果

```
            android:layout_height="wrap_content"
            android:layout_weight="1"
            android:text="查询" />
    </LinearLayout>

    <TextView
        android:id="@+id/tv_list"
        android:layout_width="match_parent"
        android:layout_height="wrap_content"
        android:textSize="20sp" />
</LinearLayout>
```

（4）布局文件编写完成后，需要在 MainActivity 中实现处理逻辑，具体代码如下所示。

```
public class MainActivity extends AppCompatActivity implements View.OnClickListener {

    private EditText etName;
    private EditText etPhoneNumber;
    private Button btnInsert;
    private Button btnDelete;
    private Button btnUpdate;
    private Button btnQuery;
    private TextView tvList;

    // Data Access Object:对 contact 表进行 CRUD 操作的类
    private ContactDao dao;

    @Override
    protected void onCreate(Bundle savedInstanceState) {
        super.onCreate(savedInstanceState);
        setContentView(R.layout.activity_main);

        // 初始化控件
        initView();
        dao = new ContactDao(this);
    }

    private void initView() {
        etName = (EditText) findViewById(R.id.et_name);
        etPhoneNumber = (EditText) findViewById(R.id.et_phone_number);

        btnInsert = (Button) findViewById(R.id.btn_insert);
        btnDelete = (Button) findViewById(R.id.btn_delete);
        btnUpdate = (Button) findViewById(R.id.btn_update);
        btnQuery = (Button) findViewById(R.id.btn_query);

        tvList = (TextView) findViewById(R.id.tv_list);
        // 为按钮注册监听
        btnInsert.setOnClickListener(this);
        btnDelete.setOnClickListener(this);
        btnUpdate.setOnClickListener(this);
        btnQuery.setOnClickListener(this);
    }
```

```
@Override
public void onClick(View v) {
    String name = null;
    String phoneNum = null;
    switch (v.getId()) {
        case R.id.btn_insert:  //添加数据
            name = etName.getText().toString().trim();
            phoneNum = etPhoneNumber.getText().toString().trim();
            if(! TextUtils.isEmpty(name) && ! TextUtils.isEmpty(phoneNum)) {
                ContentValues values = new ContentValues();
                values.put("name", name);
                values.put("phonenumber", phoneNum);
                if (dao.insert(values) >0) {
                    Toast.makeText(this, "联系方式添加成功",Toast.LENGTH_SHORT).show();
                    etName.setText("");
                    etPhoneNumber.setText("");
                }
            }
            break;
        case R.id.btn_delete:  //删除数据
            name = etName.getText().toString().trim();
            //如果 etName 不为空则删除名字叫这个的记录
            if(! TextUtils.isEmpty(name)) {
                if(dao.deleteByName(name) >0) {
                    Toast.makeText(this, "联系人删除成功", Toast.LENGTH_SHORT).show();
                }
            } else {  //删除所有记录
                if(dao.deleteAll() >0) {
                    Toast.makeText(this, "成功删除所有联系人", Toast.LENGTH_SHORT).show();
                }
            }
            break;
        case R.id.btn_update:  //更新数据
            name = etName.getText().toString().trim();
            phoneNum = etPhoneNumber.getText().toString().trim();
            if(! TextUtils.isEmpty(name) && ! TextUtils.isEmpty(phoneNum)) {
                ContentValues values = new ContentValues();
                values.put("phonenumber", phoneNum);
                if(dao.update(values, name) >0) {
                    Toast.makeText(this, "修改联系方式成功", Toast.LENGTH_SHORT).show();
                    etName.setText("");
                    etPhoneNumber.setText("");
                }
            }
            break;
        case R.id.btn_query:  //查询数据
            Cursor cursor = dao.selectAll();
            if(cursor.getCount() = =0) {
                tvList.setText("");
            } else {
```

```
                        cursor.moveToFirst();
                        tvList.setText(cursor.getString(1) + " : " + cursor.getString(2));
                    }
                    while (cursor.moveToNext()) {
                        tvList.append("\n" + cursor.getString(1) + " : " + cursor.getString(2));
                    }
                    cursor.close();
                    break;
            }
        }
    }
```

上述代码用于实现联系人信息的添加、删除、修改和查询。当单击“添加”按钮时，会将输入的联系人姓名和联系方式存入数据库中。单击“删除”按钮时，将按两种情况分别进行处理：一种是输入了联系人姓名，则只会删除指定联系人的信息；另一种是联系人姓名为空，则会删除数据库中所有联系人的数据。单击“修改”按钮，会根据输入的联系人姓名修改对应的联系方式。单击“查询”按钮之后将会把所有联系人的具体信息展示在界面中的 TextView 控件里。

运行程序，主界面效果如图 5-16 所示。

在主界面中，输入联系人信息并单击“添加”按钮，运行效果如图 5-17所示。

然后单击“查询”按钮，刚添加的所有联系人信息将会显示在界面中，如图 5-18 所示。

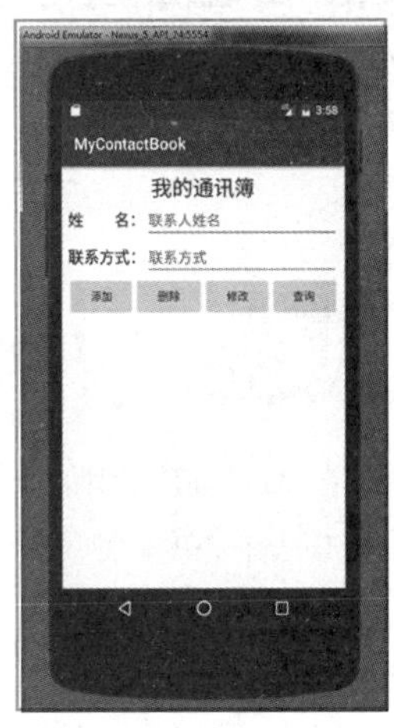

图 5-16　主界面运行效果

图 5-17　添加联系人运行效果

图 5-18　查询联系人信息

接下来重新输入 Lilei 的联系方式，单击“修改”按钮，再进行查询会发现联系人信息已经修改成功，如图 5-19 所示。

最后演示删除操作。输入前面添加的某个联系人的姓名，然后单击“删除”按钮，将把该联系人的信息删除掉；不输入任何内容直接单击“删除”按钮，则会删除数据库中存储的所有联系人信息。运行效果如图 5-20 所示。

图 5-19　修改联系人信息

图 5-20　删除联系人信息

5.5 JUnit 单元测试

在 Android 应用的开发过程中，为了减少程序里的 Bug，需要不断进行测试。常用的各种软件测试方法中，单元测试是最基本的，指的是在应用程序开发过程中对最小的功能模块进行的测试。Android 中使用的是 JUnit 单元测试，它实际上是一个测试框架，使得开发者可以在完成某个功能之后立即对该功能进行单独的测试，而不需要把应用程序安装到真机或者模拟器中再对各项功能进行测试。显然，使用 JUnit 单元测试框架将会显著地提升开发效率和保证程序的质量。

实际上，使用 Android Studio 开发工具完成单元测试非常简单。在第 1 章，我们已经对 Android 项目的目录结构进行了详细的讲解，其中的 androidTest 目录就是用来放置 Android 单元测试用例的。下面就以上一小节的 MyContactBook 项目为例，介绍如何在 Android 应用开发过程中进行单元测试。

首先进入 androidTest 目录，发现在其 java/cn. edu. ayit. mycontactbook（项目包名）子目录下已经有一个 ExampleInstrumentedTest 文件了，如图 5-21 所示。

图 5-21　androidTest 目录下的 ExampleInstrumentedTest 文件

这个文件是在一开始创建项目时，开发环境已经帮我们自动创建好的。双击打开这个文件，其代码如下所示。

```
@RunWith(AndroidJUnit4.class)
public class ExampleInstrumentedTest {
    @Test
    public void useAppContext() throws Exception {
        // Context of the app under test.
```

```
        Context appContext = InstrumentationRegistry.getTargetContext();

        assertEquals("cn.edu.ayit.mycontactbook", appContext.getPackageName());
    }
}
```

从上述代码中可以看出，ExampleInstrumentedTest 是以注解的方式标明当前类是一个 Android 单元测试类。要对 MyContactBook 项目进行单元测试，最简单的方式就是直接在该类中实现测试方法。

MyContactBook 实例中将供界面执行逻辑处理时调用的访问 SQLite 数据库的操作封装在 ContactDao 类之中。在程序开发过程中，当开发者编写完数据访问层的代码后，如果想要验证这些方法的执行结果是否正确，必须运行应用程序才能得以验证，显然，这样做是非常麻烦的。因此，可以通过 JUnit 单元测试来对 ContactDao 中的 CRUD 操作进行单独的测试。

接下来，在 ExampleInstrumentedTest 中添加一个 testInsert( )方法，具体代码如下所示。

```
@Test
public void testInsert() throws Exception {
    // 获取上下文对象
    Context appContext = InstrumentationRegistry.getTargetContext();
    ContactDao dao = new ContactDao(appContext);
    ContentValues values = new ContentValues();
    values.put("name", "Lucy");
    values.put("phonenumber", "138456789123");
    dao.insert(values);
}
```

上述代码中，@ Test 注解表明 testInsert( )方法是一个单元测试方法。在该方法中，首先调用 InstrumentationRegistry 的 getTargetContext( )方法获取上下文对象；接下来，构造了一条姓名为 Lucy 的测试数据并将其存入 ContentValues 对象中，然后调用 ContactDao 中的 insert( )方法，并且将 ContentValues 对象作为参数传入以执行插入操作。

完成上述操作后，在 testInsert( )方法上右击，将弹出如图 5-22 所示的快捷菜单，从中选择 Run testInsert( )命令运行此方法。

测试方法运行完成之后，在 Android Studio 底部的 Run 窗口中查看运行结果，如图 5-23 所示。

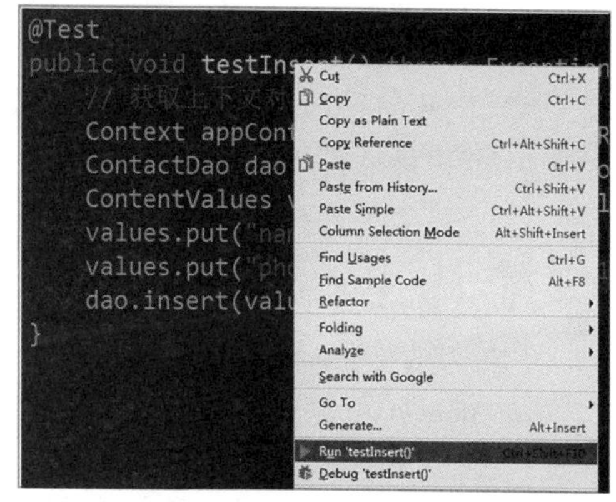

图 5-22　运行测试方法

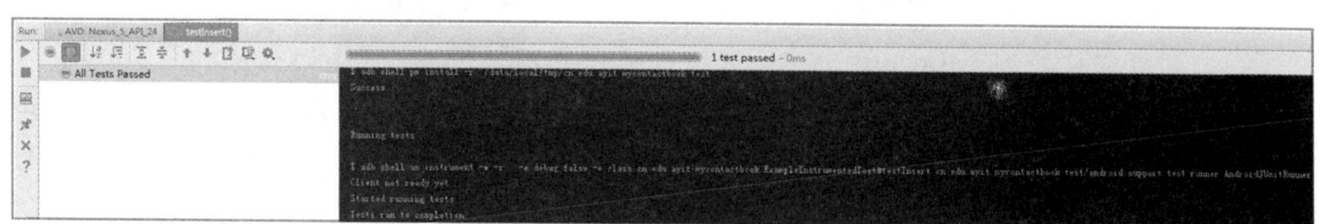

图 5-23　查看运行结果

从图 5-23 中可以看出，测试窗口中显示一个绿条，说明 testInsert( )方法执行成功了。

接下来，通过 sqlite3 工具查看数据是否真如 Android Studio 中显示的那样插入成功了。这里使用的 sqlite3. exe 是一个简单的 SQLite 数据库管理工具,位于 Android Studio 中的 sdk/platform-tools 目录下。在使用该工具时,首先需要打开“命令提示符”窗口,然后依次输入如下命令:

- adb shell(进入手机/模拟器的 shell 模式)。
- su(切换到 root 身份)。
- cd data/data(进入 data/data 目录)。
- cd cn. edu. ayit. mycontactbook(进入 MyContactBook 项目根目录)。
- cd databases(进入数据库目录)。
- ls-l(列出当前目录下所有文件的详细属性)。
- sqlite3 contacts. db(使用 sqlite3 操作应用程序下的数据库)。
- select * from contact;(执行 select 语句查询 contact 表中的数据)。

需要注意的是,每一条命令输入完成后需要按 Enter 键执行。依次输入以上指令后就能看到如图 5-24 所示的查询结果,也即表明姓名为 Lucy 的联系人信息已经成功插入到数据库中了,从而进一步证实了 insert()方法的正确性。

```
sqlite> select * from contact;
12|Lilei|13711116666
13|Hanmeimei|137987654321
17|Lucy|138456789123
```

图 5-24 使用 sqlite3 工具查询数据库

注意:

Android Studio 中所有的测试方法必须以 test 开头,否则没有测试选项。

小结

本章主要讲解了 Android 中数据存储的相关知识。首先对常见数据存储方式进行了简介,然后分别讲解了使用 SharedPreferences、文件存储和 SQLite 数据库持久化数据的具体方法,最后介绍了如何使用 JUnit 单元测试框架来测试应用程序。数据存储是 Android 开发中非常重要的内容,每个应用程序基本都会涉及,因此本章的内容应该熟练掌握。

习题

1. 填空题

(1)Android 中的数据存储方式有五种,分别是________、________、________、________和________。

(2)SharedPreferences 是一个轻量级的存储类,主要用于存储一些应用程序的________。

(3)向 SharedPreferences 文件中存储数据需要通过________对象实现。

(4)内部存储使用的是 Context 类中定义的________方法和________方法。

2. 选择题

(1)SharedPreferences 存储数据的 XML 文件位于 data/data/ < package name > 的(   )子目录下。

A. files　　B. database

C. shared_prefs　　D. cache

(2)下列代码中,用于获取 SD 卡根目录的是(   )。

A. Environment. getExternalStroageState()

B. Environment. getAbsolutePath( )

C. Environment. getDataDirectory( )

D. Environment. getExternalStorageDirectory( )

(3)下列文件操作权限中,指定文件内容可以追加的是(　　)。

A. MODE_PRIVATE　　B. MODE_APPEND

C. MODE_WORLD_READABLE　　D. MODE_WORLD_WRITEABLE

(4)使用 SQLite 数据库进行查询后,必须要进行的操作是(　　)。

A. 直接退出　　B. 关闭数据库

C. 关闭 Cursor　　D. 关闭 Activity

3. 简答题

(1)简述创建 SQLite 数据库的过程。

(2)简述在 Android 中使用 JUnit 测试程序的一般步骤。

4. 编程题

(1)编写一个程序,使用 Sharedpreferences 保存用户的姓名、年龄、爱好等个人信息。

(2)创建一个 students. db 数据库,在其中存入若干条学生记录,并将这些信息显示出来。

第 6 章 ContentProvider 实现数据共享

教学目标:

(1)了解什么是 ContentProvider。

(2)学会使用 ContentResolver 操作其他应用的数据。

(3)掌握自定义 ContentProvider 的步骤。

(4)学会使用 ListView 控件展示列表数据。

第 5 章已经学习了 Android 中数据存储的常用方法,包括使用 Shared Preferences、文件存储以及 SQLite 数据库。其中,虽然使用数据库来保存结构化的复杂数据是值得推荐的方式,但数据共享是一个挑战,因为数据库只能被创建它的应用访问。在 Android 开发中,经常需要访问其他应用程序的数据,为了实现这种跨程序共享数据的功能,Android 系统提供了一个组件 ContentProvider(内容提供者)。本章将详细介绍内容提供者的相关内容。

6.1 ContentProvider 概述

ContentProvider(内容提供者)是 Android 系统的四大组件之一,用于保存和检索数据,是 Android 系统中不同应用程序之间共享数据的接口,也是唯一的方式。因为在 Android 中,应用程序之间是相互独立的,分别运行在自己的进程中,系统没有提供所有应用都能够访问的公共存储区域。

Android 推荐使用 ContentProvider 来实现跨应用的数据共享,可以将它视为一种数据存储。它存储数据的方式和使用它的应用程序无关,重要的是程序如何以一致的编程接口来访问存储在其中的数据。ContentProvider 的使用方式与数据库很像,即所有的 ContentProvider 都实现一组通用的方法,用来提供数据的增、删、改、查功能,但 ContentProvider 内部如何保存数据由其设计者决定,数据可以存储在数据库、文件中甚至网络上。

Android 提供了很多系统级别的 ContentProvider,开发过程中可以直接使用,其中包括:

- Contacts:查询联系人详细信息。
- CallLog:用来提供如未接电话、通话详情等信息的查询。
- Browser:查询浏览器书签、浏览器历史记录等数据。
- MediaStore:用来查询磁盘上的多媒体文件。
- Settings:查询系统的设置和首选项信息。

ContentProvider 提供了一组应用程序之间进行数据交换的接口,它以 Uri 的形式对外提供数据,允许其他应用操作本应用数据。其他的应用程序需要使用 ContentResolver,并根据 ContentProvider 提供的 Uri 操作指定的数据。ContentProvider 的工作原理如图 6-1 所示。

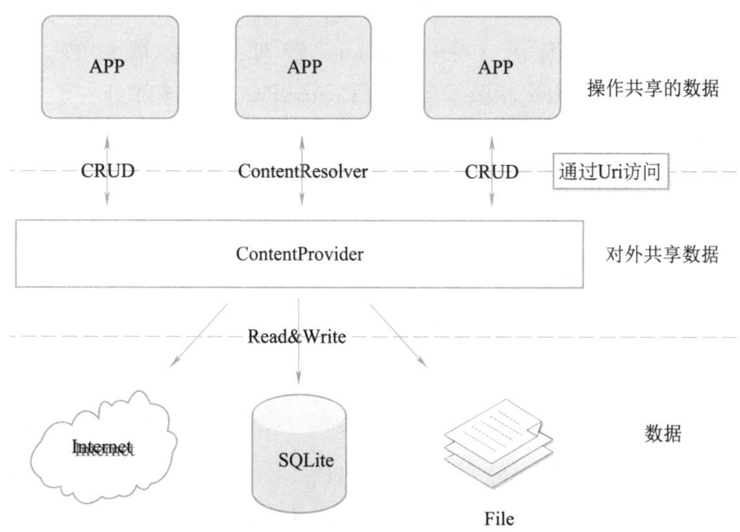

图 6-1　ContentProvider 的工作原理

从图 6-1 中可以看出,当一个应用程序需要把自己的数据暴露给其他程序使用时,就可以通过 ContentProvider 来实现,其他应用程序必须通过 ContentResolver 来操作 ContentProvider 中暴露出来的数据。需要注意的是,只要某个应用提供了供外部访问数据的 ContentProvider,那么其他应用都可以通过这个“地址”或者叫“接口”来访问内容提供者,进行增删改查等操作,而不管提供者是否启动。

6.2 使用 ContentResolver 访问内容提供者

ContentProvider 一般有两种用法：一种是使用现有的 ContentProvider 来读取和操作相应程序中的数据；另一种是根据实际需要创建自己的 ContentProvider 为当前应用程序的数据提供外部访问接口。上一小节中我们已经了解到，很多 Android 的系统应用，如联系人、媒体库等程序，都对外提供了 ContentProvider 接口。接下来介绍如何通过访问已有的 ContentProvider 获取数据。

6.2.1 ContentResolver 的基本用法

应用程序通过 ContentResolver 对象访问 ContentProvider 中的数据，可以使用 Context 类的 getContentResolver( ) 方法获取到该类的实例。ContentResolver 中提供了一套标准及统一的接口对数据进行 CRUD 操作，其中，insert( ) 方法用于添加数据，update( ) 方法用于更新数据，delete( ) 方法用于删除数据，query( ) 方法用于查询数据。

使用 ContentResolver 访问 ContentProvider 的方式跟操作数据库很像，但不同于 SQLiteDatabase 中的方法，ContentResolver 中的增删改查方法不接收表名参数，而是通过一个类型为 Uri 的参数操作 ContentProvider 中提供的数据。URI 本来用于标识某一网络中的资源，在 Android 中赋予其更广阔的含义。这里的 URI 相当于 ContentProvider 中所提供数据的唯一标识，它由 scheme、authorities、path 三部分组成，如图 6-2 所示。

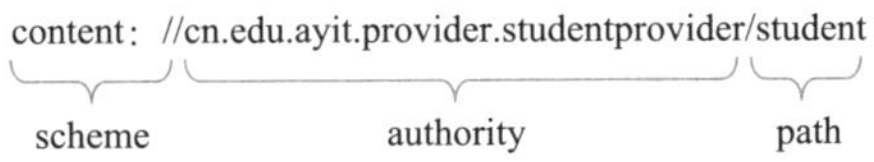

content: //cn.edu.ayit.provider.studentprovider/student
scheme　authority　path

图 6-2　URI 组成结构图

在图 6-2 中，scheme 部分"content://"是一个标准的前缀，用于标识该数据由 ContentProvider 管理，无法被改变。authorities 部分 cn. edu. ayit. provider. studentprovider 标识了当前的 ContentProvider，该部分一般是完整的类名（使用小写形式）来保证唯一性，在清单文件中由 <provider> 标签的 android:authorities 属性声明。path 部分可以理解为需要操作的数据库中表的名字，代表资源或者数据，当访问者需要操作不同数据时，这个部分是动态改变的。

在得到了 URI 字符串之后，还需要将它解析成 Uri 对象才可以作为参数传入，通过调用 Uri 的静态方法 parse(String str) 即可将字符串转化成 Uri 对象。

除了使用查询 URI，还可以利用 Android 中一个预定义查询字符串常量的列表来为不同数据类型指定 URI。例如，查询手机中所有联系人的 URI 字符串为"content://contacts/people"，将其解析成 Uri 对象的代码如下：

```
Uri allContacts = Uri.parse("content://contacts/people");
```

还可以使用 Android 中的一个预定义常量将上面的语句重写为如下形式：

```
Uri allContacts = ContactsContract.Contacts.CONTENT_URI;
```

从上述代码可以看出，ContactsContract. Contacts. COTNENT_URI 相当于解析好了的 URI 字符串"content://contacts/people"，因为 ContactsContract. Contacts 类已经帮开发者做好了封装，提供了一个 COTNENT_URI 常量，这个常量就是使用 Uri. parse( ) 方法解析出来的结果。以下是一些常用的 Android 中预定义的查询字符串常量：

- Browser. BOOKMARKS_URI。

- Browser. SEARCHS_URI。
- CallLog. CONTENT_URI。
- MediaStore. Images. Mdeia. INTERNAL_CONTENT_URI。
- MediaStore. Images. Media. EXTERNAL_CONTENT_URI。
- Settings. CONTENT_URI。

使用 ContentResolver 的预备知识已经准备完毕，接下来逐一讲解如何通过 ContentResolver 执行 CRUD 操作。

1. 查询数据

查询 ContentProvider 中数据的示例代码如下：

```
//获取 ContentResolver 对象
ContentResolver resolver = getContentResolver();
// 通过 ContentResolver 对象查询数据
Cursor cursor = resolver. query(uri,projection,
          selection,selectionArgs,sortOrder);
if(cursor! = null){
      while(cursor. moveToNext()){
          int column1 = cursor. getInt(cursor. getColumnIndex("column1"));
          String column2 = cursor. getString(cursor. getColumnIndex("column2"));
      }
      cursor. close();
}
```

上述代码中，通过调用 ContentResolver 的 query( )方法获取查询完成后返回的 Cursor 对象，即用于遍历查询结果集的游标变量。query( )方法接收五个参数：第一个参数 uri 指定查询哪个应用程序下的哪张表；第二个参数指定查询的字段名；第三个参数指定 where 约束条件，如果有约束条件则使用"?"作为占位符；第四个参数为 where 中的占位符提供具体的值；第五个参数指定查询结果的排序方式。后面三个参数如果不指定可以直接传 null 值。

查询数据时，为了限制仅返回一条记录，可以在 URI 结尾增加该记录的_ID 值，即将匹配 ID 值的字符串作为 URI 路径部分的结尾片段。例如，ID 值是 10，URI 将是"content://…/10"。

此外，有些辅助方法，特别是 ContentUris. withAppendedId( ) 和 Uri. withAppendedPath( ) 方法，能轻松地将 ID 增加到 URI。这两个方法都是静态方法，并返回一个增加了 ID 的 Uri 对象。

2. 增加记录

向 ContentProvider 中增加新数据的示例代码如下：

```
//获取 ContentResolver 对象
ContentResolver resolver = getContentResolver();
ContentValues values = new ContentValues();
values. put("column1",1);
values. put("column2","Hello");
// 通过 ContentResolver 对象添加数据
resolver. insert(uri,values);
```

从上述代码可以看出，仍然是将待增加的数据组装到 ContentValues 中，然后调用 ContentResolver 的 insert( )方法，将 Uri 和 ContentValues 作为参数传入即可。

3. 修改记录

要修改数据可使用 ContentResolver 的 update( )方法并提供需要修改的字段名和值，示例代码如下：

```
ContentResolver resolver = getContentResolver();
ContentValues values = new ContentValues();
values.put("column2","Hello Wolrd");
resolver.update(uri,values,
        "column1 = ?and column2 = ?",new String[]{"1","Hello"});
```

上述代码使用了 selection 和 selectionArgs 参数来对想要更新的数据进行约束，以防止所有的行都会受影响。

4. 删除记录

删除记录也很简单，可以调用 ContentResolver 的 delete( )方法删除单条或者多条记录，示例代码如下：

```
ContentResolver resolver = getContentResolver();
resolver.delete(uri,"column1 = ?",new String[]{"1"});
```

注意：

请确保提供了一个合适的 where 子句，否则可能删除全部数据。

6.2.2 读取系统联系人实例

为了让大家更好地掌握 ContentResolver 的使用方法，本小节通过一个实例演示如何使用 ContentResolver 操作 Android 系统通讯录中共享的数据。具体步骤如下：

(1)由于之前一直使用的都是模拟器，系统通讯录里并没有任何联系人的信息，因此首先需要手动添加几个，以便在当前实例中进行读取。打开系统通讯录应用，界面如图6-3所示。

在图6-3中，可以通过单击 ADD A CONTACT 按钮创建新的联系人，这里一共创建了三个联系人，并分别填入他们的姓名和手机号，具体如图6-4所示。

(2)通过上述操作就完成了相应的准备工作，接下来，创建一个名称为 ReadContacts 的项目，然后修改 MainActivity 的布局文件，具体代码如下所示。

该 XML 代码中，在一个相对布局里添加了两个 TextView 控件，第一个 TextView 用于显示提示信息，第二个 TextView 位于它的下方，程序运行之后将显示查询到的联系人信息。该布局文件的预览效果如图6-5所示。

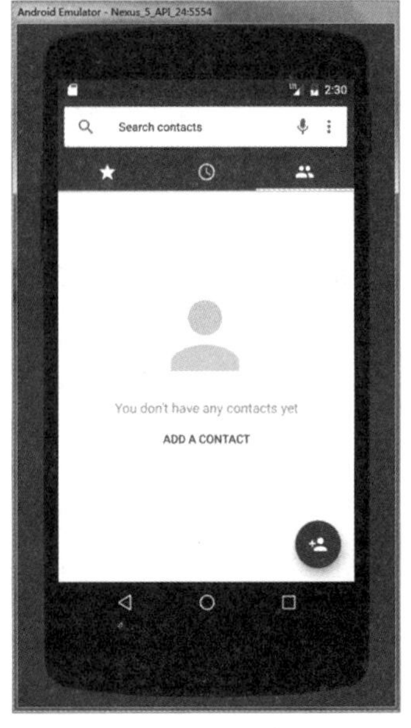

图6-3 Android 系统通讯录应用

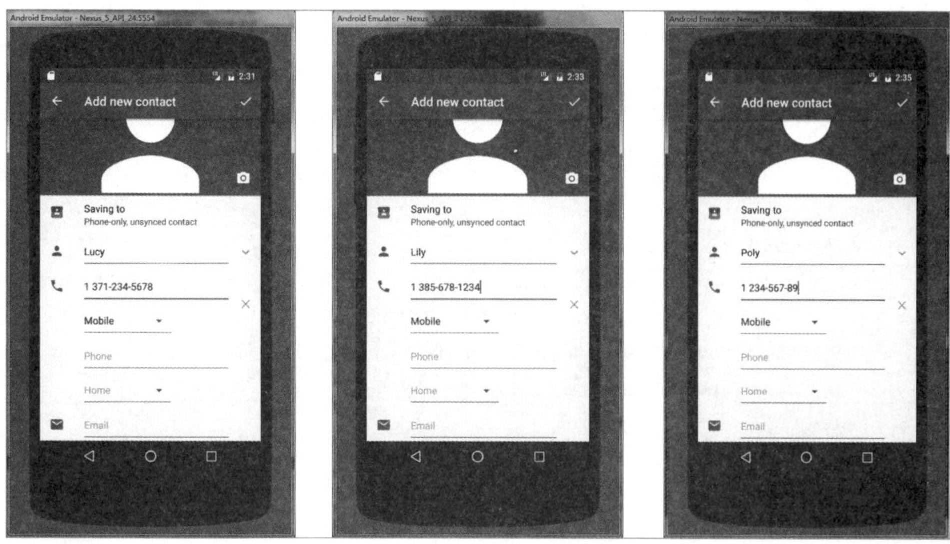

图 6-4　新建三个联系人

```
<?xml version="1.0" encoding="utf-8"?>
<RelativeLayout xmlns:android="http://schemas.android.com/apk/res/android"
    android:id="@+id/activity_main"
    android:layout_width="match_parent"
    android:layout_height="match_parent"
    android:padding="10dp">

    <TextView
        android:id="@+id/tv"
        android:layout_width="wrap_content"
        android:layout_height="wrap_content"
        android:text="查询到的系统联系人信息为:"
        android:textSize="20sp" />

    <TextView
        android:id="@+id/tv_contacts"
        android:layout_width="match_parent"
        android:layout_height="wrap_content"
        android:layout_below="@+id/tv"
        android:layout_marginTop="8dp"
        android:textSize="18sp"
        android:text="6666"/>
</RelativeLayout>
```

ReadContacts

查询到的系统联系人信息为：

6666

图 6-5　查询联系人界面

(3)布局编写完成后,需要在 MainActivity 中实现处理逻辑,具体代码如下所示。

```
public class MainActivity extends AppCompatActivity {

    private TextView tvContacts;

    @Override
```

```
protected void onCreate(Bundle savedInstanceState){
    super.onCreate(savedInstanceState);
    setContentView(R.layout.activity_main);

    tvContacts = (TextView)findViewById(R.id.tv_contacts);

    //动态权限申请
    if(ContextCompat.checkSelfPermission(this,Manifest.permission.READ_CONTACTS)
            != PackageManager.PERMISSION_GRANTED){
        ActivityCompat.requestPermissions(this,new String[]{Manifest.
                permission.READ_CONTACTS},1);
    } else {
        readContacts();
    }
}

//查询系统联系人信息
private void readContacts(){
    Cursor cursor = null;
        ContentResolver resolver = getContentResolver();
        try {
        //查询系统联系人信息
        cursor = resolver.query(ContactsContract.CommonDataKinds.Phone.CONTENT_URI,
                new String[]{"display_name",ContactsContract.
                        CommonDataKinds.Phone.NUMBER},null,null,null);
    if(cursor! = null && cursor.getCount() > 0){
        StringBuffer sb = new StringBuffer();
        while(cursor.moveToNext()){
            //获取联系人姓名
            String displayName = cursor.getString(0);
            //获取联系人手机号码
            String number = cursor.getString(1);
            sb.append("联系人:").append(displayName).append("\\n").
                    append("手机号码:").append(number).append("\\n\\n");
        }
        tvContacts.setText(sb.toString());
    }
  } catch(Exception e){
      e.printStackTrace();
  } finally {
      if(cursor! = null){
          cursor.close();
      }
  }
}
```

```
    @Override
    public void onRequestPermissionsResult(int requestCode,@NonNull String[] permissions,
                                                              @NonNull int[] grantResults){
        switch(requestCode){
            case 1:
                if(grantResults.length > 0 && grantResults[0] = = PackageManager.
                        PERMISSION_GRANTED){
                    readContacts();
                } else {
                    Toast.makeText(this,"你拒绝了应用获取该权限",Toast.LENGTH_SHORT).show();
                }
                break;
        }
    }
}
```

在上述代码中,因为需要查询系统联系人信息,所以在代码中涉及运行时权限管理的相关知识,这一部分内容在此暂时不做具体介绍,第 8 章将会进行详细的讲解。简单来说,就是通过调用 ContextCompat 类的 checkSelfPermission( )方法判断用户是否已经给予授权,然后使用方法的返回值和 PackageManager. PERMISSION_GRANTED 作比较,相等就说明用户已然授权,然后便可以直接执行读取联系人的逻辑操作。这里把读取系统联系人的操作封装在了 readContacts( )方法中,在此方法中实现了利用 ContentResolver 读取系统联系人信息的功能。

需要注意的是,ContentResolver 对象的 query( )方法返回的是一个 Cursor 游标,使用完后一定要及时关闭,否则会造成内存泄漏。

(4)由于该实例进行了读取系统联系人的操作,因此需要在 AndroidManifest. xml 文件中添加读取联系人的权限,具体代码如下所示。

```
<?xml version="1.0" encoding="utf-8"?>
<manifest xmlns:android="http://schemas.android.com/apk/res/android"
    package="cn.edu.ayit.readcontacts">

    <uses-permission android:name="android.permission.READ_CONTACTS" />

    <application
        ...
    </application>

</manifest>
```

完成上述操作后,运行 ReadContacts 程序,因为用户还没有授权过当前应用读取联系人的权限,所以第一次运行会弹出如图 6-6 所示的权限申请对话框。

单击上述对话框中的 ALLOW 按钮完成授权,系统通讯录中的所有联系人信息将显示在界面上,如图 6-7 所示,这样,也就达到了使用 ContentResolver 跨应用访问数据的目的。

图 6-6　申请读取联系人权限对话框

图 6-7　系统联系人信息

6.3 自定义 ContentProvider

上一小节中已经详细介绍了如何使用系统预定义的 ContentProvider，接下来将讲解如何自定义 ContentProvider。Android 系统支持任何应用程序创建自己的 ContentProvider，以便将应用程序的数据对其他应用程序共享。

6.3.1　创建一个 ContentProvider

创建应用程序自己的 ContentProvider，需要以下几个步骤：

（1）当前应用程序必须具有自己的持久化数据，一般是 SQLite 数据库存储，当然也可以是文件存储或者其他存储形式。

（2）当前应用程序需要实现 ContentProvider 的子类，并通过该子类完成对持久化数据的访问。

（3）在 AndroidManifest.xml 文件中使用 <provider> 标签声明当前应用程序定义的 ContentProvider。此外，还可以在 AndroidManifest.xml 文件中指定相应的访问权限，以保证该 ContentProvider 仅被具有相应权限的应用程序访问。若不指定访问权限，则任意其他应用程序都可以访问该 ContentProvider。

第（1）步是一个 Android 应用创建自己的 ContentProvider 的必备前提，不再赘述，下面从第（2）步开始，针对 ContentProvider 的创建进行详细介绍。

1. 继承 ContentProvider 类

在创建一个 ContentProvider 时，需要定义一个子类继承 android.content 包下的 ContentProvider 类。ContentProvider 是一个抽象类，它的子类需要重写它的 onCreate()、query()、insert()、update()、delete() 和 getType() 这六个抽象方法。表 6-1 中列出了这几个方法的作用。

表 6-1　ContentProvider 主要方法的作用

方　法　名　称	功能描述
publicboolean onCreate( )	创建 ContentProvider 时调用
public Uri insert(Uri uri, ContentValues values)	用于供外部应用向 ContentProvider 添加数据
public int delete(Uri uri, String selection, String[ ] selectionArgs)	用于供外部应用从 ContentProvider 中删除数据
public int update(Uri uri, ContentValues values, String selection, String[ ] selectionArgs)	用于供外部应用更新 ContentProvider 中的数据
public Cursor query (Uri uri, String [ ] projection, String selection, String[ ] selectionArgs, String sortOrder)	用于供外部应用从 ContentProvider 中获取数据
public String getType(Uri uri)	用于返回当前 Uri 所代表数据的 MIME 类型

除了 getType( )方法外，其他几个方法的作用比较好理解，getType( )方法是用来获取当前 Uri 路径指定数据的类型。这个类型表示当前 Uri 指定数据的 MIME 类型，一个 MIME Type 由媒体类型(type)与子类型(subtype)组成，它们之间使用反斜杠"/"分隔，形式如下：

```
type/subtype
```

例如，著名的 MIME Type text/html 表明此文件的 type 为 text(文本)，subtype 为 html。按照 Android 的标准规定，如果指定数据的类型属于集合型(多条数据)，getType( )方法返回的字符串应该以 vnd. android. cursor. dir 开头；如果属于非集合型(单条数据) 则返回的字符串以 vnd. android. cursor. item 开头。

注意：

经过实际验证，自定义的 MIME Type 的 Type 值可以为任意字符串，但是还是建议按照 Android 规定的标准来。

接下来，通过一段示例代码展示 ContentProvider 的创建，具体如下所示。

```
public class MyContentProvider extends ContentProvider {

    //初始化内容提供者
    @Override
    public boolean onCreate(){
        return false;
    }

    //根据传入的 uri 查询指定条件下的数据
    @Override
    public Cursor query(Uri uri,String[] projection,String selection,String[] selectionArgs,
String sortOrder){
        return null;
    }

    //根据传入的 uri 插入数据
    @Override
    public Uri insert(Uri uri,ContentValues values){
```

```
        return null;
    }

    // 根据传入的 uri 删除数据
    @Override
    public int delete(Uri uri,String selection,String[ ] selectionArgs){
        return 0;
    }

    // 根据传入的 uri 跟新数据
    @Override
    public int update(Uri uri,ContentValues values,String selection,String[ ] selectionArgs){
        return 0;
    }

    // 根据客户端传递过来的 uri,此处返回文件的具体的 MIME 类型.
    // 其实就是文件的类型(音频、视频、文档等)
    @Override
    public String getType(Uri uri){
        return null;
    }
}
```

上述代码只是自定义 ContentProvider 的一个最基本的代码框架，具体的创建过程比较复杂，我们将在本章后面的实例中进行详细的介绍。

2. 注册 ContentProvider

ContentProvider 是 Android 的四大组件之一，因此和 Activity 一样，需要在应用程序的清单文件中进行注册。具体 XML 代码如下所示。

```
<provider
    android:name = "cn.edu.ayit.customcontentprovider.provider.MyContentProvider"
    android:authorities = "cn.edu.ayit.customcontentprovider.MyContentProvider" />
```

ContentProvider 通过 <provider> 标签进行配置，并且至少需要指定 <provider> 标签的两个属性。android:name 属性代表继承 ContentProvider 子类的全路径名，android:authorities 属性是主机名，代表了访问本 provider 的路径，即 URI 中的 authorities 部分，需要注意的是这里的路径必须要唯一。

多学一招：让 ContentProvider 暴露的数据更安全。

当使用 ContentProvider 暴露敏感数据时，为了数据的安全，在注册 ContentProvider 时，还可以为其指定一系列的权限，具体如下所示：

- android:permission 属性：如果在注册 ContentProvider 时使用了该属性，那么其他程序在访问这个 ContentProvider 时必须加上该权限，否则会报异常。例如，StudentDBProvider 注册了 android:permission = "moblie.permission.PROVIDER"，那么在其他应用使用该 provider 时需要加上权限 <uses-permission android:name = "moblie.permission.PROVIDER"/>。
- android:readPermission 属性：如果在注册 ContentProvider 时使用了此属性，那么其他应用通过 ContentProvider 的 query( ) 方法查询数据时，必须加上该权限。

- android:writePermission 属性:如果在注册 provider 时使用了此属性,那么其他应用通过 ContentProvider 的增、删、改方法操作数据时,必须加上该权限。

6.3.2 自定义 ContentProvider 实例

在上一节中,讲解了如何在自己的程序中访问其他应用程序的数据;本小节将通过一个自定义 ContentProvider 的实例演示怎样让自己的应用程序提供外部访问接口。实现的具体步骤如下所示。

(1)创建一个名称为 CustomContentProvider 的项目并指定包名为 cn. edu. ayit. customcontent provider,待项目创建成功后,在其中添加一个 BDHelper 类,如图 6-8 所示。

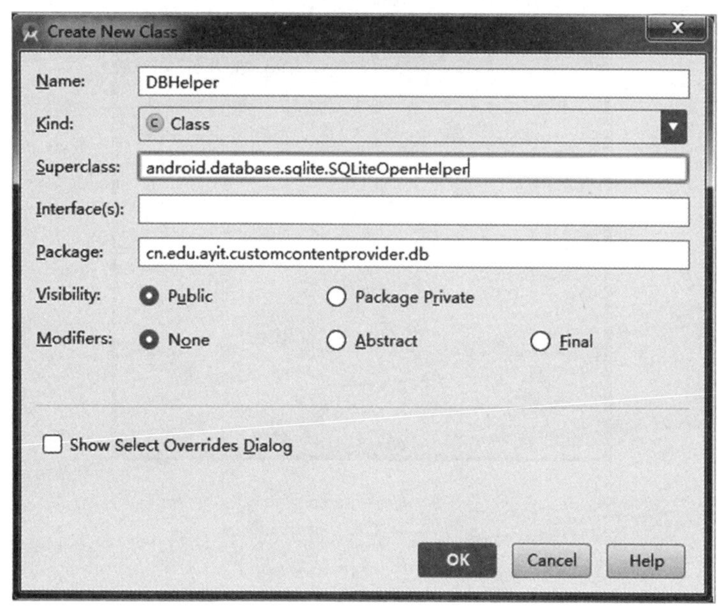

图 6-8 新建 DBHelper 类

单击 OK 按钮完成创建,然后修改 DBHelper 的代码,具体如下所示。

```
public class DBHelper extends SQLiteOpenHelper {
    private static String DB_NAME = "persons. db";
    private static int DB_VERSION = 1;

    // 创建数据库
    public DBHelper(Context context){
        super(context,DB_NAME,null,DB_VERSION);
    }

    // 创建表
    @Override
    public void onCreate(SQLiteDatabase db){

        String sql = "create table person(_id integer primary key autoincrement," +
                "name varchar(10),nickname varchar(10))";
```

```
        db.execSQL(sql);
    }

    @Override
    public void onUpgrade(SQLiteDatabase db,int oldVersion,int newVersion){
        //升级数据库
    }
}
```

BDHelper 类用于实现建立数据库(persons.db)和建表(person 表)的操作。

(2)再向项目中添加一个 PersonDao 类,如图 6-9 所示。

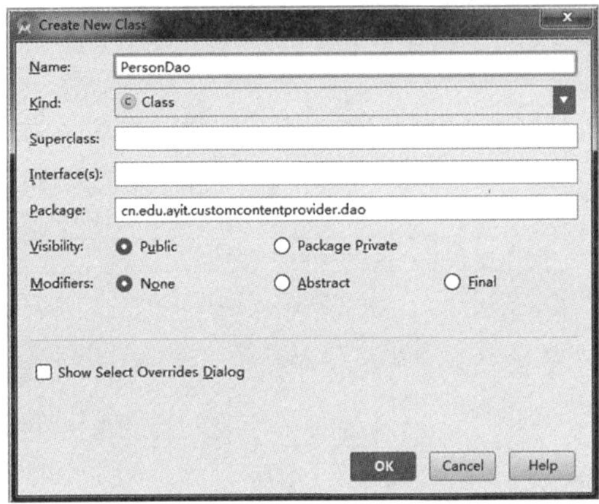

图 6-9 新建 PersonDao 类

单击 OK 按钮完成创建之后,修改 PersonDao 的代码如下:

```
public class PersonDao {
    private Context mContext;
    private DBHelper helper;

    // DBHelper,来生成数据库和表.
    public PersonDao(Context context){
        this.mContext = context;
        helper = new DBHelper(mContext);
    }

    //添加数据的方法
    public long insertValue(String table,ContentValues values){
        SQLiteDatabase db = helper.getWritableDatabase();
        long id = db.insert(table,null,values);
        db.close();
        return id;
    }

    //查询数据的方法
    public Cursor queryValue(String table,String[] columns,String selection,
```

```
                    String[] selectionArgs,String groupBy,String having,
                    String orderBy){

        SQLiteDatabase db=helper.getReadableDatabase();
        return db.query(table,columns,selection,selectionArgs,groupBy,
               having,orderBy);

    }

    //修改数据的方法
    public int updateValue(String table, ContentValues values, String whereClause, String[]
whereArgs){
        SQLiteDatabase db=helper.getWritableDatabase();
        int number=db.update(table,values,whereClause,whereArgs);
        db.close();
        return number;
    }

    //删除数据的方法
    public int deleteValue(String table,String whereClause,String[] whereArgs){
        SQLiteDatabase db=helper.getWritableDatabase();
        int number=db.delete(table,whereClause,whereArgs);
        db.close();
        return number;
    }

}
```

PersonDao 类的作用在于执行对 person 表的 CRUD 操作。

(3)完成上述操作后,在 cn.edu.ayit.customcontentprovider 包下新建一个 provider 包,然后右击 provider,在弹出的快捷菜单中依次选择 New→Other→Content Provider 命令,打开如图 6-10 所示的 New Android Component 对话框。

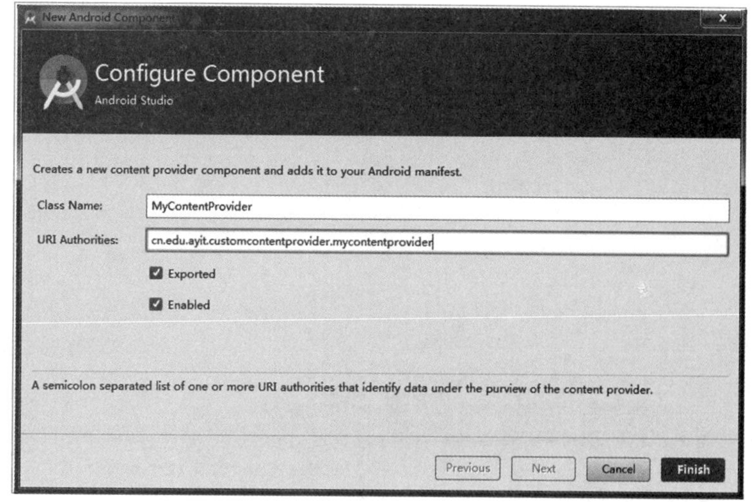

图 6-10　New Android Component 对话框

在图 6-10 所示窗口的 Class Name 文本框中输入所要创建的 ContentProvider 的名称 MyContentProvider;URI Authorities 文本框中输入该 ContentProvider 的主机名 cn. edu. ayit. customcontentprovider. mycontentprovider;Exported 选项表示是否允许外部程序访问当前的内容提供者;Enabled 选项表示是否启用这个内容提供者,默认两者都选中。填选完成后单击 Finish 按钮,接着修改 MyContentProvider 的代码,具体如下所示。

```
public class MyContentProvider extends ContentProvider {

    // 主机名,相当于口令的上半句
    private static final String AUTHORITY = "cn.edu.ayit.customcontentprovider.mycontentprovider";
    private static final int PERSONS = 1;
    private static final int PERSONS_ID = 2;
    private static final int PERSONS_TEXT = 3;
    // UriMatcher:匹配 uri 的工具类
    private static final UriMatcher mUriMatcher = new UriMatcher(
            UriMatcher.NO_MATCH);
    private PersonDao personDao;

    // 静态代码块中,构造出来了 3 种口令形式.
    static {
        mUriMatcher.addURI(AUTHORITY,"person",PERSONS);
        mUriMatcher.addURI(AUTHORITY,"person/#",PERSONS_ID);  // "#"表示匹配任意长度的数字
        mUriMatcher.addURI(AUTHORITY,"person/* ",PERSONS_TEXT);  // "* "表示匹配任意长度的任意字符
    }

    // 初始化内容提供者
    @Override
    public boolean onCreate(){
        // 进行数据库建库、建表的初始化工作.
        personDao = new PersonDao(getContext());

        return true;
    }

    // 根据传入的 uri 查询指定条件下的数据
    @Override
    public Cursor query(Uri uri,String[] projection,String selection,String[] selectionArgs,
String sortOrder){
        int match = mUriMatcher.match(uri);
        switch(match){
            case PERSONS:// 和第一个口令匹配上了.
                return personDao.queryValue("person",projection,selection,selectionArgs,
                        null,null,sortOrder);
            case PERSONS_ID:// 和第二种匹配上了.
                // "select name from person where _id = ?"
                long parseId = ContentUris.parseId(uri);
                return personDao.queryValue("person",projection,"_id = ?",
                        new String[]{parseId + ""},null,null,sortOrder);
            case PERSONS_TEXT:// 和第三种匹配上了.
                // "select name from person where nickname = ?"
```

```
            // content://cn.edu.ayit.customcontentprovider.MyContentProvider/person/小李广
            String lastPathSegment = uri.getLastPathSegment();
            return personDao.queryValue("person",projection,"nickname = ?",
                    new String[]{lastPathSegment},null,null,sortOrder);
        default:
            throw new IllegalArgumentException("口令有误");
    }
}

// 根据传入的 uri 插入数据
@Override
public Uri insert(Uri uri,ContentValues values){
    // match 方法就是用来验证 uri,是不是符合我们在 addURI()中设置的口令
    int match = mUriMatcher.match(uri);
    switch(match){
        case PERSONS:// 匹配上了第一种口令
// content://cn.edu.ayit.customcontentprovider.MyContentProvider/persons/newPersonId
            long newPersonId = personDao.insertValue("person",values);
            // 在原有 uri 的后面,追加一个整型值,形成一个新的 uri
            return ContentUris.withAppendedId(uri,newPersonId);
        case PERSONS_ID:

            break;
        case PERSONS_TEXT:

            break;

        default:
            throw new IllegalArgumentException("口令错误");
    }

    return null;
}

// 根据传入的 uri 删除数据
@Override
public int delete(Uri uri,String selection,String[] selectionArgs){
    int match = mUriMatcher.match(uri);
    switch(match){
        case PERSONS:

            break;
        case PERSONS_ID:

            long parseId = ContentUris.parseId(uri);
            return personDao.deleteValue("person","_id = ?",new String[]{parseId + ""});

        case PERSONS_TEXT:

            break;
```

```
            default:
                throw new IllegalArgumentException("口令错误");
        }

        return 0;
    }

    // 根据传入的 uri 跟新数据
    @Override
    public int update(Uri uri,ContentValues values,String selection,String[] selectionArgs){
        int match = mUriMatcher.match(uri);
        switch(match){
            case PERSONS:
                return personDao.updateValue("person",values,selection,selectionArgs);
            case PERSONS_ID:
                long parseId = ContentUris.parseId(uri);
                return personDao.updateValue("person",values,"_id = ?",new String[]{parseId
                        + ""});
            case PERSONS_TEXT:

                break;

            default:
                throw new IllegalArgumentException("口令错误");
        }
        return 0;
    }

    // 根据客户端传递过来的 uri,此处返回文件的具体的 MIME 类型
    // 其实就是文件的类型(音频、视频、文档等)
    @Override
    public String getType(Uri uri){
        int match = mUriMatcher.match(uri);
        switch(match){
            case PERSONS:
                return "vnd.android.cursor.dir/" + uri.toString();
            case PERSONS_ID:
                long parseId = ContentUris.parseId(uri);
                return "vnd.android.cursor.item/" + parseId;
            case PERSONS_TEXT:

                break;

            default:
                throw new IllegalArgumentException("口令错误");
        }
        return null;
    }
}
```

上述代码虽然比较长,但实际上其基本结构非常的简单清晰。回顾刚刚介绍过的内容,在自

定义的 MyContentProvider 类中，必然需要实现父类 ContentProvider 的六个抽象方法，这些方法一会儿再去介绍，先来看一下代码的其他部分。在重写父类的六个抽象方法之前，首先定义了一系列的静态常量，其中 AUTHORITY 即是当前 ContentProvider 的主机名；下面的代码用到了一个 Android 提供的辅助工具类 UriMatcher，它的作用在于匹配 Uri。匹配的具体过程为：首先在 static 静态代码块中通过调用 UriMatcher 对象的 addURI( ) 方法添加一组匹配规则，这个方法接收三个参数，可以分别把 authority、path 和一个自定义代码传进去，这个自定义代码就是前面定义的那些静态整型常量。这样，当在 query( )、insert( )、update( ) 或 delete( ) 的任一方法中调用 UriMatcher 的 match( ) 方法时，就可以将一个 Uri 对象传入，如果这个 Uri 对象的 authority 和 path 部分能够和 static 代码块中所添加的那组规则中的任何一个匹配上，match( ) 方法的返回值将会是添加那个规则时所指定的自定义代码，利用这个代码，便可以允许调用方访问当前应用程序存储在数据库中的私有数据了。

通过上面的讲解，相信读者对 query( ) 等几个重写的方法的实现逻辑就不难理解了，无非是调用 UriMatcher 对象的 match( ) 方法匹配规则，然后根据匹配的结果去操作当前应用的私有数据并返回处理结果。

(4) 最后一步，需要注意的是 ContentProvider 一定要在 AndroidManifest. xml 文件中注册才可以使用。这里由于通过 Android Studio 的快捷方式对内容提供者进行了创建，因此注册已经由开发工具自动完成了，打开清单文件将会看到如下的代码：

```
<?xml version="1.0" encoding="utf-8"?>
<manifest xmlns:android="http://schemas.android.com/apk/res/android"
    package="cn.edu.ayit.customcontentprovider">

    <application
        android:allowBackup="true"
        android:icon="@mipmap/ic_launcher"
        android:label="@string/app_name"
        android:supportsRtl="true"
        android:theme="@style/AppTheme">
        …
        <provider
            android:name=".provider.MyContentProvider"
            android:authorities="cn.edu.ayit.customcontentprovider.mycontentprovider"
            android:enabled="true"
            android:exported="true"></provider>

    </application>

</manifest>
```

运行程序，而后在其他应用中便可以通过使用 ContentResolver 访问 CustomContentProvider 程序对外暴露的数据了。

注意：

在 CustomContentProvider 实例中，把不同功能的类分别组织在不同的 package 下，使得项目的结构更清晰，代码更易于管理。

6.4 ListView 控件

目前手机上一些流行的 App，如微信、今日头条等，这些应用程序都有一个界面用来展示多个条目信息，并且每个条目信息的布局都是一样的。基于现在我们所掌握的知识，要实现这种功能都会想到创建大量相同的布局，但是这种方法并不利于程序的维护和扩展，而且效率很低。为此，Android 系统中提供了一个 ListView 控件，该控件可以解决上述问题，本节将对 ListView 的使用进行具体介绍。

6.4.1 ListView 控件的使用

ListView（列表视图）是 Android 中比较常用的一种控件，它以垂直列表的形式展示需要显示的列表项。ListView 控件的常用属性如表 6-2 所示。

表 6-2 ListView 控件的常用属性

属 性	功能描述
android:devider	用于为 ListView 设置分隔线
android:dividerHeight	用于设置分隔线的高度
android:listSelector	设置 ListView 的 item 选中时的颜色
android:scrollbars	设置 ListView 的滚动条
android:fadeScrollbars	设置为 true 可以实现滚动条的自动隐藏和显示
android:cacheColorHint	用于设置拖动的背景色

表 6-2 中列出了 ListView 控件的一些常用属性，其中大多数为 ListView 所特有，但其实 ListView 最基本的使用方法根本用不到这些特有的属性，接下来通过一个简单的实例演示 ListView 的基本用法。

新建一个项目 ListViewDemo，然后修改 activity_main.xml 中的代码，具体如下：

```
<?xml version="1.0" encoding="utf-8"?>
<RelativeLayout xmlns:android="http://schemas.android.com/apk/res/android"
    android:id="@+id/activity_main"
    android:layout_width="match_parent"
    android:layout_height="match_parent">

    <ListView
        android:id="@+id/lv"
        android:layout_width="match_parent"
        android:layout_height="match_parent"/>
</RelativeLayout>
```

这样就通过使用 <ListView> 标签在布局文件中添加了一个 ListView 控件，然后为其指定一个 id，并且将宽度和高度都设置为 match_parent，从而使得 ListView 占满整个布局的空间。接下来，将当前布局文件编辑窗口切换至可视化界面设计选项卡，可以看到上述代码对应的图形化界面如图 6-11 所示。

从图 6-11 中可以看出，ListView 是一个列表视图，由很多 item（条目）组成，每个 item 的布局都是一样的。需要注意的是，在布局文件中指定了 ListView 的 id 之后才会在图形化视图中看到如图 6-11 所示的界面。目前为止，ListView 和 Android 系统中提供的其他控件的基本使用方式没什么区别，直接运行该项目，显示效果如图 6-12 所示。

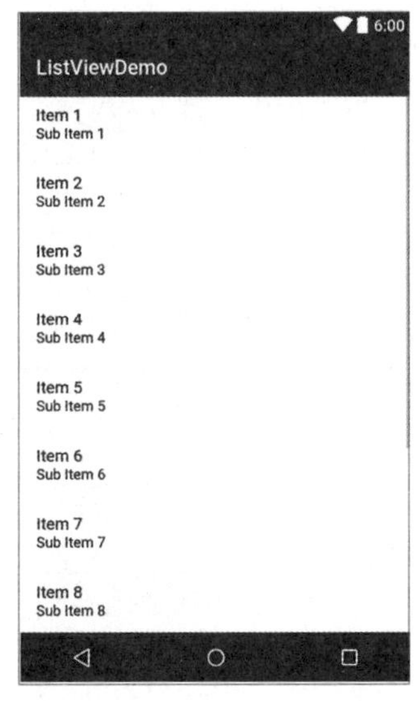

图 6-11　activity_main. xml 图形化视图　　　图 6-12　运行效果

虽然已经在可视化界面设计器中看到了 ListView 控件的显示效果，但程序真正运行起来之后，布局上却没有显示任何的内容，这是为什么呢？实际上，ListView 属于 Android 中一种称之为 AdapterView 的控件（ListView 是 AdapterView 的子类），必须和 Adapter（适配器）一起配合使用，如果不对 ListView 进行数据适配，那么就无法在界面上看到布局文件中创建的 ListView。一些常用的 AdapterView 包括 Spinner、ListView 和 GridView 等。下面对适配器进行详细的介绍。

6.4.2　常用数据适配器——Adapter

在使用 ListView 时需要对其进行数据的适配，这就要用到 Android 中的 Adapter。Adapter 实际上是 UI 控件和数据源之间的一座桥梁，Adapter 将数据从数据源中得到后传递给 AdapterView（适配器视图），AdapterView 则负责数据的展现。因此，适配器就像显示器，把复杂的数据按人们易于接受的方式来展示，具体来说它决定了“显示什么数据以及以什么形式显示”。两者之间的关系如图 6-13 所示。

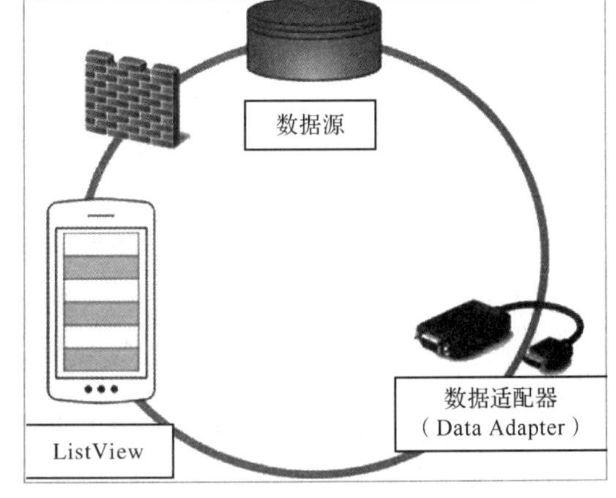

图 6-13　AdapterView 和 Adapter 关系示意图

从图 6-13 中可以看出，Android 中 AdapterView 和 Adapter 的设计采用了 MVC 模式将前端显示和后端数据分离。其中，为 AdapterView 提供数据的集合或数组等数据源相当于 MVC 模式中的 M（数据模型 Model）；AdapterView 相当于

MVC 模式中的 V(视图 View);Adapter 对象相当于 MVC 模式中的 C(控制器 Control)。接下来,针对 Android 系统提供的几种常用的适配器进行介绍。

1. ArrayAdapter(数组适配器)

对于纯文字的列表项,通常使用 ArrayAdapter,它是最简单的一种 Adapter。创建 ArrayAdapter 对象一般有两种方式:一种是通过数组资源文件创建;另一种是通过在源代码中使用字符串数组创建。由于第二种方法更加灵活,因此实际开发中一般采用第二种方式。

接下来在 ListViewDemo 项目基础之上,通过使用 ArrayAdapter 来为 ListView 提供数据。为此,需要将 MainActivity 的代码修改如下:

```
public class MainActivity extends AppCompatActivity {

    private String[] data = {"360 手机卫士","QQ","百度地图","GooglePlay 商店",
            "美图秀秀","腾讯手机管家","天天动听","微信","新浪微博","优酷"};

    @Override
    protected void onCreate(Bundle savedInstanceState) {
        super.onCreate(savedInstanceState);
        setContentView(R.layout.activity_main);

        ListView lv = (ListView) findViewById(R.id.lv);
        ArrayAdapter<String> adapter = new ArrayAdapter<String>(this,
                android.R.layout.simple_list_item_1,data);
        lv.setAdapter(adapter);
    }
}
```

上述代码中,首先创建了一个字符串类型的数组 data,里面包含了很多 Android 应用的名称,这个数组就是当前的数据源。然后,借助 ArrayAdapter 建立 ListView 和数据源之间的联系,即调用 ArrayAdapter 的构造方法创建其实例。这里有两点需要注意:其一,ArrayAdapter 通过泛型来指定要适配的数据类型(这里为 String);第二点,ArrayAdapter 有多个重载的构造方法,实际开发中根据具体的情况选择最合适的一种。代码中调用的 ArrayAdapter 构造方法接收三个参数,第一个参数是 Context 对象,第二个参数指定 ListView 列表项的外观形式,即每个 item 对应的布局文件,第三个参数表示需要适配的数据源。

最后,还需要调用 ListView 的 setAdapter( ) 方法,将创建好的适配器对象传递进去,ListView 和数据源之间的关联就建立完成了。重新运行该项目,显示效果如图 6-14 所示。

图 6-14 使用 ArrayAdapter 运行效果图

ArrayAdapter 的使用比较简单,开发者只需要在构造方法里面传入相应参数即可适配数据。但 ArrayAdapter 只能适配 TextView 并且适配的数据只能是数组。

注意：

上面实例中所调用的 ArrayAdapter 构造方法的第二个参数，传递的是 Android 系统预定义好了的一个布局文件，按下 Ctrl 键并使用鼠标左键单击文件名可以查看该布局文件的 XML 代码，其中只有一个 TextView，即用来显示数据的文本控件。

2. SimpleAdapter（简单适配器）

只能显示一段文本的 ListView 略显单调，使用 SimpleAdapter 可以实现图文混排的效果，从而让 ListView 可以展示更加丰富的内容。SimpleAdapter 的用法与 ArrayAdapter 类似，只需要在创建 SimpleAdapter 实例时在构造方法里传入相应的参数即可。下面仍然在 ListViewDemo 项目的基础之上，通过进一步的修改来演示 SimpleAdapter 的使用方法，具体操作步骤如下：

（1）将已经准备好的一组应用程序的图标文件复制至 res/drawable 目录下，如图 6-15 所示；然后在 res/layout 目录下新建一个布局文件并将其命名为 list_item. xml，其作用是定义 ListView 的 item 的外观形式，如图 6-15 所示。

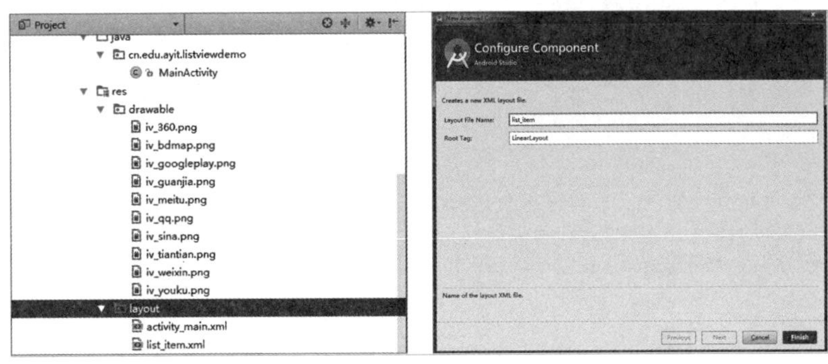

图 6-15　复制图标文件并新建 list_item. xml 布局资源

（2）修改 list_item. xml 布局文件的内容，具体代码如下所示。

该 XML 代码中，在一个水平的线性布局里添加了一个 ImageView 控件和一个 TextView 控件。前者用于显示某个应用的 Logo，后者用于描述这个应用的名称。其预览效果如图 6-16 所示。

```
<?xml version = "1.0" encoding = "utf - 8"?>
<LinearLayout xmlns: android = " http://schemas.android.com/apk/res/android"
    android:layout_width = "match_parent"
    android:layout_height = "match_parent"
    android:gravity = "center_vertical"
    android:orientation = "horizontal" >

    <ImageView
        android:id = "@+id/iv_logo"
        android:layout_width = "80dp"
        android:layout_height = "80dp"
        android:layout_margin = "5dp"
        android:src = "@drawable/iv_360" />

    <TextView
        android:id = "@+id/tv_tv_desc"
        android:layout_width = "match_parent"
```

图 6-16　list_item. xml 布局预览效果

```
        android:layout_height = "wrap_content"
        android:layout_margin = "5dp"
        android:text = "360 手机卫士"
        android:textColor = "#000000"
        android:textSize = "26sp" />
</LinearLayout>
```

(3)在 MainActivity 中实现处理逻辑,需要将其之前的代码修改如下:

```
public class MainActivity extends AppCompatActivity {

    // 需要适配的数据
    private String[] data = {"360 手机卫士","QQ","百度地图","GooglePlay 商店",
            "美图秀秀","腾讯手机管家","天天动听","微信","新浪微博","优酷"};
    // 图片集合
    private int[] imgIds = {R.drawable.iv_360,R.drawable.iv_qq,R.drawable.iv_bdmap,
            R.drawable.iv_googleplay,R.drawable.iv_meitu,R.drawable.iv_guanjia,
             R.drawable.iv_tiantian, R.drawable.iv_weixin, R.drawable.iv_sina, R.drawable.iv_
youku};


    @Override
    protected void onCreate(Bundle savedInstanceState) {
        super.onCreate(savedInstanceState);
        setContentView(R.layout.activity_main);

        // 初始化 ListView 控件
        ListView lv = (ListView)findViewById(R.id.lv);

        // 构造数据源
        List<Map<String,Object>> datas = new ArrayList<Map<String,Object>>();
        for(int i = 0;i < data.length;i++){
            Map<String,Object> map = new HashMap<String,Object>();
            map.put("description",data[i]);
            map.put("image",imgIds[i]);
            datas.add(map);
        }

        // 5 个参数:①. 上下文;②. 数据源:List<?extends java.util.Map<java.lang.String,?>>;
        // ③. item 的布局资源;④. 数据源中的某个或某些字段;⑤:布局中的 id
        SimpleAdapter adapter = new SimpleAdapter(this,datas,R.layout.list_item,
                new String[]{"description","image"},new int[]{R.id.tv_desc,R.id.iv_logo});
        lv.setAdapter(adapter);
    }
}
```

在上述代码中,首先定义了两个数组类型的成员,并且保证 data 数组和 imgIds 数组中的元素是一一对应的;然后创建了一个 List 集合并指定其泛型为 Map < String, Object > 类型,接着利用 data 和 imgIds 数组构造数据源。代码中创建 SimpleAdapter 对象时调用的构造方法接收五个参数,前面三个参数比较简单,这里重点介绍后两个:第四个参数表示 Map 集合里面的“键”,第五个参数表示 item 的布局文件里相应的控件 id。需要注意的是，这两个数组类型参数的元素个数必须相同、类型必须匹配，因为 Map 集合里的“键”所对应的“值”将设置为相应的控件属性。

完成上述操作后，运行程序，效果如图 6-17 所示。

显然，SimpleAdapter 比 ArrayAdapter 功能更强大，适用范围更广，但它能够适配的控件类型也有局限，只能适配 Checkable、TextView 和 ImageView；其中 Checkable 是一个接口，RadioButton、CheckBox 等都是实现了该接口的控件。TextView 是用于显示文本的控件，ImageView 是用来显示图片的控件。如果 int[ ] to 所代表的控件不是这三种类型，则会抛出 IllegalStateException 异常。

图 6-17　使用 SimpleAdapter 运行效果图

3. BaseAdapter(基本适配器)

顾名思义，BaseAdapter 是最基本的适配器，也是最实用、最常用的一个 Adapter 类。它是一个抽象类，该类拥有四个重要的抽象方法。在 Android 开发中，就是根据这几个方法来对 ListView 进行数据适配的。这四个抽象方法的具体功能如表 6-3 所示。

表 6-3　BaseAdapter 的四个抽象方法的具体功能

方法名称	功能描述
public int getCount( )	得到 item 条目的总数
public Object getItem(int position)	根据参数 position(位置)得到某个 item 的对象
public long getItemId(int position)	根据参数 position(位置)得到某个 item 的 id
public View getView (int position, View convertView, ViewGroup parent)	得到相应 position 对应的 item 视图，参数 position 表示当前 item 的位置，convertView 用于复用视图

从表 6-3 中可以看出，BaseAdapter 的四个抽象方法分别用于设置 item 的总数、获取 item 对象、获取 item id 和得到 item 视图。开发者在适配数据到 ListView 时，需要创建一个子类继承 BaseAdapter 并重写这四个抽象方法。实际上，前面刚刚讨论过的 ArrayAdapter 和 SimpleAdapter 都是 BaseAdapter 的子类，因此在两者中也都分别实现了 BaseAdapter 的四个抽象方法。

相较 ArrayAdapter 和 SimpleAdapter 而言，BaseAdapter 的适用范围最广，可以完成所有数据适配的应用场景。下一小节专门通过一个实例来讲解 BaseAdapter 的具体使用方法。

6.4.3 BaseAdapter 使用实例——系统联系人列表

在 6.2.2 小节的读取系统联系人实例中，我们将通讯录中所有联系人的信息通过 ContentResolver 读取出来并且设置到一个 TextView 控件中进行显示。但是，当系统中保存的联系人数量很多时，使用文本框控件来显示数据，既不方便又不易于控制格式；尤其当用户需要选择其中某一个联系人进行操作时，这类功能更是难以实现。本小节将使用 ListView 来展示系统中所有联系人的列表视图以解决上述的一系列问题。具体操作步骤如下：

(1) 打开之前的 ReadContacts 项目，可以通过选择 File→Open Recent→ReadContacts 命令来完成上述操作，如图 6-18 所示。

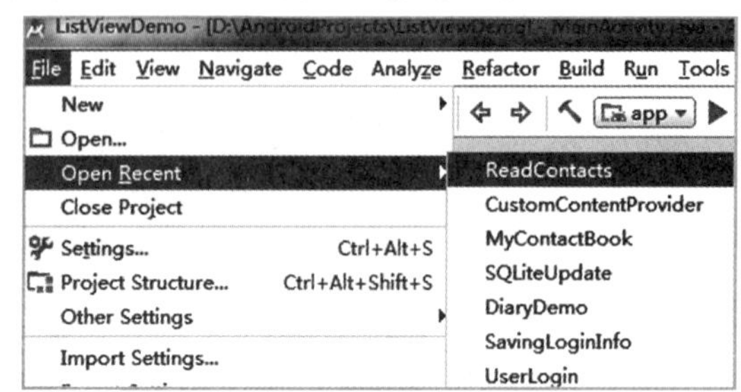

图 6-18 打开最近的项目

(2) 选择 ReadContacts 命令后，将弹出如图 6-19所示的 Open Project 对话框，单击 This Window 按钮在当前窗口打开项目。

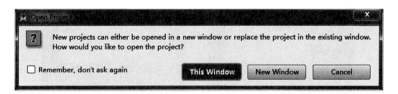

图 6-19 Open Project 对话框

(3) 将事先准备好的一组头像图片文件复制至 res/drawable 目录下，如图 6-20 所示；然后在 res/layout 目录下新建一个 ListView 条目的布局文件并将其命名为 list_item.xml。

(4) 修改 list_item.xml 布局文件的内容，具体代码如下所示。

```
<?xml version="1.0" encoding="utf-8"?>
<LinearLayout xmlns:android="http://schemas.android.com/apk/res/android"
    android:layout_width="match_parent"
    android:layout_height="wrap_content"
    android:gravity="center_vertical"
    android:orientation="horizontal"
    android:padding="5dp">

    <ImageView
        android:id="@+id/iv_head"
        android:layout_width="80dp"
        android:layout_height="80dp"
        android:src="@drawable/img01" />

    <LinearLayout
        android:layout_width="match_parent"
        android:layout_height="wrap_content"
```

```
        android:layout_marginLeft = "10dp"
        android:orientation = "vertical" >

        <TextView
            android:id = "@ + id/tv_name"
            android:layout_width = "wrap_content"
            android:layout_height = "wrap_content"
            android:layout_marginBottom = "10dp"
            android:text = "Teacher Feng"
            android:textColor = "#000000"
            android:textSize = "20sp" / >

        <TextView
            android:id = "@ + id/tv_number"
            android:layout_width = "wrap_content"
            android:layout_height = "wrap_content"
            android:text = "18738286666"
            android:textSize = "16sp" / >

    </LinearLayout >

</LinearLayout >
```

在上述 XML 代码中，指定根元素为一个水平的线性布局，里面添加了一个 ImageView 和一个嵌套的垂直线性布局。其中，ImageView 控件用于显示联系人的头像；垂直线性布局当中包含了两个 TextView，分别用于显示联系人的姓名和联系方式。这个布局文件的预览效果如图 6-21 所示。

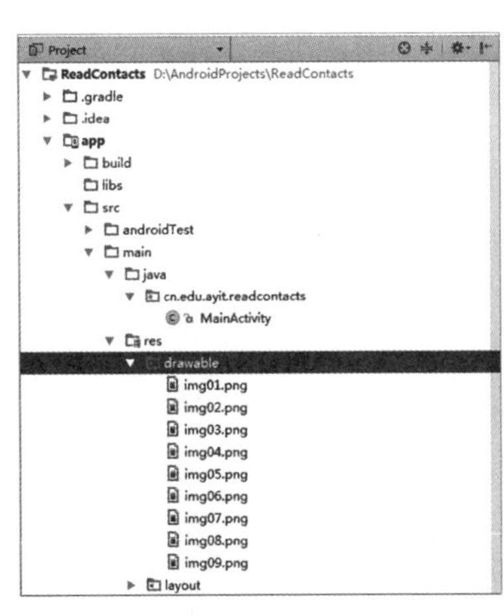

图 6-20　复制头像图片至 res/drawable 目录

图 6-21　list_item. xml 界面预览效果

(5) 创建一个实体类 Contact，用于封装系统联系人的属性，存储单个联系人的信息，具体代码如下所示。

```
/**
 * 联系人实体类
 */
public class Contact {
    // 头像的资源 id
    private int headImgId;
    // 联系人姓名
    private String name;
    // 联系方式
    private String number;

    public int getHeadImgId() {
        return headImgId;
    }

    public void setHeadImgId(int headImgId) {
        this.headImgId = headImgId;
    }

    public String getName() {
        return name;
    }

    public void setName(String name) {
        this.name = name;
    }

    public String getNumber() {
        return number;
    }

    public void setNumber(String number) {
        this.number = number;
    }
}
```

(6)修改 MainActivity 的布局文件 activity_main.xml,在其中添加一个 ListView 控件,具体代码如下:

```
<?xml version="1.0" encoding="utf-8"?>
<RelativeLayout xmlns:android="http://schemas.android.com/apk/res/android"
    android:id="@+id/activity_main"
    android:layout_width="match_parent"
    android:layout_height="match_parent"
    android:padding="10dp">

    <ListView
        android:id="@+id/lv"
        android:layout_width="match_parent"
```

```
android:layout_height = "match_parent" />

</RelativeLayout>
```

(7)完成上述操作之后,需要在 MainActivity 中编写处理逻辑,故将其代码修改如下:

```
public class MainActivity extends AppCompatActivity {

    private ListView lv;
    // 数据源
    private List<Contact> datas = new ArrayList<Contact>();
    // 头像资源数组
    private int[] headIds = {R.drawable.img01,R.drawable.img02,R.drawable.img03,
            R.drawable.img04,R.drawable.img05,R.drawable.img06,
            R.drawable.img07,R.drawable.img08,R.drawable.img09};

    // 自定义适配器对象
    private MyAdapter adapter;

    @Override
    protected void onCreate(Bundle savedInstanceState) {
        super.onCreate(savedInstanceState);
        setContentView(R.layout.activity_main);

        lv = (ListView)findViewById(R.id.lv);
        // 给 ListView 添加 item 点击事件监听器
        lv.setOnItemClickListener(new AdapterView.OnItemClickListener() {
            @Override
            public void onItemClick(AdapterView<?> parent,View view,int position,long id) {
                Toast.makeText(MainActivity.this,"选择了联系人:" +
                        datas.get(position).getName(),Toast.LENGTH_SHORT).show();
            }
        });

        // 动态权限申请
        if(ContextCompat.checkSelfPermission(this,Manifest.permission.READ_CONTACTS)
                != PackageManager.PERMISSION_GRANTED) {
            ActivityCompat.requestPermissions(this,new String[]{Manifest.
                    permission.READ_CONTACTS},1);
        } else {
            readContacts();
        }
    }

    // 查询系统联系人信息
    private void readContacts() {
        Cursor cursor = null;
        ContentResolver resolver = getContentResolver();
        try {
            // 查询系统联系人信息
            cursor = resolver.query(ContactsContract.CommonDataKinds.Phone.CONTENT_URI,
```

```
                new String[]{"display_name",ContactsContract.
                        CommonDataKinds.Phone.NUMBER},null,null,null);
        if(cursor != null && cursor.getCount()> 0){
            Contact contact = null;
            int i = 0;
            while(cursor.moveToNext()){
                //创建一个联系人对象
                contact = new Contact();
                //获取联系人姓名
                String displayName = cursor.getString(0);
                //获取联系人手机号码
                String number = cursor.getString(1);
                //设置联系人属性
                contact.setHeadImgId(headIds[i++]);
                contact.setName(displayName);
                contact.setNumber(number);
                //将联系人添加到 List 集合中
                datas.add(contact);
            }
            //给 ListView 设置适配器
            adapter = new MyAdapter();
            lv.setAdapter(adapter);
        }
    } catch(Exception e){
        e.printStackTrace();
    } finally {
        if(cursor! = null){
            cursor.close();
        }
    }
}

@Override
public void onRequestPermissionsResult(int requestCode,@NonNull String[] permissions,
                                        @NonNull int[] grantResults){
    switch(requestCode){
        case 1:
            if(grantResults.length > 0 && grantResults[0] == PackageManager.
                    PERMISSION_GRANTED){
                readContacts();
            } else {
                Toast.makeText(this,"你拒绝了权限",Toast.LENGTH_SHORT).show();
            }
            break;
    }
}
```

```
class MyAdapter extends BaseAdapter {
    // 得到 item 的总数
    @Override
    public int getCount(){
        return datas.size();
    }

    // 得到每个 position 位置上的 item 代表的对象
    @Override
    public Object getItem(int position){
        return datas.get(position);
    }

    // 得到 item 的 Id
    @Override
    public long getItemId(int position){
        return position;
    }

    // 得到 item 的 View 视图
    @Override
    public View getView(int position,View convertView,ViewGroup parent){
        ViewHolder holder;
        if(convertView == null){
            // 利用布局填充器填充自定义的 ListView item 的布局
            convertView = LayoutInflater.from(MainActivity.this).
                    inflate(R.layout.list_item,null);
            holder = new ViewHolder();
            // 利用得到的 view 来进行 findViewById()
            holder.ivHead =(ImageView)convertView.findViewById(R.id.iv_head);
            holder.tvName =(TextView)convertView.findViewById(R.id.tv_name);
            holder.tvNumber =(TextView)convertView.findViewById(R.id.tv_number);

            //将 holder 存入 view 的 tag 中
            convertView.setTag(holder);
        } else {
            // 在 convertview 不为空的情况下,重复使用 convertView,
            // 并取出存储的 tag
            holder =(ViewHolder)convertView.getTag();
        }

        //设置 holder 中每个控件的内容
        holder.ivHead.setImageResource(datas.get(position).getHeadImgId());
        holder.tvName.setText(datas.get(position).getName());
        holder.tvNumber.setText(datas.get(position).getNumber());
```

```
            //最后不要忘了返回 convertView
            return convertView;
        }

        // 为了减少 findViewById 的次数
        class ViewHolder {
            ImageView ivHead;
            TextView tvName;
            TextView tvNumber;
        }
    }

}
```

上述代码中创建了一个自定义的 MyAdapter 类用于数据适配，这个适配器继承自 BaseAdapter 并实现了 getCount()、getItem()、getItemId()及 getView()这四个抽象方法。它所需要适配的数据源就是代码前面定义的 List 类型的成员变量 datas。在 readContacts()方法里通过 ContentResolver 对象获取到所有系统联系人信息后，再通过 Cursor 游标对查询结果进行遍历从而取出每一条联系人的数据，并且每读取一条数据，就创建一个新的 Contact 对象并设置其相关属性，设置完成后再将这个 Contact 对象添加到 datas 集合中。这样，随着遍历的结束也就完成了 datas 数据源的初始化。另外，在 onCreate()方法中还通过调用 ListView 对象的 setOnItemClickListener()方法给列表视图添加了 item 单击事件的监听器，当 ListView 中的某个条目被单击时，将回调 onItemClick()方法弹出 Toast 提示信息。

下面再重点分析一下 getView()方法。此方法中主要涉及 ListView 的两处优化的处理。当开发者在项目中使用 ListView 展示数据时，如果需要展示的数据量很大，例如有成千上万条，这样必将大大增加 Android 系统内存的消耗，甚至会由于内存溢出(OOM)导致程序崩溃。为了防止这种情况的出现，通常采用以下两种最基本的优化方式：

一是复用 convertView：在 ListView 第一次展示时，系统会根据屏幕的高度和 item 的高度创建一定数量的 convertView。当滑动 ListView 时，顶部的 item 会滑出屏幕，同时释放它所使用的 convertView，底部新的数据会进入屏幕进行展示，这时新的数据会使用顶部滑出的 item 的 convertView，从而使整个 ListView 展示数据的过程使用固定数量的 convertView，避免了每次创建新的item而消耗大量内存；

二是使用 ViewHolder 类：在加载 item 布局时，会使用 findViewById()方法找到 item 布局中的各个控件；在每一次加载新的 item 数据时都会进行控件的查找，这样做也是比较耗时的。为了进一步优化 ListView 减少耗时操作，当第一次创建 convertView 时可以将这些控件找到并存放在 ViewHolder 类中，在第二次重用 convertView 时就可以直接通过 convertView 中的 getTag()方法获得这些控件。

运行程序，效果如图 6-22 所示。可以看到系统通讯录中所有联系人的信息通过 ListView 进行了展示，列表中每个条目分别显示了联系人的头像、姓名和联系方式；当单击某个联系人对应的 item 时，将弹出吐司提示“选择了联系人：×××”。

通过上面的实例可以明显看出，使用 ListView 控件展示出来的数据看起来更加美观，结构更加清晰，因此在 Android 应用开发中经常会使用 ListView 控件展示列表数据。

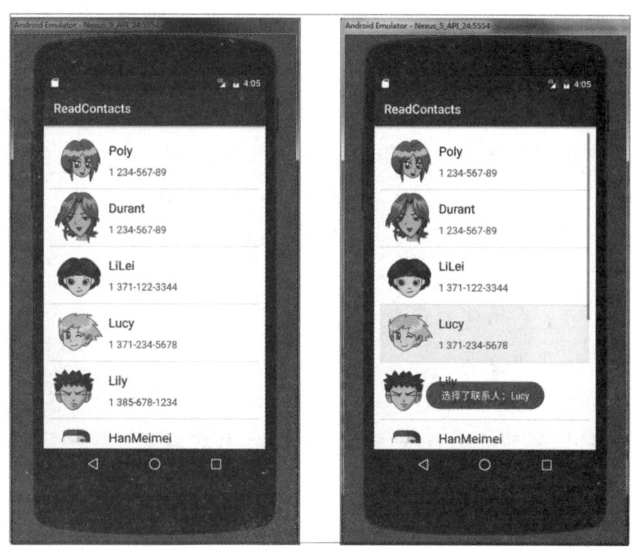

图 6-22　程序运行效果

小结

本章主要讲解了 Android 四大组件之一的 ContentProvider，它是 Android 系统中所有应用程序之间实现数据共享的媒介。本章首先简单地介绍了 ContentProvider，然后分别讲解了如何使用 ContentResolver 访问其他应用暴露的数据和如何自定义 ContentProvider，最后介绍了列表视图——ListView 控件的具体使用方法，重点在于掌握各种 Adapter 的使用技巧。熟练掌握 ContentProvider 的使用有助于更好地开发 Android 应用程序。

习题

1. 填空题

(1) ContentProvider 用于________和________数据，是 Android 中不同应用程序之间共享数据的接口。

(2) 在 Android 应用中，使用 ContentProvider 暴露自己的数据，通过________对暴露的数据进行操作。

(3) ContentProvider 匹配 Uri 需要使用的类是________。

(4) 在清单文件中使用________标签声明当前应用程序定义的 ContentProvider。

2. 选择题

(1) URI 相当于 ContentProvider 中所提供数据的唯一标识，它是由(　　)组成的。

A. content　　　　B. scheme

C. authorities　　　　D. path

(2) 以下(　　)不是 ContentProvider 类中的方法。

A. getType()　　　　B. onCreate()

C. update()　　　　D. onStart()

(3)下列关于 ContentResolver 的描述,错误的是(　　)。

A. 必须在清单文件中注册　　B. 可以操作 ContentProvider 的任意数据

C. 可以操作数据库数据　　D. 操作其他应用程序必须知道包名

(4)如果要将应用中的私有数据共享给其他应用程序,Android 中推荐使用的是(　　)。

A. ContentResolver　　B. ContentObserver

C. ContentProvider　　D. SQLite

3. 简答题

(1)简述 ContentProvider 是如何实现数据共享的。

(2)简述 ListView 的优化方案。

4. 编程题

(1)分别用三种适配器实现 ListView 显示 10 行数据在界面上,并且单击 item 输出条目的内容。

(2)编写一个程序,查询系统联系人的姓名和联系方式,并按姓名升序排列。

第 7 章 Android 中的多线程与消息处理

教学目标：

(1) 了解进程和线程的基本概念。

(2) 掌握使用多线程开发 Android 应用。

(3) 掌握 Handler 原理，会使用 Handler 进行线程间通信。

(4) 掌握 AsyncTask 的使用方法。

在 Android 开发中，对于一些比较耗时的操作，通常会为其开启一个单独的线程来执行。默认情况下，Android 中所有的操作都在主线程中进行，主线程负责管理与 UI 相关的事件，而在用户自己创建的子线程中，不能对 UI 控件进行操作。因此，Android 提供了消息处理机制来解决这一问题。本章将针对 Android 中如何实现多线程以及如何通过线程和消息处理机制操作 UI 界面进行详细的介绍。

7.1 多线程的使用

在现实生活中，很多事情都是同时进行的。例如，我们可以一边看书，一边喝咖啡；而计算机则可以一边播放音乐，一边进行 Word 文档处理。对于这种可以同时进行的任务，可以用线程来表示，每个线程完成一个任务，并与其他线程同时执行，这种机制被称为多线程。

7.1.1 进程与线程

进程与线程是软件开发中两个非常重要的概念，开发者必须要理解它们的含义。那么到底什么是进程？什么是线程？两者的关系是什么？两者在 Android 应用程序开发中的地位又是怎样的？下面一一回答这些问题。

进程是一个具有一定独立功能的程序关于某个数据集合的一次运行活动。它是操作系统动态执行的基本单元。在传统的操作系统中，进程既是基本的分配单元，也是基本的执行单元。基本单元是指操作系统在并发执行的任务中的某个任务，也就是说多个进程一起执行等同于同时执行多个任务。应用程序在运行的时候，操作系统会单独给这个应用程序所属的进程分配内存。该内存不被其他进程共享，是独立的，用于应用程序运行时数据集合的存放、变量的内存分配、软件的资源文件存放等。

通俗地讲，一个进程代表一个应用程序，该应用程序运行在自己的进程当中，使用系统为其分配的内存，不受其他应用程序或者是其他进程的影响，是独立运行的。当然，一个进程中可以同时运行多个应用程序，这时内存是共享的。在 Android 中，一个进程会对应一个虚拟机。

线程是进程中的一个实体，一个进程可以拥有多个线程，它可以和属于同一进程的其他线程共享进程所拥有的所有资源。同一进程中的线程之间可以并发执行。结合 Android 系统来说，当一个应用程序第一次启动时，Android 会同时启动一个对应的主线程（Main Thread）。主线程主要负责处理与 UI 相关的事件，比如用户的按键操作、用户触摸屏幕的事件以及屏幕绘图事件，并把相关的事件分发到对应的控件进行处理。所以，主线程通常又称 UI 线程。

一个 Android 应用只能存在一个进程，但是可以存在多个线程。也就是说，当应用启动后，系统分配了内存，这个进程的内存不被其他进程使用，但被进程中一个或多个线程共享。宏观地讲，所有的进程都是并发执行的，但进程中的多个线程同时执行并不是并发的，系统的 CPU 会根据应用的线程数触发每个线程执行的时间片。当 CPU 时间轮到分配给某个线程执行的时间片时该线程开始执行，执行到下一个线程开始执行的时间片，依次轮询，直到线程执行结束。

Android 应用的开发者对进程属性的修改是有限的。Android 中每个应用最少具有一个线程（即主线程或 UI 线程），但可以有多个线程。合理地应用线程可以提高系统资源的利用率，提高应用的质量，给用户更好的体验，所以每个开发者都应该理解并熟练掌握线程的相关知识。

7.1.2 实现多线程

为了在 Android 开发过程中更熟练地使用多线程，这一小节首先结合 Java 中多线程操作的基本知识，对 Android 中实现多线程的常用操作进行简介。

1. 线程的创建

在 Android 中，一般采用以下两种方式创建线程：一种是通过继承 Thread 类的方式创建线程对象,并重写 run( )方法实现;另一种是通过实现 Runnable 接口创建。下面分别进行介绍。

(1)通过继承 Thread 类创建线程。Android 程序中可以通过继承 Thread 类来创建线程。示例代码如下:

```
public class MyThread extends Thread {
    @Override
    public void run() {
        // 线程需要执行的操作
    }
}
```

上述代码定义了一个子类 MyThread 从 Thread 继承,并且重写了 Thread 类中的 run( )方法。在 run( )方法中,编写线程需要执行的任务或者相关操作的代码,当该线程被开启时,run( )方法将被执行。此时,若要创建一个名为 thread 的线程,可以使用下面的代码:

```
MyThread thread = new MyThread();
```

(2)通过实现 Runnable 接口创建线程。在 Android 中,还可以通过实现 Runnable 接口来创建线程。当一个类实现 Runnable 接口后,还需要实现其中唯一的抽象方法——run( )方法,在此方法中编写所需执行操作的代码。

例如,要创建一个实现了 Runnable 接口的 MyThread 类,具体代码如下:

```
public class MyThread implements Runnable {
    @Override
    public void run() {
        // 线程需要执行的操作
    }
}
```

然后便可以使用 Thread 类提供的接收一个 Runnable 类型参数的构造方法来创建线程实例了。

```
Thread thread = new Thread(new MyThread());
```

2. 开启线程

创建了一个线程对象后,还需要开启线程,线程才能得以执行。Thread 类提供了 start( )方法用于开启线程。例如,当想要开启一个名为 thread 的线程时,可以使用如下代码:

```
thread.start();
```

3. 线程的休眠

线程的休眠就是让线程暂停一段时间后再继续执行。和 Java 一样,在 Android 中也可以使用 Thread 类的静态方法 sleep( )让线程休眠指定的时间。sleep( )方法的语法格式如下:

```
sleep(long time)
```

其中参数 time 用于指定休眠的时间,单位为毫秒。例如,想要线程休眠 1 s,可以使用如下代码:

```
Thread.sleep(1000);
```

需要注意的是,调用 sleep( )方法休眠的是当前线程,哪个线程正在执行,就让它休眠参数 time 指定的一段时间。

4. 线程的中断

当需要中断指定的线程时，可以使用 Thread 类提供的 interrupt( )方法来实现。使用interrupt( )方法可以向指定的线程发送一个中断请求，并将该线程标记为中断状态。

想要中断一个名称为 thread 的线程，可以使用如下的代码：

```
//省略掉的代码部分
...
thread.interrupt();
...
//开启线程时执行的 run()方法
public void run(){
    while(! Thread.currentThread().isInterrupted()){
        // do more work
        ...
    }
}
```

另外，由于当线程执行 wait( )、join( )或 sleep( )方法时，线程的中断状态将被清除并抛出 InterruptedException 异常，因此，如果想在线程中执行了 wait( )、join( )或 sleep( )方法时中断线程，可以将上述代码中 run( )方法里的代码修改一下，具体如下所示。

```
public void run(){
    try{
        ...
        while(! Thread.currentThread().isInterrupted()){
            // do more work
            ...
        }
    } catch(InterruptedException e){
        // 线程在 wait 或 sleep 期间被中断了
    } finally{
        // 线程结束前做一些清理工作
    }

}
```

至此，关于如何实现多线程的基本知识就介绍完了。当然，Java 中的多线程还涉及很多其他相关知识，本节只是重点讲解了在 Android 开发过程中经常用到的一些关于多线程的具体内容，以便于更好地开发 Android 应用程序。

7.1.3 在 Android 中使用多线程

有时，Android 应用在使用中会弹出一个对话框，一般这个对话框叫做应用程序无响应对话框（Application Not Responding，ANR）。虽然这个提示框有等待和关闭应用程序两种选择，但是它的弹出就已经影响了用户使用 App 过程中的体验。所以一般来说，Android 开发的过程中必须严格控制 ANR 的出现。

接下来通过一个小程序来模拟一下这种情况是如何发生的。新建一个项目 ANRDemo，在 MainActivity 的 onCreate( )方法里添加如下的代码：

```
protected void onCreate(Bundle savedInstanceState){
    super.onCreate(savedInstanceState);
    setContentView(R.layout.activity_main);

    //模拟耗时操作
    int count = 0;
    while(true){
        count ++;
    }
}
```

运行程序,结果并没有像我们所希望的那样在应用主界面上看到显示"Hello World"的文本框。此时若单击返回键,应用将弹出 ANR 对话框,如图 7-1 所示。

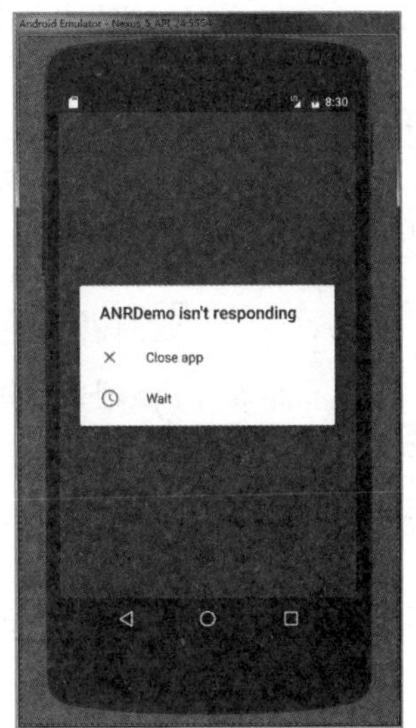

图 7-1　ANR 错误

实际上,出现 ANR 的根本原因在于 Android 主线程中执行了耗时操作,造成主线程的阻塞。在 Android 中,一般情况下,四大组件均是工作在主线程中的,Android 系统中的 Activity Manager 和 Window Manager 会随时监控应用程序的响应情况。如果因为一些耗时操作(网络请求、数据库或者 IO 操作)造成主线程阻塞一定时间(例如造成 5 s 内不能响应用户事件或者 BroadcastReceiver 的 onReceive()方法执行时间超过 10 s),那么系统就会显示 ANR 对话框提示用户对应的应用程序处于无响应状态。

显然,每个开发者都不愿意看到 ANR 的发生,因此,Android 工程师需要严格遵守 Google 提供的一系列建议,简单总结就是以下两点:

- 不要在主线程中执行耗时的操作。
- 不要让其他线程阻塞主线程的执行。

在 Android 开发过程中,为了防止主线程被阻塞,避免 ANR 的产生,通常需要启动子线程来处理耗时任务。接下来,修改 ANRDemo 项目中的代码,将原本模拟耗时操作的代码进行替换,具体如下所示:

```
protected void onCreate(Bundle savedInstanceState){
    super.onCreate(savedInstanceState);
    setContentView(R.layout.activity_main);

    //开启一个子线程,在 run()方法里执行耗时任务
    new Thread(){
        @Override
        public void run(){
            //模拟耗时操作
            int count = 0;
            while(true){
                count ++;
            }
        }
    }.start();
}
```

上述修改后的代码，将执行耗时任务的操作定义在了 Thread 的 run( )方法中，这样一来，将不会阻塞主线程，应用程序得以正常运行。

注意：

上面的实例中通过匿名对象的语法去创建并开启一个子线程，Android 开发中经常会这样做。当然，如果应用程序需要对子线程对象进行一些其他操作，可以使用前面小节中介绍的两种方法中的任意一种进行线程的创建。

7.2 Handler 消息处理机制

Android 系统的线程模型属于单线程模型，假如在非 UI 线程中去访问或者更新只能在 UI 线程中更新的视图，就会出现异常。但是耗时的任务是不能放在 UI 线程中执行的，因为这样会造成 UI 线程的阻塞，而非 UI 线程又不能去更新 UI 界面。考虑这样的场景，在后台非 UI 线程中下载文件时，希望根据下载进度实时更新进度条让用户有更直观的感受，应该怎么做呢？Android 中提供了 Handler 消息处理机制来实现线程间的通信，从而使得开发者可以在其他线程中操作 UI。

7.2.1 使用 Handler 更新 UI

Android 的 UI 操作并不是线程安全的，也就意味着在其他线程中更新应用程序里的 UI 元素，将会出现异常。接下来通过一个具体的实例进行验证。新建一个 AndroidUIException 项目，然后修改 activity_main. xml 中的代码，具体如下所示：

该布局文件中定义了两个控件，当单击 Button 控件时，会开启子线程模拟一个耗时操作，操作完成后，将处理结果显示在 TextView 控件上。该布局的预览效果如图 7-2 所示。

```
<?xml version="1.0" encoding="utf-8"?>
<RelativeLayout xmlns:android="http://schemas.android.com/apk/res/android"
    android:id="@+id/activity_main"
    android:layout_width="match_parent"
    android:layout_height="match_parent"
    android:padding="10dp">

    <TextView
        android:id="@+id/tv_result"
        android:layout_width="wrap_content"
        android:layout_height="wrap_content"
        android:text="计算结果为:"
        android:textColor="#000000"
        android:textSize="20sp" />

    <Button
        android:layout_width="wrap_content"
        android:layout_height="wrap_content"
        android:layout_below="@+id/tv_result"
        android:onClick="calc"
        android:text="Calculate"
        android:textAllCaps="false" />

</RelativeLayout>
```

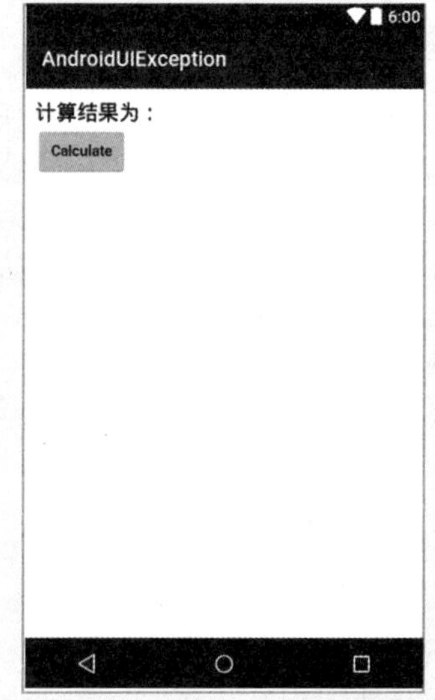

图 7-2 activity_main. xml 预览效果图

接下来编写 MainActivity 中的代码，具体如下所示。

```
public class MainActivity extends AppCompatActivity {

    private TextView tvResult;

    @Override
    protected void onCreate(Bundle savedInstanceState) {
        super.onCreate(savedInstanceState);
        setContentView(R.layout.activity_main);

        tvResult = (TextView) findViewById(R.id.tv_result);
    }

    public void calc(View view) {
        // 在非 UI 线程进行对 UI 的更新
        new Thread() {
            @Override
            public void run() {
                int count = 0;
                while (count < =100) {
                    count ++;
                }
                tvResult.setText(String.valueOf(count));
            }
        }.start();
    }
}
```

上述代码中，在 Calculate 按钮的单击事件里开启了一个子线程，其中完成求 100 个数的累积和的操作，计算完成之后，通过调用 tvResult 的 setText( )方法，将计算结果显示到 TextView 控件上。代码的处理逻辑非常简单，但程序是在子线程中更新 UI 的。运行应用程序，然后单击 Calculate 按钮，结果程序直接崩溃并异常退出，如图 7-3 所示。

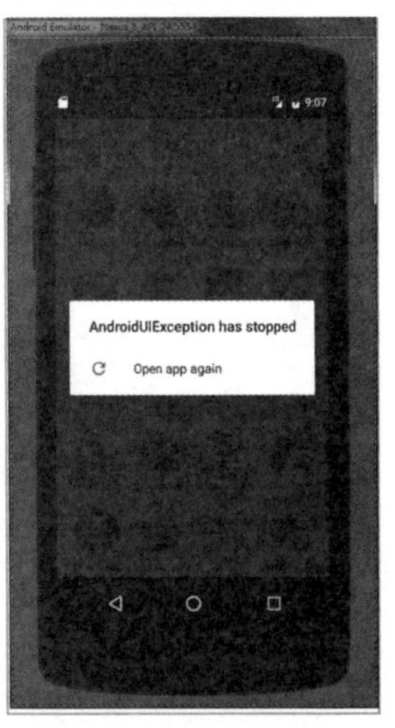

图 7-3　应用异常退出

通过观察 Logcat 中的错误日志，可以看出是由于在子线程中更新 UI 所导致的，如图 7-4 所示。

对于这种情况，Android 提供了一套异步消息处理机制，完美地解决了在子线程中进行 UI 操作的问题。接下来就通过使用 Handler 来完成上述实例中未能实现的功能，创建一个新的项目 UsingHandler，该项目的 activity_main.xml 文件的内容和上个项目一样，可以直接将其内容复制、粘贴过来。然后修改 MainActivity 中的代码，具体如下所示。

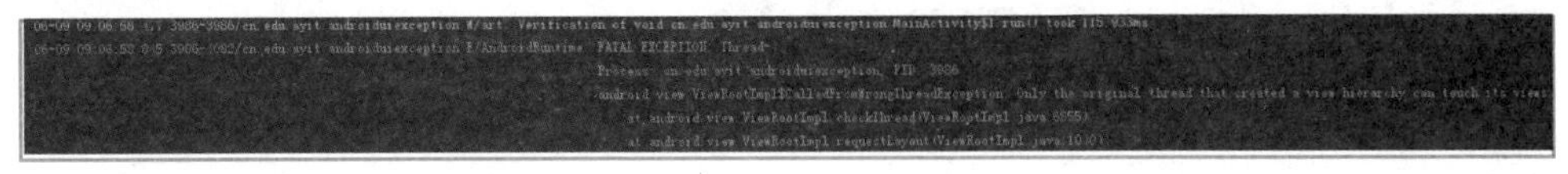

图 7-4　Logcat 详细信息

```
public class MainActivity extends AppCompatActivity {

    private TextView tvResult;

    // 定义一个 Handler 对象
    private Handler handler = new Handler() {
        // 重写 handleMessage 方法,对发送过来的消息进行处理.
        @Override
        public void handleMessage(Message msg) {
            switch(msg.what) {
                case 1:
                    // 取出发送过来的消息
                    int count = msg.arg1;
                    // 在此处进行 UI 的更新
                    tvResult.setText("计算结果为:" + count);
                    break;

                default:
                    break;
            }
        }
    };

    @Override
    protected void onCreate(Bundle savedInstanceState) {
        super.onCreate(savedInstanceState);
        setContentView(R.layout.activity_main);

        tvResult = (TextView)findViewById(R.id.tv_result);
    }

    public void calc(View view) {
        // 创建一个子线程来执行耗时任务
        new Thread() {
            @Override
            public void run() {
                int count = 0;
                while(count <= 100) {
                    count ++;
                }
                // 从一个全局的消息池中获取一个 Message 实例
                Message msg = Message.obtain();
                // what:是当前消息的唯一标识
                msg.what = 1;
                // int:arg1,arg2:如果我们要发送的消息是一个简单的整型值
                // 可以直接使用 arg1 或者 arg2
                msg.arg1 = count;

                // 发送消息
                handler.sendMessage(msg);
            }
        }.start();
    }
}
```

上述代码中定义了一个 Handler 对象,并重写了父类的 handleMessage( )方法,在这个方法里对具体的 Message 进行处理。如果发现 Message 对象的 what 属性的值等于 1,就从 Message 的 arg1 属性中取出发送过来的消息内容,即 count 的值,并设置到 TextView 控件上。

下面解释一下 Calculate 按钮单击事件处理方法 calc( )中的代码。这次并没有在子线程里直接更新 UI,而是创建了一个 android. os. Message 对象,然后分别将它的 what 和 arg1 属性的值指定为 1 和 count 变量,接着调用 Handler 的 sendMessage( )方法将这条 Message 发送出去。很快,Handler 就会收到这条 Message,并在 handleMessage( )方法中对它进行处理。注意这时 handleMessage( )方法中的代码就是在主线程中运行的,因此可以直接在该方法里进行 UI 操作。

运行程序,效果如图 7-5 所示。单击 Caculate 按钮,计算结果正确显示在 TextView 控件中。

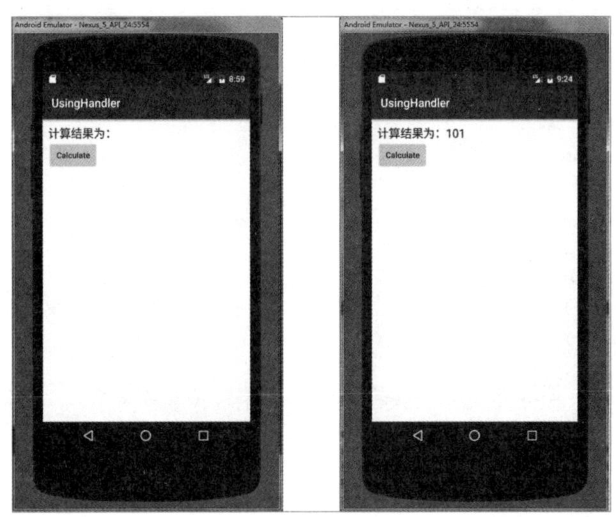

图 7-5　程序运行效果

上述实例演示了 Android 异步消息处理的基本用法,使用这种机制就可以轻松地解决在子线程中更新 UI 的问题。下一小节将针对 Android 中异步消息处理机制的工作原理进行进一步的介绍。

多学一招:Android 提供的其他几种在子线程中访问 UI 的方法。

- Activity. runOnUiThread(Runnable):使用 Activity. runOnUiThread(Runnable)把更新 UI 的代码创建在 Runnable 中,然后在需要更新 UI 界面时,把这个 Runnable 对象传递给 Activity 的 runOnUiThread( )方法。有时利用该方法更新 UI 会使得程序的代码更简洁。例如,可以将本小节使用 Handler 在子线程中进行 UI 操作的示例代码重新编写为如下形式,程序运行结果是一样的。

```
public void calc(View view){
        //创建一个子线程来执行耗时任务
        new Thread(){
            @Override
            public void run(){
                //由于在内部类中访问某个局部变量,该局部变量一定要用 final 关键字进行修饰;
                //因此这里需要将 count 定义为成员变量
                while(count < =100){
                    count ++;
                }
```

```
                MainActivity.this.runOnUiThread(new Runnable(){
                    @Override
                    public void run(){
                        tvResult.setText("计算结果为:" + count);
                    }
                });
            }
        }.start();
    }
```

- View.post(Runnable):View.post()方法传入的 Runnable 对象也是运行在 UI 线程(即主线程)中的。因此,同样可以使用此方法实现上面的示例代码中的操作,具体如下所示:

```
public void calc(View view){
        // 创建一个子线程来执行耗时任务
        new Thread(){
            @Override
        public void run(){
            // 此处同样将 count 定义为成员变量
                while(count <=100){
                    count ++;
                }
                tvResult.post(new Runnable(){  // 这个 Runnable 线程其实就是主线程,也即是 UI 线程
                    @Override
                    public void run(){
                        tvResult.setText("计算结果为:" + count);
                    }
                });
            }
        }.start();
    }
```

- View.postDelayed(Runnable action,long delayMillis):与 View.post()方法唯一的区别在于该方法接收的 Runnable 将会延迟 delayMillis 毫秒后才进行提交。

7.2.2 解析异步消息处理机制

Android 中的异步消息处理机制主要包括四个关键对象,分别是 Message、Handler、MessageQueue 和 Looper。下面就对这四个关键对象进行简要的介绍。

1. Message

Message 是在线程之间传递的消息,它可以在内部携带少量的信息,用于在不同线程之间交换数据。除了可以使用 Message 的 what 字段指定用户自定义的消息标识外,arg1 和 arg2 字段可以用来携带一些整型数据,obj 字段可以用来携带一个 Object 对象。

注意:

在使用 Message 时,需要注意以下两点。

- 尽管 Message 有 public 的默认构造方法,但是通常情况下,需要使用 Message.obtain()或 Handler.obtainMessage()方法来从消息池中获得空消息对象,以节省资源。
- 尽可能使用 Message.what 来标识消息,以便用不同方式处理 Message。

2. Handler

Handler 就是处理者的意思，它主要用于发送消息和处理消息。一般使用 Handler 对象的 sendMessage( )方法发送消息，发出的消息经过一系列的辗转处理后，最终会传递到 Handler 对象的 handleMessage( )方法中。

3. MessageQueue

MessageQueue 是消息队列的意思，它相当于一个存放所有通过 Handler 发送的消息的容器。通过 Handler 发送的消息会一直存在消息队列中，存放的消息按照 FIFO(先进先出)的原则等待被处理。每个线程中只会有一个 MessageQueue 对象。

4. Looper

Looper 是每个线程中的 MessageQueue 的管家。调用 Looper 的 Loop( )方法后，就会进入到一个无限循环之中。然后，每当发现 MessageQueue 中存在一条消息，就会将它取出，并传递到 Handler 的 handleMessage( )方法中。此外，每个线程也只会有一个 Looper 对象。默认情况下，Android 中新创建的线程是没有开启消息循环的，但是主线程除外。系统会自动为主线程创建 Looper 对象，并开启消息循环。而在子线程中的 Handler 对象，需要调用 Looper. Loop( )方法开启消息循环。

整个异步消息处理机制的流程示意图如图 7-6 所示。

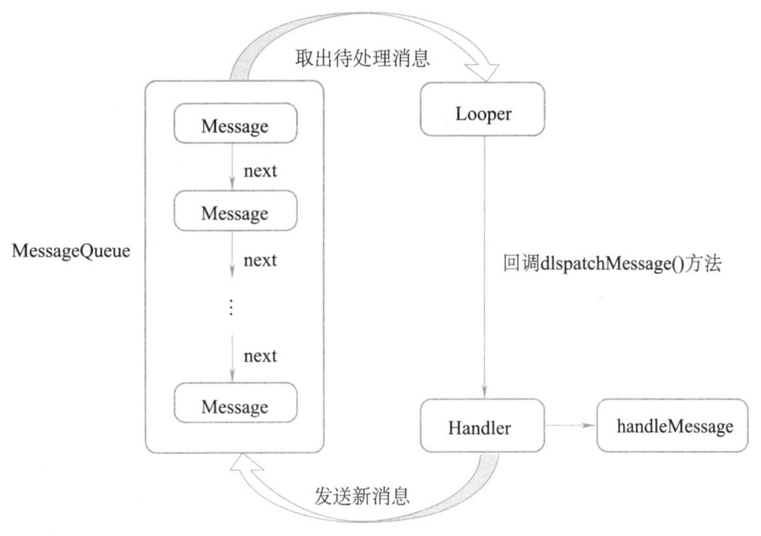

图 7-6　异步消息处理流程示意图

结合图 7-6，再把异步消息处理的整个流程梳理一遍。首先需要在主线程中创建一个 Handler 对象，并重写其 handleMessage( )方法。然后，当子线程中需要执行 UI 操作时，就创建一个 Message 对象，并通过调用 Handler 的 sendMessage( )方法将这条消息发送出去。接着，这条消息会被添加到 MessageQueue 中。而 Looper 则会一直循环遍历 MessageQueue 尝试从中取出待处理的 Message 对象，最后分发回 Handler 的 handleMessage( )方法中。由于 Handler 是在主线程中创建的，所以此时 handleMessage( )方法中的代码也会在主线程中运行，因此在该方法中更新 UI 控件是没有任何问题的。

通过上面的介绍，相信各位读者对 Handler 消息处理机制已经比较清楚了，在实际开发过程中，Handler 和 Message 配合使用更为普遍。除了 handleMessage( ) 和 sendMessage( ) 方法外，

Handler 类还提供了一系列发送和处理消息的常用方法，具体如表 7-1 所示。

表 7-1 Hanlder 类的常用方法

方法名称	功能描述
handleMessage(Message msg)	处理消息的方法。通常重写该方法来处理消息，在发送消息时，该方法会自动回调
post(Runnable r)	立即发送 Runnable 对象，该 Runnable 对象最后将被封装成 Message 对象
postAtTime(Runnable r,long uptimeMillis)	定时发送 Runnable 对象，该 Runnable 对象最后将被封装成 Message 对象
postDelayed(Runnable r,long delayMillis)	延迟发送 Runnable 对象，该 Runnable 对象最后将被封装成 Message 对象
sendEmptyMessage(int what)	发送空消息
sendMessage(Message msg)	立即发送消息
sendMessageAtTime(Message msg,long uptimeMillis)	定时发送消息
sendMessageDelayed(Message msg,long delayMillis)	延迟发送消息

7.2.3 模拟下载任务实例——利用 Handler 实现

在日常生活中，人们经常会使用手机从某个网站上或应用中去下载音乐、电影或 App 安装包等文件。本小节就将编写一个模拟手机下载任务并通过 Handler 通知前台界面更新下载进度的实例，以便读者更熟练的掌握 Handler 的使用方法。具体步骤如下。

(1)新建一个名为 DownloadDemo 的项目，待项目创建成功后修改 layout 目录下自动生成的 activity_main. xml 布局文件，代码如下所示。

该 XML 代码指定根元素为相对布局，里面添加了一个 Button 控件和一个水平的 ProgressBar 控件。单击 Button 按钮将开启一个子线程模拟下载任务；ProgressBar 控件则用于实时显示当前的下载进度。此布局的预览效果如图 7-7 所示。

```
<?xml version="1.0" encoding="utf-8"?>
<RelativeLayout xmlns:android="http://schemas.android.com/apk/res/android"
    android:id="@+id/activity_main"
    android:layout_width="match_parent"
    android:layout_height="match_parent"
    android:padding="5dp">

    <Button
        android:id="@+id/btn"
        android:layout_width="wrap_content"
        android:layout_height="wrap_content"
        android:onClick="startDownloading"
        android:text="开始下载" />

    <ProgressBar
```

图 7-7 activity_main. xml 预览效果

```
        android:id="@+id/pb"
        style="?android:attr/progressBarStyleHorizontal"
        android:layout_width="match_parent"
        android:layout_height="10dp"
        android:layout_below="@+id/btn" />
</RelativeLayout>
```

（2）布局编写完成后，需要在MainActivity中实现处理逻辑，具体代码如下所示。

```
public class MainActivity extends AppCompatActivity {

    //进度条的最大值
    private static final int PROGRESS_MAX=100;

    private ProgressBar pb;

    private Handler handler=new Handler(){
        public void handleMessage(Message msg){
            switch(msg.what){
                case 1:
                    //取出发送过来的消息
                    int progress=msg.arg1;
                    //给progressbar设置进度值.
                    pb.setProgress(progress);
                    //下载完成弹出Toast提示信息
                    if(progress= =PROGRESS_MAX){
                        Toast.makeText(MainActivity.this,"下载完成",
                                Toast.LENGTH_SHORT).show();
                    }

                    break;

                default:
                    break;
            }
        }
    };

    @Override
    protected void onCreate(Bundle savedInstanceState){
        super.onCreate(savedInstanceState);
        setContentView(R.layout.activity_main);

        pb=(ProgressBar)findViewById(R.id.pb);
        //设置进度条的开始进度
        pb.setProgress(0);
        //设置进度条的最大值
        pb.setMax(PROGRESS_MAX);
    }
```

```
    // Button 控件的单击事件处理方法
    public void startDownloading(View view){          // 创建一个子线程来执行下载任务
        new Thread(){
            @Override
            public void run(){
                // 模拟下载进度
                int progress = 0;
                Message msg = null;
                while(progress < PROGRESS_MAX){
                    progress +=10;

                    // 从一个全局的消息池中获取一个 Message 实例
                    msg = Message.obtain();
                    // what:是当前消息的唯一标识
                    msg.what = 1;
                    msg.arg1 = progress;

                    // 发送消息
                    handler.sendMessage(msg);

                    // 每次更新完进度后休眠 1 秒钟
                    try {
                        Thread.sleep(1000);
                    } catch(InterruptedException e){
                        e.printStackTrace();
                    }
                }
            }
        }.start();
    }
}
```

上述代码首先在 onCreate( )方法里对 ProgressBar 进行初始化，并设置它的开始进度为 0，最大值为静态常量 PROGRESS_MAX 指定的值。接下来，实现了“开始下载”按钮的单击事件处理方法 startDownloading( )的处理逻辑。由于下载任务是一个典型的耗时操作，因此在 startDownloading( )方法中创建了一个子线程来执行此操作。在这个子线程的 run( )方法中，通过一个 while 循环来模拟下载文件的过程，并且循环体每执行一次就让下载进度增加 10%，然后创建一个 Message 对象将当前的下载进度发送出去，为了方便观察结果，每次更新完进度后让子线程休眠 1 s。这样，当 handleMessage( )方法接收到更新进度的消息后，便会获取当前的下载进度并将其设置到进度条控件上。最后判断一下下载任务是否完成，若已完成则弹出 Toast 提示信息。

实例的运行效果如图 7-8 所示。单击界面上的“开始下载”按钮，ProgressBar 控件中的红色进度条便会以每秒 10% 的进度递增，当进度加载完毕屏幕底部将显示“下载完成”的 Toast 提示信息。

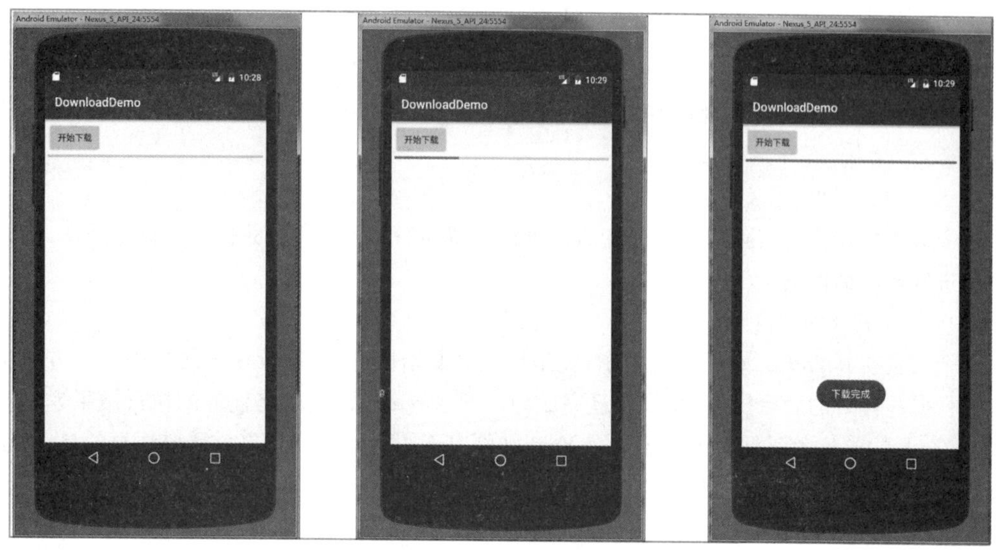

图 7-8　程序运行效果

7.3 AsyncTask 异步任务

通过前面的学习，掌握了使用 Handler 来进行异步消息的处理和耗时任务的操作。但实际上，Handler 的使用过程是较为复杂的，相关的类和方法会使代码变得复杂而难以理解。为了解决这个问题，Android 提供了一些好用的工具类，AsyncTask 就是其中之一，它使创建与用户界面长时间交互运行的任务变得更简单。AsyncTask 是一个轻量级的异步任务处理类，适用于简单的异步处理，不需要借助线程和 Handler 即可实现。

7.3.1　AsyncTask 的使用

本节将对 AsyncTask 的具体使用方法进行详细的介绍。首先，由于 AsyncTask 是一个抽象类，因此要使用它必须要创建一个子类从它继承。在继承时，可以为 AsyncTask 类指定三个泛型参数，这三个参数的用途如下所示：

- Params：在执行 AsyncTask 时需要传入的参数，例如 HTTP 请求的 URL，用于后台任务中使用，一般为 Void 或 String 类型。
- Progress：后台任务执行时，如果需要在界面上显示当前的进度，则使用该参数作为进度单位，一般为 Integer 类型。
- Result：当任务执行完毕后，如果需要对结果进行返回，则使用该参数作为返回值类型。

因此，一个自定义的 AsyncTask 可以编写为如下的形式：

```
class MyAsyncTask extends AsyncTask<Void,Integer,String> {
    //重写父类中的方法
}
```

在上述的自定义异步任务类中，抽象父类 AsyncTask 的三个泛型参数分别被指定为 Void、Integer 和 String 类型。其中，第一个参数指定为 Void 类型，表示在执行 AsyncTask 时不需要传入参数给后台任务；第二个参数指定为 Integer 类型，表示使用整型来作为进度显示的单位；第三个参数指定为 String 类型,表示使用字符串来返回执行结果。

AsyncTask 的执行分为四个步骤,每一步都对应一个回调方法(由应用程序自动调用的方法),开发者需要做的就是实现这些方法。因此,在使用 AsyncTask 时,通常需要去重写的方法有以下四个:

1. onPreExecute()

这个方法将在执行实际的后台任务前被主线程调用,一般用于界面上的初始化操作,例如显示一个进度条对话框等。

2. doInBackground(Params...)

这个方法在 onPreExecute()方法执行完毕后立刻开始执行,它运行在子线程中。该方法主要负责执行那些耗时的后台操作,操作一旦完成即可通过 return 语句来将任务的执行结果返回。如果 AsyncTask 的第三个泛型参数指定的是 Void 则可以不用返回执行结果。需要注意的是,由于这个方法运行在子线程中,因此不能执行更新 UI 的操作,如果想要在该方法中更新 UI,可以手动调用 publishProgress(Progress...)方法来完成。该方法是抽象方法,所以子类必须实现。

3. onProgressUpdate(Progress...)

如果在 doInBackground(Params...)方法中调用了 publishProgress(Progress…)方法,这个方法就会很快被调用,方法中携带的参数就是后台任务中传递过来的。在这个方法中可以对 UI 进行操作,利用参数 Progress 就可以对 UI 元素进行相应的更新。

4. onPostExecute(Result)

当 doInBackground(Params...)执行完毕并通过 return 语句返回时,这个方法会很快被主线程调用。在 doInBackground(Params...)方法中返回的处理结果会作为参数传递到该方法中。此时,可以利用返回的参数来进行 UI 操作,例如,提醒某个任务完成了,以及关闭掉进度条对话框等。

了解了 AsyncTask 的这几个回调方法的作用后,接下来就可以自定义一个比较完整的 AsyncTask 子类,具体代码如下所示。

```
class MyAsyncTask extends AsyncTask<Void,Integer,Boolean> {

    @Override
    protected void onPreExecute(){
    //显示进度对话框
        progressDialog.show();
    }

    @Override
    protected Boolean doInBackground(Void...params){
        try {
            while(true){
                //doDownload()是一个虚构的方法
                int downloadPercent = doDownload();
                //更新下载进度
                publishProgress(downloadPercent);
                if(downloadPercent >=100){
                    break;
                }
            }
        } catch(Exception e){
```

```
                return false;
            }
            return true;
        }

        @Override
        protected void onProgressUpdate(Integer... values){
            //在这里更新下载进度
            progressDialog.setMessage("Downloaded "+values[0]+"% ");
        }

        @Override
        protected void onPostExecute(Boolean result){
            //关闭进度对话框
            progressDialog.dismiss();
            //在这里弹出Toast显示下载结果
            if(result){
                Toast.makeText(MainActivity.this,"下载成功",Toast.LENGTH_SHORT).show();
            } else {
                Toast.makeText(MainActivity.this,"下载失败",Toast.LENGTH_SHORT).show();
            }
        }
    }
```

在上述自定义的异步任务类中,doInBackground()方法负责执行具体的下载任务,也即是耗时的操作。由于这个方法里的代码都是在子线程中运行的,因此不会影响到主线程的运行。代码中虚构了一个doDownload()方法,该方法用于返回当前的下载进度。在执行doDownload()方法得到了当前的下载进度后,下一步就该考虑如何把它显示到界面上了,因为doInBackground()方法是在子线程中运行的,在此方法里肯定不能进行UI操作,所以可以通过调用publishProgress()方法并将当前的下载进度作为实参传入,这样onProgressUpdate()方法将会很快被调用,在这里就可以进行UI操作了。

当下载完成后,doInBackground()方法会返回一个布尔类型的量,然后onPostExecute()方法会被调用,这个方法也是在主线程中执行的。在这个方法里会根据下载的结果来弹出相应的Toast提示信息,从而完成整个异步下载任务。

要启动DownloadTask执行异步任务,还需在UI线程中创建DownloadTask的实例,并调用DownloadTask实例的execute()方法,示例代码如下:

```
new MyAsyncTask().execute();
```

以上就是AsyncTask的具体用法,使用AsyncTask可以不再需要专门创建一个Handler对象来发送和接收消息,只需要在doInBackground()方法中调用publishProgress()方法,即可实现从子线程切换到UI线程。

实际上,AsyncTask仍是使用Handler的消息处理机制来执行异步任务的,也就是说,AsyncTask是Handler使用方式的一种封装。虽然因此AsyncTask的灵活程度受到了限制,但相较Handler而言,AsyncTask的使用更为简单、安全和轻便。Handler则比AsyncTask灵活,没有太多限制,一般在频繁执行任务和刷新操作中使用。

注意：

为了正确地使用 AsyncTask 类，必须遵守以下几条准则：

- AsyncTask 的实例必须在主线程中创建。
- execute( )方法必须在主线程中调用。
- 不要手动调用 onPreExecute( )、doInBackground(Params...)、onProgressUpdate (Progress...)和 onPostExecute(Result)这几个方法。
- 一个 AsyncTask 只能被执行一次，若再次调用将会出现异常。

7.3.2 模拟下载任务实例——利用 AsyncTask 实现

在7.2.3 节，使用 Handler 实现了一个在后台模拟下载操作，前台更新 ProgressBar 下载进度的实例，本小节将利用 AsyncTask 改写这个实例，依然可以实现一样的功能。具体步骤如下：

(1)创建一个名为 DownloadWithAsyncTask 的项目，由于当前项目的 activity_main. xml 文件的内容和 7.2.3 节项目中的一样，因此可以直接将其内容复制、粘贴过来，代码如下所示。

```
<?xml version="1.0" encoding="utf-8"?>
<RelativeLayout xmlns:android="http://schemas.android.com/apk/res/android"
    android:id="@+id/activity_main"
    android:layout_width="match_parent"
    android:layout_height="match_parent"
    android:padding="5dp">

    <Button
        android:id="@+id/btn"
        android:layout_width="wrap_content"
        android:layout_height="wrap_content"
        android:onClick="startDownloading"
        android:text="开始下载"/>

    <ProgressBar
        android:id="@+id/pb"
        style="?android:attr/progressBarStyleHorizontal"
        android:layout_width="match_parent"
        android:layout_height="10dp"
        android:layout_below="@+id/btn"/>
</RelativeLayout>
```

(2)在 MainActivity 中实现处理逻辑，具体代码如下：

```
public class MainActivity extends AppCompatActivity {

    //进度条的最大值
    private static final int PROGRESS_MAX=100;

    //进度条的初始进度
    private int initialSchedule=20;
```

```
private ProgressBar pb;

@Override
protected void onCreate(Bundle savedInstanceState) {
    super.onCreate(savedInstanceState);
    setContentView(R.layout.activity_main);

    pb = (ProgressBar) findViewById(R.id.pb);
}

// Button 控件的点击事件处理方法
public void startDownloading(View view) {
    new DownloadAsyncTask().execute(initialSchedule);
}

// 执行下载任务的异步任务类
class DownloadAsyncTask extends AsyncTask<Integer, Integer, Boolean> {

    //是在 doInBackground 之前,也就是在耗时操作之前进行的方法. 属于 UI 线程
    @Override
    protected void onPreExecute() {
        // 设置进度条的开始进度
        pb.setProgress(initialSchedule);
        // 设置进度条的最大值
        pb.setMax(PROGRESS_MAX);
    }

    //这是必须实现的方法. -->属于非 UI 线程,工作线程
    // 在这个方法里,一般用于执行耗时的,例如访问网络的操作
    @Override
    protected Boolean doInBackground(Integer... params) {
        // 模拟下载进度
        int progress = params[0];
        while (progress < PROGRESS_MAX) {
            progress += 10;

            // 实时的发布当前的进度
            publishProgress(progress);

            // 每次更新完进度后休眠 1 秒钟
            try {
                Thread.sleep(1000);
            } catch (InterruptedException e) {
                e.printStackTrace();
            }
        }

        if (progress >= 100) {
```

```
                return true;
            } else {
                return false;
            }
        }

        // 实时的更新进度
        @Override
        protected void onProgressUpdate(Integer... values){
            super.onProgressUpdate(values);
            pb.setProgress(values[0]);
        }

        // 耗时的操作完成之后,要处理的事情. 属于 UI 线程
        @Override
        protected void onPostExecute(Boolean result){
            super.onPostExecute(result);
            if(result){
                Toast.makeText(MainActivity.this,"下载成功",
                        Toast.LENGTH_SHORT).show();
            } else {
                Toast.makeText(MainActivity.this,"下载失败",
                        Toast.LENGTH_SHORT).show();
            }
        }

    }
}
```

在上述代码中,创建了一个用于执行下载操作的异步任务类 DownloadAsyncTask,并将其抽象父类 AsyncTask 的三个泛型参数分别指定为 Integer、Integer 和 Boolean 类型。其中,第一个 Integer 类型的参数表示在执行 AsyncTask 时将 ProgressBar 的初始进度传给后台任务;第二个 Integer 类型的参数表示使用整型来作为显示进度的单位;第三个参数指定为 Boolean 类型,表示使用布尔值来返回下载任务执行的结果。

下面具体来看 DownloadAsyncTask 是如何实现的。首先在 onPreExecute( )方法里设置进度条的开始进度和最大值,这里并没有将开始进度设置为 0,而是通过成员变量 initialSchedule 指定;然后在 doInBackground( )方法里模拟执行下载操作,而下载进度 progress 的初始值在调用 DownloadAsyncTask 对象的 execute( )方法时传入、在 doInBackground( )方法里通过 params 参数获取。while 循环每执行一次便更新一次下载进度,在每次更新完 progress 后接着调用 publishProgress( )方法并在 onProgressUpdate( )方法中设置 ProgressBar 的当前进度值;下载任务完成之后,在 onPostExecute( )方法里通过参数 result(也就是 doInBackground( )方法的返回值),判断任务是否执行成功从而弹出相应的 Toast 提示信息。

运行程序,效果如图 7-9 所示。

单击屏幕上的“开始下载”按钮,ProgressBar 中的红色进度条会从初始值开始(这里指定为 20%),以每秒 10% 的进度递增,当进度加载完毕界面上将显示“下载完成”的 Toast 提示信息。

图 7-9　程序运行效果

小结

本章主要介绍了在 Android 中如何实现多线程及进行消息处理。首先讲解了在 Android 中为什么以及如何使用多线程，然后讲解了 Handler 消息处理机制的原理及应用，最后介绍了 AsyncTask 异步任务的使用。多线程的操作和消息处理机制广泛地应用于 Android 程序开发的过程中，读者应该很好地理解并能灵活使用。

习题

1. 填空题

(1) 在 Android 中，创建一个子线程可以通过继承 Thread 类并重写其________方法实现。

(2) Handler 在________方法中对接收到的 Message 进行处理。

(3) 为了根据下载进度实时更新 UI 界面，可以使用________消息机制来实现。

(4) 可以在 AsyncTask 的 doInBackground( ) 方法中调用________方法发布后台操作的执行进度。

2. 选择题

(1) 可以通过调用(　　)方法让线程休眠一段时间。

A. start( )　　B. stop( )

C. sleep( )　　D. interrupt( )

(2) 下列选项中，不属于 Handler 机制中的关键对象的是(　　)。

A. MessageQueue　　B. Handler

C. Looper　　D. Thread

(3) 在主线程中执行耗时操作会导致系统弹出(　　)对话框。

A. App　　B. OOM

C. ANR D. Alert

(4)在 AsyncTask 中,下列哪个方法是负责执行那些很耗时的后台计算工作的(　　)。

A. run( ) B. execute( )

C. doInBackground( ) D. onPostExecute( )

3. 简答题

(1)简述 Handler 机制 4 个关键对象的作用。

(2)简述 AsyncTask 的使用步骤。

4. 编程题

编写一个程序,实现在屏幕上不停移动的小黄人。

第 8 章 广播机制与 BroadcastReceiver

教学目标：

(1) 了解广播接收者 BroadcastReceiver 的作用和意义。

(2) 掌握 BroadcastReceiver 的创建和注册方法。

(3) 掌握自定义广播的创建和发送方法。

(4) 掌握使用系统广播的方法。

(5) 掌握有序广播和无序广播的区别和应用。

(6) 掌握 BroadcastReceiver 动态注册和静态注册的区别和应用。

广播接收者是一个系统范围内的事件或消息的监听器，用于响应来自当前应用程序的其他组件、其他应用程序或者系统的广播消息。广播消息的发出不仅表示了某一事件的发生，消息中还可以携带关于事件的一些信息。例如，当我们使用蓝牙组件编程的时候，蓝牙设备状态的改变，如蓝牙连接或断开、接收到对方发来的数据等情况，都是通过广播的形式发送到系统中，注册了这些广播的广播接收者会接收相应消息并触发相应事件处理方法的调用。

8.1 BroadcastReceiver 概述

8.1.1 Android 的异步消息机制

BroadcastReceiver,顾名思义就是“广播接收者”的意思,它是 Android 四大组件之一。在 Android 应用开发中,广泛的用于进行异步消息的接收和响应。所谓异步消息,就是在并行任务之间,当一个任务 A 需要另一个任务 B 完成某一动作后,获取相关信息并进行处理。任务 A 可以不用在线等待 B 执行这一动作,而是继续处理自己的其他业务,当任务 B 的动作完成后,通过发送异步消息的形式通知任务 A。异步消息的价值在于,当任务 B 的这一动作需要花费较长时间,任务 A 无须等待对方去完成,消息的发送方和接收方都是相互独立存在的,发送方只管发送,接收方只能接收,无须任何等待。

异步消息的这一价值在 Android 编程中被广泛应用,尤其是在 UI 线程调用后台线程的耗时操作的情况下。例如,我们想要实现如下功能:当用户单击 Activity 中的“开启搜索”按钮后,开启蓝牙设备搜索功能,并将所有搜索到的蓝牙设备显示在 Activity 的 ListView 中。蓝牙搜索是非常耗时的操作,所以,在 UI 线程中调用 BluetoothAdapter 的 startDiscovery( )方法,会启动系统后台蓝牙相关线程去执行搜索任务并立即返回,此时 UI 线程就可以继续处理其他业务了。当后台蓝牙相关线程每搜到一台蓝牙设备,就会以异步消息(即广播)的形式将该事件发布出来。UI 线程只需要注册 BluetoothDevice. ACTION_FOUND 广播消息,就可以接收这一消息,并进行异步处理。

如果 BluetoothAdapter 的 startDiscovery( )方法不是立即返回,而是等待搜索任务完成,并在方法返回中得到所有蓝牙设备,看上去更加简单好用。但这样的设计会造成用户界面在蓝牙搜索任务执行期间的假死,无法响应其他 UI 事件,极大地影响用户体验。

8.1.2 广播消息的载体 Intent

广播的发送和接收是在系统范围内进行的。很多广播发自于系统本身。例如,屏幕已经被关闭、电池低电量、照片被拍下等广播。应用程序也可以发起广播。例如,通知其他程序,一些数据被下载到了设备,且可供它们使用。

前面的章节介绍了如何使用 Intent 来启动新的 Activity 组件,实际上,Intent 的作用不止如此。也可以使用 sentBroacast 方法在组件之间广播消息,而消息的载体就是 Intent。

作为一个系统级的消息传递机制,Intent 可以在进程之间发送结构化的消息。这样,可以在不用修改原始应用程序的情况下,让第三方开发人员对事件做出反应。在应用程序中,可以通过 IntentFilter 注册指定类型的 Intent 来对设备状态变化和第三方应用程序事件做出反应。

8.1.3 使用 BroadcastReceiver 监听广播

BroadcastReceiver 组件是一个用来响应系统范围内的广播的组件。要使 BroadcastReceiver 能够接收广播,就需要对其进行注册,既可以使用代码,也可以在应用程序的 manifest 文件中注册。无论怎么注册,实际上行都是使用一个 IntentFilter 来指定要监听哪些 Intent。

要创建一个新的 BroadcastReceiver,需要扩展 BroadcastReceiver 类并重写 onReceive 事件处理方法。代码如下:

```
import android.content.BroadcastReceiver;
import android.content.Context;
import android.content.Intent;

public class MyBroadcastReceiver extends BroadcastReceiver {
    @Override
    public void onReceive(Context context,Intent intent){
        // TODO 接收广播响应代码,参数 intent 即为收到的广播内容。
    }
}
```

当接收到一个 BroadcastReceiver 的 IntentFilter 注册匹配的广播 Intent 时，就会执该 BroadcastReceiver 的 onReceive 方法。广播接收者并不提供用户交互界面，更多的情形是，一个广播只是进入其他组件的一个“门路”，并试图做一些少量的工作。例如，它可以创建一个状态栏通知来提醒用户一个广播事件发生了，或者发起一个后台服务(Service)，并通过后台服务执行与这个广播事件相关的工作。关于服务：Service，后面的章节会进行介绍。实际上，onReceive 方法必须在 5 s 内返回，否则系统就会显示 Forece Close 对话框。

8.2 自定义广播的发送与接收

8.2.1 广播的发送

广播发送非常简单。首先创建消息内容，即创建 Intent 对象，设置 Action 等相关参数；然后调用 Context. sendBroadcast 方法即可将广播发送到系统范围内。

1. 创建工程 Sender

创建名为 Sender 的 Android 工程，在工程创建向导中默认创建 MainActivity 和它的布局文件 activity_main. xml。工程 Sender 的作用是提示用户输入文本消息，单击发送按钮后，发送广播消息。

2. 发送广播

在工程 Sender 的布局文件 activity_main. xml 中输入如下代码：

```
<?xml version="1.0" encoding="utf-8"?>
<LinearLayout
    xmlns:android="http://schemas.android.com/apk/res/android"
    xmlns:tools="http://schemas.android.com/tools"
    android:id="@+id/activity_main"
    android:layout_width="match_parent"
    android:layout_height="match_parent"
    android:paddingLeft="@dimen/activity_horizontal_margin"
    android:paddingRight="@dimen/activity_horizontal_margin"
    android:paddingTop="@dimen/activity_vertical_margin"
    android:paddingBottom="@dimen/activity_vertical_margin"
    android:orientation="vertical"
    tools:context="cn.edu.ayit.sender.MainActivity">
    <EditText
        android:id="@+id/et_msg"
        android:layout_width="match_parent"
        android:layout_height="wrap_content"
        android:hint="请输入消息文本"/>
```

```
        <Button
            android:id="@+id/btn_send"
            android:layout_width="wrap_content"
            android:layout_height="wrap_content"
            android:text="点击发送"/>
    </LinearLayout>
```

在活动 MainActivity 中设置按钮监听器，当用户按下“点击发送”的按钮后，发送广播。MainActivity 代码如下：

```
package cn.edu.ayit.sender;

import android.app.Activity;
import android.content.Intent;
import android.os.Bundle;
import android.view.View;
import android.widget.Button;
import android.widget.EditText;

public class MainActivity extends Activity implements View.OnClickListener {

    public static final String BROADCAST_ACTION = "ayit.edu.cn.action.say_hello";
    public static final String EXTRA_MSG = "EXTRA_MSG";
    private Button btnSend;
    private EditText etMsg;

    @Override
    protected void onCreate(Bundle savedInstanceState) {
        super.onCreate(savedInstanceState);
        setContentView(R.layout.activity_main);
        this.etMsg = (EditText)findViewById(R.id.et_msg);
        this.btnSend = (Button)findViewById(R.id.btn_send);
        btnSend.setOnClickListener(this);
    }

    @Override
    public void onClick(View v) {
        //创建 Intent 对象
        Intent intent = new Intent();
        //设置 Intent 对象的 action 属性为:“ayit.edu.cn.action.say_hello”
        intent.setAction(BROADCAST_ACTION);
        //3.1 以后的版本需要设置 Intent.FLAG_INCLUDE_STOPPED_PACKAGES,
        //否则被“强制停止”后的应用就无法接收到广播
        if(android.os.Build.VERSION.SDK_INT >= 12) {
            intent.setFlags(Intent.FLAG_INCLUDE_STOPPED_PACKAGES);
        }
        String msg = this.etMsg.getText().toString();
        //设置 Intent 的消息内容
        intent.putExtra(EXTRA_MSG,msg);
        //发送广播
        MainActivity.this.sendBroadcast(intent);
    }
}
```

在 Android 3.1 以后的版本中，如果程序被强制停止后应用状态会被标记为 STOPPED，此时应用无法收到其他应用的广播，要等到应用再开启一次，将 STOPPED 去掉以后才可以。除此之外还有一个解决方法，那就是在广播发送方发送广播时需要设置 Intent.FLAG_INCLUDE_STOPPED_PACKAGES，代码如下：

```
if(android.os.Build.VERSION.SDK_INT>=12){
        intent.setFlags(Intent.FLAG_INCLUDE_STOPPED_PACKAGES);
}
```

8.2.2　广播的接收和处理

需要扩展 BroadcastReceiver 类来接收广播，并重写 BroadcastReceiver 内的 onReceive 方法实现广播处理。操作步骤如下：

1. 创建工程 Receiver

创建名为 Receiver 的 Android 工程，在工程创建向导中默认创建 MainActivity 和它的布局文件 activity_main.xml。工程 Receiver 的作用接收程序 Sender 发出的广播，并显示广播消息内容。

2. 广播内容显示界面

在工程 Receiver 的布局文件 activity_main.xml 中输入如下代码：

```
<?xml version="1.0" encoding="utf-8"?>
<RelativeLayout
    xmlns:android="http://schemas.android.com/apk/res/android"
    xmlns:tools="http://schemas.android.com/tools"
    android:id="@+id/activity_main"
    android:layout_width="match_parent"
    android:layout_height="match_parent"
    android:paddingLeft="@dimen/activity_horizontal_margin"
    android:paddingRight="@dimen/activity_horizontal_margin"
    android:paddingTop="@dimen/activity_vertical_margin"
    android:paddingBottom="@dimen/activity_vertical_margin"
    tools:context="cn.edu.ayit.receiver.MainActivity">

    <TextView
        android:id="@+id/tv_msg"
        android:layout_width="wrap_content"
        android:layout_height="wrap_content" />
</RelativeLayout>
```

在工程 Receiver 的活动 MainActivity 中获取广播 Intent，提取广播 Intent 中的文本消息内容，并显示在界面中。MainActivity 代码如下：

```
package cn.edu.ayit.receiver;

import android.app.Activity;
import android.content.Intent;
import android.os.Bundle;
import android.widget.TextView;

public class MainActivity extends Activity {
```

```
    public static final String EXTRA_MSG = "EXTRA_MSG";
    private TextView tvMsg;

    @Override
    protected void onCreate(Bundle savedInstanceState) {
        super.onCreate(savedInstanceState);
        setContentView(R.layout.activity_main);
        //获取启动当前 Activity 的 Intent,
        // 这个 Intent 是由广播接收者在 onReceive 方法中发来的。
        Intent intent = MainActivity.this.getIntent();
        String msg = intent.getStringExtra(EXTRA_MSG);
        this.tvMsg = (TextView)findViewById(R.id.tv_msg);
        this.tvMsg.setText("您收到的消息内容为:" + msg);
    }
}
```

3. 创建广播接收者 MyBroadcastReceiver

在工程 Receiver 中创建新的 Java Class：MyBroadcastReceiver，类创建信息如图 8-1 所示。

广播接收者 MyBroadcastReceiver 的作用是接收广播，启动 MainActivity 来将接收到的广播文本消息显示在界面上。MyBroadcastReceiver 的代码如下：

```
package cn.edu.ayit.receiver;

import android.content.BroadcastReceiver;
import android.content.Context;
import android.content.Intent;

public class MyBroadcastReceiver extends BroadcastReceiver {
    @Override
    public void onReceive(Context context,Intent intent) {
        intent.setClass(context,MainActivity.class);
        intent.setFlags(Intent.FLAG_ACTIVITY_NEW_TASK);
        //启动 MainActivity
        context.startActivity(intent);
    }
}
```

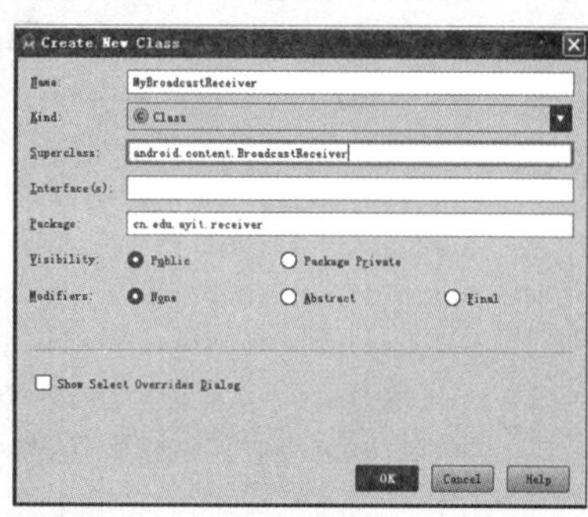

图 8-1 Java 类 MyBroadcastReceiver 创建信息

如果在 BroadcastReceiver 的 onReceive( )方法中如下启动一个 Activity，代码如下：

```
Intent intent = new Intent(context,AnotherActivity.class);
context.startActivity(intent);
```

可捕获 android.util.AndroidRuntimeException 异常，那是因为，在 Activity 的 context(上下文环境)之外调用 startActivity( )方法时，需要给 Intent 设置一个 flag：FLAG_ACTIVITY_NEW_TASK。所以在 BroadcastReceiver 的 onReceive( )方法中启动 Activity 应写为：

```
intent.setClass(context,MainActivity.class);
intent.setFlags(Intent.FLAG_ACTIVITY_NEW_TASK);
//启动 MainActivity
context.startActivity(intent);
```

广播接收者 MyBroadcastReceiver 创建后，在清单文件 AndroidManifest. xml 进行注册才可以接收相应广播。修改后的清单文件 AndroidManifest. xml 如下：

```
<?xml version="1.0" encoding="utf-8"?>
<manifest xmlns:android="http://schemas.android.com/apk/res/android"
    package="cn.edu.ayit.receiver" >

    <application
        android:allowBackup="true"
        android:icon="@mipmap/ic_launcher"
        android:label="@string/app_name"
        android:supportsRtl="true"
        android:theme="@style/AppTheme" >
        <activity android:name=".MainActivity" >
            <intent-filter>
                <action android:name="android.intent.action.MAIN" />

                <category android:name="android.intent.category.LAUNCHER" />
            </intent-filter>
        </activity>
        <receiver android:name=".MyBroadcastReceiver" >
            <intent-filter>
                <action android:name="ayit.edu.cn.action.say_hello" />
            </intent-filter>
        </receiver>

    </application>

</manifest>
```

其中如下代码：

```
<receiver android:name=".MyBroadcastReceiver" >
    <intent-filter>
        <action android:name="ayit.edu.cn.action.say_hello" />
    </intent-filter>
</receiver>
```

就是对广播接收者进行注册，intent - filter 设置了 MyBroadcastReceiver 只能接收 action 属性为"ayit. edu. cn. action. say_hello" 的广播 Intent。

8.2.3 程序运行

将工程 Sender 和 Receiver 分别进行编译打包，然后安装到手机终端。不需要手动启动程序 Receiver，只需要启动 Sender，在程序界面的文本输入框中输入文本消息，如："生日快乐"。程序界面如图 8-2 所示。

单击"点击发送"按钮，发送广播。应用程序 Receiver 的广播接收者 MyBroadcastReceiver 接收消息并启动 MainActivity 界面，界面显示如图 8-3 所示。

程序 Sender 和程序 Receiver 是两个独立的应用程序。起初 Receiver 并没有启动。当 Receiver 的广播接收者组件 MyBroadcastReceiver 接收到来自 Sender 的广播后，在其 onReceive 方法中启动了 Receiver 的 MainActivity 活动。

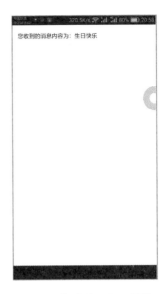

图 8-2　程序 Sender 界面

图 8-3　程序 Receiver 界面

我们发现，在清单文件 AndroidManifest. xml 中注册的广播接收者在当前应用程序其他组件均未启动的情况下，也可以接收来自系统或其他应用程序的广播，并启动当前程序的其他组件。

需要特别注意的是，BroadcastReceiver 中的 onReceive 方法是在 UI 线程中执行的，所以一定不要在 onReceive 方法中进行耗时操作（5 s 之内一定要完成所有操作）。一般情况下，BroadcastReceiver 所做的工作是更新 UI、启动 Service，或者使用 Notification 来通知用户某一事件的发生。

8.3 系统广播

8. 3. 1　常见系统广播

很多的系统后台服务都会用广播的形式来指示手机状态的变化。可以使用这些系统定义好的广播，在自己的应用程序中添加基于系统事件的功能，如监听新的短消息或者电话呼叫、网络连接状态改变、电量使用情况，等等。

下面的列表例举了一些 action 常量表示的系统广播。可以编写程序监听这些广播，跟踪设备状态的改变。

Intent. ACTION_AIRPLANE_M：关闭或打开飞行模式时的广播。

Intent. ACTION_BATTERY_CH：充电状态，或者电池的电量发生变化。

Intent. ACTION_BATTERY_LO：表示电池电量低。

Intent. ACTION_BATTERY_OK：表示电池电量充足。

Intent. ACTION_BOOT_COMPLETED：在系统启动完成后，这个动作被广播一次（只有一次）。想要接收到这一广播，应用程序还需要具有 RECEIVE_BOOT_COMPLETED 权限。

Intent. ACTION_CLOSE_SYSTEM_DIALOGS：当屏幕超时进行锁屏时，当用户按下电源按钮，长按或短按（不管有没跳出话框），进行锁屏时，android 系统都会广播此 Action 消息。

Intent. ACTION_HEADSET_PLUG：在耳机口上插入耳机时发出的广播。

Intent. ACTION_INPUT_METHOD_CHANGED：改变输入法时发出的广播。

Intent. ACTION_MEDIA_CHECKING：插入外部储存装置，比如 SD 卡时，系统会检验 SD 卡，此时发出的广播。

Intent. ACTION_MEDIA_MOUNTED：插入 SD 卡并且已正确安装（识别）时发出的广播。扩展介质被插入，而且已经被挂载。

Intent. ACTION_MEDIA_REMOVED：外部存储设备已被移除，不管有没有正确卸载，都会发出此广播。

Intent. ACTION_POWER_CONNECTED：插上外部电源时发出的广播。

Intent. ACTION_POWER_DISCONNECTED：已断开外部电源连接时发出的广播。

Intent. ACTION_SCREEN_OFF：屏幕被关闭之后的广播。

Intent. ACTION_SCREEN_ON：屏幕被打开之后的广播。

Intent. ACTION_SHUTDOWN：关闭系统时发出的广播。

Intent. ACTION_TIMEZONE_CHANGED：时区发生改变时发出的广播。

Intent. ACTION_TIME_CHANGED：时间被设置时发出的广播。

Intent. ACTION_TIME_TICK：当前时间已经变化（正常的时间流逝），每分钟都发送，不能通过组件声明来接收，只有通过 Context. registerReceiver( ) 方法来注册。

8.3.2　实例：短信验证码

在平时的使用中，为了验证用户身份，很多应用程序的注册或者支付界面需要输入短信验证码才可以进行下一步操作。一般操作步骤如下：第 1 步，输入手机号，单击“获取短信验证码”按钮；第 2 步，等待对方发来带有验证码的手机短信；第 3 步，接收短信后，将短信中的验证码输入到 App 中，完成身份验证。很多应用在这一过程中，当收到对方发来验证码短信的时候，会惊喜地发现，不需要手动输入验证码，验证码会自动填充到文本框中。

这一功能的实现原理是这样的：App 在获取了短信权限的前提下，注册手机短信广播。当手机接收到手机短信时，会发出 action 属性为" android. provider. Telephony. SMS_RECEIVED" 的广播消息。App 的广播接收者收到这一广播后，提取短信，对短信发送号码和短信内容进行匹配，从而获取短消息中的验证码，然后将验证码自动填写到程序界面的相应位置。

此外，应用程序仅仅在用户身份验证的界面中才有必要监听短信广播，其他时候都无须进行监听。而之前的例子中的广播接收者都是全局接收广播的，甚至在程序其他组件没有启动的时候也可以接收广播，本例中将使用到广播的另外一种注册方式：动态注册广播。

1. 创建工程 SMSVerify

创建创建名为 SMSVerify 的 Android 工程，在工程创建向导中默认创建 MainActivity 和它的布局文件 activity_main. xml。

2. 权限声明

想要获取手机短信内容，需要在清单文件 AndroidManifest. xml 中添加如下权限：

```
<uses-permission android:name="android.permission.SEND_SMS"/>
<uses-permission android:name="android.permission.READ_SMS"/>
<uses-permission android:name="android.permission.RECEIVE_SMS"/>
```

3. 界面布局

在工程 SMSVerify 的布局文件 activity_main. xml 中输入如下代码：

```xml
<?xml version="1.0" encoding="utf-8"?>
<LinearLayout xmlns:android="http://schemas.android.com/apk/res/android"
    xmlns:tools="http://schemas.android.com/tools"
    android:id="@+id/activity_main"
    android:layout_width="match_parent"
    android:layout_height="match_parent"
    android:orientation="vertical"
    android:paddingBottom="@dimen/activity_vertical_margin"
    android:paddingLeft="@dimen/activity_horizontal_margin"
    android:paddingRight="@dimen/activity_horizontal_margin"
    android:paddingTop="@dimen/activity_vertical_margin"
    tools:context="cn.edu.ayit.smsverify.MainActivity">

    <LinearLayout
        android:layout_width="match_parent"
        android:layout_height="wrap_content"
        android:orientation="horizontal">

        <EditText
            android:id="@+id/etp_phone_number"
            android:layout_width="wrap_content"
            android:layout_height="wrap_content"
            android:layout_weight="1"
            android:inputType="phone"
            android:hint="请输入手机号码" />

        <Button
            android:id="@+id/btn_request_code"
            android:layout_width="wrap_content"
            android:layout_height="wrap_content"
            android:layout_weight="0"
            android:enabled="false"
            android:text="点击获取验证码" />
    </LinearLayout>

    <LinearLayout
        android:layout_width="match_parent"
        android:layout_height="wrap_content"
        android:orientation="horizontal">

        <EditText
            android:id="@+id/et_code"
            android:layout_width="wrap_content"
            android:layout_height="wrap_content"
            android:layout_weight="1"
            android:inputType="number"
            android:hint="请输入短信验证码" />

        <TextView
            android:id="@+id/tv_time_remain"
            android:layout_width="wrap_content"
            android:layout_height="wrap_content"
            android:layout_weight="0" />
    </LinearLayout>
</LinearLayout>
```

4. 动态注册广播

在工程 SMSVerify 的 MainActivity 中输入如下代码：

```
package cn.edu.ayit.smsverify;

import android.app.Activity;
import android.content.BroadcastReceiver;
import android.content.Context;
import android.content.Intent;
import android.content.IntentFilter;
import android.content.pm.PackageManager;
import android.os.Build;
import android.os.Bundle;
import android.os.Handler;
import android.provider.Telephony;
import android.support.v4.app.ActivityCompat;
import android.support.v4.content.ContextCompat;
import android.telephony.SmsMessage;
import android.text.Editable;
import android.text.TextWatcher;
import android.util.Log;
import android.view.View;
import android.widget.Button;
import android.widget.EditText;
import android.widget.TextView;

public class MainActivity extends Activity{

    private static final String TAG = "MainActivity";
    private Button btnRequestCode;
    private EditText etPhoneNumber;
    private EditText etCode;
    private TextView tvTimeRemain;
    private Handler mHandler;
    private MyBroadcastReceiver smsReciver;

    @Override
    protected void onCreate(Bundle savedInstanceState){
        super.onCreate(savedInstanceState);
        setContentView(R.layout.activity_main);
        this.btnRequestCode = (Button)findViewById(R.id.btn_request_code);
        this.etPhoneNumber = (EditText)findViewById(R.id.etp_phone_number);
        this.etCode = (EditText)findViewById(R.id.et_code);
        this.tvTimeRemain = (TextView)findViewById(R.id.tv_time_remain);
        this.etPhoneNumber.addTextChangedListener(new TextWatcher(){
            @Override
            public void beforeTextChanged(CharSequence s,int start,int n1,int n2){
            }

            @Override
            public void onTextChanged(CharSequence s,int start,int before,int count){
            }
```

```
            @Override
            public void afterTextChanged(Editable s){
                //判断用户输入的内容是否合法的手机号码
                String number = s.toString();
                if(isMobile(number)){
                    MainActivity.this.btnRequestCode.setEnabled(true);
                }else{
                    MainActivity.this.btnRequestCode.setEnabled(false);
                }
            }
        });
        this.btnRequestCode.setOnClickListener(new View.OnClickListener(){
            @Override
            public void onClick(View v){
                MainActivity.this.btnRequestCode.setEnabled(false);
                MainActivity.this.etPhoneNumber.setEnabled(false);
                MainActivity.this.mHandler = new Handler();
                Runnable task = new Runnable()
                {
                    int seconds = 60;
                    public void run()
                    {
                        try {
                            seconds --;
                            if(seconds <= 0){
                                MainActivity.this.tvTimeRemain.setText("");
                                MainActivity.this.btnRequestCode.setEnabled(true);
                                MainActivity.this.etPhoneNumber.setEnabled(true);
                            } else {
                                MainActivity.this.tvTimeRemain.setText("验证码有效时间:" +
                                seconds + "s");
                                MainActivity.this.mHandler.postDelayed(this,1000);
                            }
                        }catch(Exception e){
                            e.printStackTrace();
                        }
                    }
                };
                //每秒执行一次,改变并显示验证码有效时间
                MainActivity.this.mHandler.postDelayed(task,1000);
            }

        });
    //获取接收短信的运行时权限
    if(ContextCompat.checkSelfPermission(MainActivity.this,android.Manifest.permission.RECEIVE_
SMS)! = PackageManager.PERMISSION_GRANTED){
                        ActivityCompat.requestPermissions  (MainActivity.this,  new  String [ ]
{android.Manifest.permission.RECEIVE_SMS},1);
        }
        //开始监听广播
        registSmsReciver();
    }

    class MyBroadcastReceiver extends BroadcastReceiver {
```

```
        @Override
        public void onReceive(Context context,Intent intent){
            SmsMessage smsMessage;
            //获取接收短信的pdu码,并解析短信内容
            if(Build.VERSION.SDK_INT >=19){ //API19(KITKAT)以上使用
                SmsMessage[] msgs =Telephony.Sms.Intents.getMessagesFromIntent(intent);
                smsMessage =msgs[0];
            } else {//API19(KITKAT)以下使用
                Object[] pdus =(Object[])intent.getExtras().get("pdus");
                smsMessage =SmsMessage.createFromPdu((byte[])pdus[0]);
            }
            // 短信的内容
            String message =smsMessage.getMessageBody();
            Log.d(TAG,"message =" + message);
            // 短信的发送方
            String from =smsMessage.getOriginatingAddress();
            Log.d(TAG,"from =" + from);
            analysisVerify(message);
        }

        //是提取出数字验证码并显示在输入框上
        private void analysisVerify(String message){
            String code =message.substring(6);
            MainActivity.this.etCode.setText(code);
        }
    }

    @Override
    protected void onDestroy(){
        super.onDestroy();
        // 取消短信广播注册
        unRegistSmsReciver();
    }

    @Override
    public void onBackPressed(){
        super.onBackPressed();
        // 取消短信广播注册
        unRegistSmsReciver();
    }

    private void registSmsReciver(){
        //过滤器,接收action属性为"android.provider.Telephony.SMS_RECEIVED"的广播
        IntentFilter filter =new IntentFilter();
        filter.addAction("android.provider.Telephony.SMS_RECEIVED");
        // 设置优先级 不然监听不到短信
        filter.setPriority(1000);
        Log.d(TAG,"registSmsReciver      ");
        //注册广播
        this.smsReciver = new MyBroadcastReceiver();
        registerReceiver(this.smsReciver,filter);
```

```
    }

    private void unRegistSmsReciver(){
        if(this.smsReciver != null){
            unregisterReceiver(smsReciver);
            this.smsReciver = null;
        }
    }

    //验证字符串是否合法的手机号码
    public static boolean isMobile(String number){
        /*
        移动:134、135、136、137、138、139、150、151、157(TD)、158、159、187、188
        联通:130、131、132、152、155、156、185、186
        电信:133、153、180、189、(1349 卫通)
        总结起来就是第一位必定为1,第二位必定为3或5或8,其他位置的可以为0-9
        */
        //"[1]"代表第1位为数字1,"[358]"代表第二位可以为3、5、8中的一个,
        //"\\\d{9}"代表后面是可以是0~9的数字,有9位。
        String num = "[1][358]\\\d{9}";
        if(number == null || number.equals("")){
            return false;
        } else {
            //matches():字符串是否在给定的正则表达式匹配
            return number.matches(num);
        }
    }
}
```

上面的代码中,广播接收者 MyBroadcastReceiver 并不像在 8.2 节的例子中,创建于一个单独的 Class 文件中。此外,8.2 节的例子中的 MyBroadcastReceiver 还要在清单文件 AndroidManifest.xml 中进行注册,这种 BroadcastReceiver 的注册方式叫做静态注册。此例中的 MyBroadcastReceiver 创建于 MainActivity 内部,是 MainActivity 的一个内部类。而且 MyBroadcastReceiver 并没有在清单文件 AndroidManifest.xml 中进行注册,而是使用 Java 代码来动态注册的:

```
private void registSmsReciver(){
    //过滤器,接收 action 属性为"android.provider.Telephony.SMS_RECEIVED"的广播
    IntentFilter filter = new IntentFilter();
    filter.addAction("android.provider.Telephony.SMS_RECEIVED");
    // 设置优先级,不然监听不到短信
    filter.setPriority(1000);
    Log.d(TAG,"registSmsReciver      ");
    //注册广播
    this.smsReciver = new MyBroadcastReceiver();
    registerReceiver(this.smsReciver,filter);
}
```

代码中的 IntentFilter 是一个广播 Intent 过滤器,通过 addAction 方法设置要接收指定 action 属性的广播 Intent。当短信验证的界面退出时,程序也就不再需要监听短信了。还可以通过 Activity 继承下来的 unregisterReceiver 方法来注销广播,广播注销操作完成后,广播接收者会停止广播监听工作。

本例还用到了 Android 6.0 引入的运行时权限。在 6.0 以前的系统,所有权限都只是在用户安装时被赋予,并且安装后权限也撤销不了。而在 6.0 以后,可以直接安装,当 App 需要授予不恰当的权限的时候,可以予以拒绝。当然,用户也可以在设置界面对每个 App 的权限进行查看,以及对单个权限进行授权或者解除授权。这样可以更好地保护用户的隐私。

Google 将权限分为两类:一类是 Normal Permissions,这类权限一般不涉及用户隐私,是不需要用户进行运行时授权的,比如手机震动、访问网络等;另一类是 Dangerous Permission,一般是涉及用户隐私的,需要用户进行运行时授权,比如读取 sdcard、访问通讯录等。主要的 Dangerous Permission 有如下几个:

- CALENDAR(日历):READ_CALENDAR、WRITE_CALENDAR。
- CAMERA(相机):CAMERA。
- CONTACTS(联系人):READ_CONTACTS、WRITE_CONTACTS、GET_ACCOUNTS。
- LOCATION(位置):ACCESS_FINE_LOCATION、ACCESS_COARSE_LOCATION。
- MICROPHONE(麦克风):RECORD_AUDIO。
- PHONE(手机):READ_PHONE_STATE、CALL_PHONE、READ_CALL_LOG、WRITE_CALL_LOG、ADD_VOICEMAIL、USE_SIP、PROCESS_OUTGOING_CALLS。
- SENSORS(传感器):BODY_SENSORS。
- SMS(短信):SEND_SMS、RECEIVE_SMS、READ_SMS、RECEIVE_WAP_PUSH、RECEIVE_MMS。
- STORAGE(存储卡):READ_EXTERNAL_STORAGE、WRITE_EXTERNAL_STORAGE。

当需要使用以上这些权限的时候,首先需要判断用户是否已经将权限授予 App。如果还没有授予,需要编写程序动态申请权限,代码如下所示:

```
    //获取接收短信的运行时权限
    if(ContextCompat.checkSelfPermission(MainActivity.this,android.Manifest.permission.RECEIVE_
SMS)!=PackageManager.PERMISSION_GRANTED){
            ActivityCompat.requestPermissions    ( MainActivity.this,    new    String    [    ]
{android.Manifest.permission.
RECEIVE_SMS},1);
    }
```

5. 程序运行结果

编译运行上面的程序,初始界面如图 8-4 所示。

输入手机号码,单击"点击获取验证码"按钮,开始验证码有效期倒数。注意,只有输入正确的手机号码,"点击获取验证码"按钮才是可用状态。

这时,可以使用另外一台手机,向运行程序的手机发送一条短信,短信内容为:"您的验证码是 9857"。当手机接收到短信息的时候,不需要手动输入,程序会自动获取短信内容,并将短信中的验证码截取,填充到对应的 EditText 中。运行结果如图 8-5 所示。

6. 小结

本例通过 Android 系统发出的短信接收广播,实现了手机短信的获取,实现了与手机系统服务的交互,有效地丰富和增强了应用程序功能。

为了成功使用短信功能,不要忘了在清单文件 AndroidManifest.xml 中添加相关的权限注册。同时还要注意 Android 6.0 开始引入了运行时权限申请。对于设计用户隐私的重要权限,要编写程序检查权限状态,必要时进行动态申请。

图 8-4 程序 SMSVerify 初始界面

图 8-5 程序 SMSVerify 接收到验证短信后的界面

本例还使用了动态注册的方式来注册 BroadcastReceiver。动态注册是使用 Java 代码在程序中进行注册的，不是常驻型 BroadcastReceiver，也就是说广播可以跟随 Activity 的生命周期。当不需要业务逻辑不再需要时可以注销广播监听。注意，注销广播监听并不是可做可不做。当不再需要广播监听时，一定要及时注销广播监听。否则可能会出现内存泄漏的问题。

静态注册是常驻型，也就是说当应用程序关闭后，如果有它注册的广播被发出，程序也会被系统调用自动运行。

某些品牌的手机，如华为、小米，为了保证系统安全。当用户通过返回键退出程序并锁屏，或者使用手机管理程序清理后台操作后，程序会被强制停止。被强制停止运行的程序无法再接收广播。遇到这种情况，可以在系统设置中将程序设置为“可信任程序”或者“受保护应用”。

8.4 有序广播和无序广播

8.4.1 有序广播和无序广播的概念

BroadcastReceiver 所对应的广播分两类：无序广播和有序广播。

无序广播即在前面两节例子中使用的广播，其主要是通过 Context 中定义的 public abstract void sendBroadcast(Intent intent)方法进行发送，并通过 Intent 传递数据。无序广播会被注册了的 BroadcastReceiver 接收，接收广播的 BroadcastReceiver 很可能不止一个，接收的先后顺序是不确定的。如果发送广播时有相应的权限要求，BroadCastReceiver 如果想要接收此广播，也需要有相应的权限。如果想通过无序广播传递数据，则可以调用 Intent 的 putExtra 方法将数据写入到广播 Intent 中。无序广播不可以被拦截，不可以被终止，不可以被修改，无序广播任何接收者只要匹配条件都可以接收到，无优先级问题。

有序广播主要通过 Context 中定义的 public abstract void sendOrderedBroadcast(Intent intent, String receiverPermission, BroadcastReceiver resultReceiver, Handler scheduler, int initialCode, String initialData, Bundle initialExtras)方法进行发送。代码示例如下：

```
    Intent intent = new Intent();
    intent.setAction(ACTION);
    sendOrderedBroadcast(intent,null,new Priority2BroadcastReceiver(),null,Activity.RESULT_OK,"
这是一条广播信息!",null);
```

有序广播所对应的所有的 BroadcastReceiver 按照在 intent - filter 中设置的 android:priority 属性依次执行,android:priority 表示优先级,值越大,其所对应的广播接收者,越先接收到广播。在 android:priority 相同的情况下,如果广播接收器是通过静态注册的,则接收到广播的顺序不确定,如果是动态注册的,先注册的将先收到广播。动态注册的广播可以通过 IntentFilter 的 setPriority 方法设置优先级。

有序广播可以被拦截,可以在较高优先级的接收器中通过 abortBroadcast()拦截广播,这样就会导致较低优先级的接收器无法收到广播了,但是 sendOrderedBroadcast 第三个参数指定的 BroadcastReceiver 还是会收到广播的,而且能获得数据。

有序广播可以通过原始 intent.putExtra 这种方式传递数据给 BroadcastReceiver,也能通过 sendOrderedBroadcast 方法的最后两个参数传递数据,但是通过第一种方式传递的数据无法中途修改,通过第二种方式传递的数据可以被较高优先级的 BroadcastReceiver 修改,再传递给低优先级的 BroadcastReceiver。

sendOrderedBroadcast 方法一共需要七个参数,常用的参数作用如下:

第一个参数 intent:即广播 Intent,与无序广播中的 Intent 参数功能类似。

第三个参数 resultReceiver:指定一个最终的广播接收器。不论广播是否已经被高优先级的 BroadcastReceiver 拦截,都可以保证 resultReceiver 最后接收一次广播。

第六个参数 initialData:传一个字符串数据,对应地在 BroadcastReceiver 中通过 getResultData 方法取得数据。也可以通过 setResultData 方法修改数据,将数据传给下一个优先级较低的 BroadcastReceiver。

第七个参数 initialExtras:传一个 Bundle 对象,也就是可以传多种类型的数据。对应地在 BroadcastReceiver 中通过 getResultExtras(false)取得 Bundle 对象,然后再通过 bundle 的各种 get 方法取得数据;通过 setResultExtras()传入一个修改过的 Bundle 对象,将该 Bundle 对象传给下一个优先级较低的 BroadcastReceiver。

8.4.2　广播实例

1. 创建工程 OrderedBroadcastExp

创建名为 OrderedBroadcastExp 的 Android 工程,在工程创建向导中默认创建 MainActivity 和它的布局文件 activity_main.xml。

2. 界面布局

在工程 OrderedBroadcastExp 的布局文件 activity_main.xml 中输入如下代码:

```
<?xml version="1.0" encoding="utf-8"?>
<LinearLayout
    xmlns:android="http://schemas.android.com/apk/res/android"
    xmlns:tools="http://schemas.android.com/tools"
    android:id="@+id/activity_main"
    android:layout_width="match_parent"
    android:layout_height="match_parent"
    android:paddingLeft="@dimen/activity_horizontal_margin"
```

```
    android:paddingRight = "@dimen/activity_horizontal_margin"
    android:paddingTop = "@dimen/activity_vertical_margin"
    android:paddingBottom = "@dimen/activity_vertical_margin"
    android:orientation = "vertical"
    tools:context = "cn.edu.ayit.orderedbroadcastexp.MainActivity" >

    <EditText
        android:id = "@+id/et_initial_data"
        android:layout_width = "match_parent"
        android:layout_height = "wrap_content"
        android:hint = "请输入 initialData" />
    <Button
        android:id = "@+id/btn_send"
        android:layout_width = "wrap_content"
        android:layout_height = "wrap_content"
        android:text = "点击发送有序广播"/>
</LinearLayout>
```

3. 有序广播的发送和接收

在工程 MainActivity 中输入如下代码：

```
package cn.edu.ayit.orderedbroadcastexp;

import android.app.Activity;
import android.content.BroadcastReceiver;
import android.content.Context;
import android.content.Intent;
import android.content.IntentFilter;
import android.os.Bundle;
import android.util.Log;
import android.view.View;
import android.widget.Button;
import android.widget.EditText;
import android.widget.Toast;

public class MainActivity extends Activity implements View.OnClickListener {

    public static final String TAG = "MainActivity";
    public static final String MY_BROADCAST_INTENT_ACTION = "MY_BROADCAST_INTENT_ACTION";
    public static final String MY_BROADCAST_RESULT_EXTRA_NUMBER = "MY_BROADCAST_RESULT_EXTRA_
NUMBER";
    private EditText etInitialData;
    private Button btnSend;
    private BroadcastReceiver resultReceiver;
    private BroadcastReceiver priority3Receiver;
    private BroadcastReceiver priority2Receiver;
    private BroadcastReceiver priority1Receiver;

    @Override
    protected void onCreate(Bundle savedInstanceState) {
```

```
        super.onCreate(savedInstanceState);
        setContentView(R.layout.activity_main);
        this.etInitialData = (EditText)findViewById(R.id.et_initial_data);
        this.btnSend = (Button)findViewById(R.id.btn_send);
        this.btnSend.setOnClickListener(this);
        //创建广播接收者
        resultReceiver = new MyBroadcastReceiver("resultReceiver");
        //创建广播接收者,并注册广播
        priority3Receiver = new MyBroadcastReceiver("priority3Receiver");
        IntentFilter priority3Filter = new IntentFilter();
        priority3Filter.addAction(MY_BROADCAST_INTENT_ACTION);
        priority3Filter.setPriority(3);
        registerReceiver(priority3Receiver,priority3Filter);
        priority2Receiver = new MyBroadcastReceiver("priority2Receiver");

        IntentFilter priority2Filter = new IntentFilter();
        priority2Filter.addAction(MY_BROADCAST_INTENT_ACTION);
        priority2Filter.setPriority(2);
        registerReceiver(priority2Receiver,priority2Filter);

        priority1Receiver = new MyBroadcastReceiver("priority1Receiver");
        IntentFilter priority1Filter = new IntentFilter();
        priority1Filter.addAction(MY_BROADCAST_INTENT_ACTION);
        priority1Filter.setPriority(1);
        registerReceiver(priority1Receiver,priority1Filter);
    }

    @Override
    public void onClick(View v){
        String message = this.etInitialData.getText().toString();
        Intent intent = new Intent();
        intent.setAction(MY_BROADCAST_INTENT_ACTION);
        Bundle bundle = new Bundle();
        bundle.putInt(MY_BROADCAST_RESULT_EXTRA_NUMBER,1);
        sendOrderedBroadcast(intent,null,resultReceiver,null,Activity.RESULT_OK,message,
bundle);
    }

    class MyBroadcastReceiver extends BroadcastReceiver {

        private String name;

        public MyBroadcastReceiver(String receiverName){
            super();
            this.name = receiverName;
        }

        @Override
        public void onReceive(Context context,Intent intent){
            Bundle bundle = getResultExtras(false);
            int number = bundle.getInt(MY_BROADCAST_RESULT_EXTRA_NUMBER);
```

```
            Log.d(TAG,"我叫" + this.name + ",我是第" + number + "个接收到有序广播的。");
            bundle.putInt(MY_BROADCAST_RESULT_EXTRA_NUMBER, + + number);
        }
    }

    @Override
    protected void onDestroy(){
        super.onDestroy();
        unregisterReceiver(resultReceiver);
        unregisterReceiver(priority3Receiver);
        unregisterReceiver(priority2Receiver);
        unregisterReceiver(priority1Receiver);
    }
}
```

4. 运行结果

运行程序,界面如图 8-6 所示。

在 EditText 中输入一些文字,单击"点击发送有序广播"按钮,在 Logcat 窗口中可以看到如下顺序的调试信息:

```
我叫 priority3Receiver,我是第 1 个接收到有序广播的。
我叫 priority2Receiver,我是第 2 个接收到有序广播的。
我叫 priority1Receiver,我是第 3 个接收到有序广播的。
我叫 resultReceiver,我是第 4 个接收到有序广播的。
```

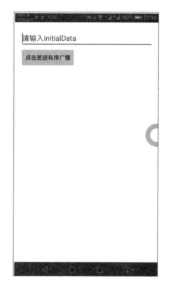

图 8-6 程序 Ordered BroadcastExp 初始界面

多次运行发现,调试信息的输出结果和顺序没有任何改变。所有的 BroadcastReceiver 按照优先级顺序接收到了广播,并且高优先级的 BroadcastReceiver 通过 getResultExtras 方法读取并修改了 sendOrderedBroadcast 方法的第七个参数内容,然后传递给了低优先级的 BroadcastReceiver。观察代码可以发现,resultReceiver 并没有进行广播注册,却依然接收到了广播并调用了它的 onReceive 方法。这是因为 sendOrderedBroadcast 方法的第三个参数设置成了 resultReceiver,保证 resultReceiver 最后接收一次广播。

修改例子中的代码,将 MainActivity 中的 MyBroadcastReceiver 的 onReceive 方法修改成下面这样:

```
public void onReceive(Context context,Intent intent){
    Bundle bundle = getResultExtras(false);
    int number = bundle.getInt(MY_BROADCAST_RESULT_EXTRA_NUMBER);
    Log.d(TAG,"我叫" + this.name + ",我是第" + number + "个接收到有序广播的。");
    bundle.putInt(MY_BROADCAST_RESULT_EXTRA_NUMBER, + + number);
    //判断是否有序广播
    if(isOrderedBroadcast()){
        abortBroadcast();
    }
}
```

修改后再次运行程序,在 Logcat 窗口中可以看到如下顺序的调试信息:

```
我叫 priority3Receiver,我是第 1 个接收到有序广播的。
我叫 resultReceiver,我是第 2 个接收到有序广播的。
```

说明当 priority3Receiver 第一个接收到广播后,在 onReceive( )方法中通过调用 abortBroadcast( )方法终止了广播的继续传递,所以 priority2Receiver 和 priority1Receiver 没有接收到广播。而 resultReceiver 依然可以最后一次接收到广播。

小结

本章主要讲解了 BroadcastReceiver 的相关知识。介绍了广播和广播接收者在 Android 应用开发中的作用。讲述了如何自定义广播以及广播的注册和接收方法,还有系统常见广播的注册和接收。最后还讲述了有序广播和无序广播的用法。BroadcastReceiver 是 Android 四大组件之一,是应用程序异步交互的重要手段,也是获取系统消息和获得系统功能的重要手段。要求初学者能够熟练掌握 BroadcastReceiver 的使用,并在实际开发中进行应用。

习题

1. 填空题

(1)广播的信息载体是________。

(2)广播接收者的注册方式有________方式和________方式。

(3)广播接收者可以通过调用________方法终止广播的继续传递。

(4)Android 6.0 后,系统将权限分为________和________两类。

2. 选择题

(1)BroadcastReceiver 在 Androidmanifest.xml 中注册称为(　　)。

A. 动态注册　　B. 静态注册

C. 清单注册　　D. 全局注册

(2)下面(　　)不属于四大组件之一。

A. Intent　　B. BroadcastReceiver

C. Activity　　D. ContentProvider

(3)在清单文件中,注册 BroadcastReceiver 使用的结点是(　　)。

A. <activity>　　B. <broadcast_receiver>

C. <broadcast>　　D. <receiver>

(4)通过覆盖(　　)方法,来实现对接收广播事件进行处理。

A. onReceive( )　　B. onStart( )

C. onUpdate( )　　D. onChange( )

3. 简答题

(1)简述有序广播和无序广播的在使用上的不同

(2)简述静态注册和动态注册广播两种注册方式如何操作。

4. 编程题

编写一个闹钟程序,当系统时间到设定时间后发出声音提示。

第 9 章 隐性劳模 Service

教学目标：

(1)掌握 Service 的概念。

(2)掌握 Service 的生命周期。

(3)掌握 Service 的两种启动方式。

(4)掌握 UI 线程和后台 Service 之间的通信方法。

Service(也叫服务)是我们最后要学习的 Android 四大组件之一,它能够长期的在后台运行,并为前台 UI 线程提供服务。即使用户退出了应用程序的所有界面,Service 依然可以在后台保持运行。因此,Service 经常用来处理一些耗时操作,如下载任务或音乐播放器等。本章下面的内容将对 Service 进行详细讲述。

9.1 Service 概述

Service 和 Activity 最明显的不同,就是 Activity 的主要工作是显示图形用户界面,实现人机交互,而 Service 没有界面显示,是不可见的。Activity 的生命周期和它的界面显示关系紧密,也就是说,当界面被遮挡、切换或者用户按下返回键,都会触发 Activity 的生命周期方法。而 Service 最初设计思想就是一个稳定的长生命周期组件。一般情况下,Service 会在后台长期存在,完成应用程序的一些持续的、耗时的操作。

Service 的启动一般是由 Activity、BroadcastReceiver 或其他 Service 来实现的,而它的整个生命周期也是由其他组件,尤其是 Activity 来根据应用程序需求控制的。为了保证 Service 的正常运行,Service 具有比非活动状态下的 Activity 更高的优先级,也就是说 Service 在运行时被系统资源管理器终止回收的可能性会小一些。我们甚至可以将运行中的 Service 的优先级提升到与前台 Activity 一样高的水平,用来保证一些明显影响用户体验的任务不被系统终止,比如音乐播放器的音乐播放后台 Service,本章后面的内容会对此进行讲解。但这样会降低系统管理资源的能力,降低系统操作的流畅性,所以一定要慎重使用。

9.1.1 服务的创建

创建一个名为 ServiceTest 的 Android 项目,在项目中新建一个 Java Class,类名为 MyService。MyService 的代码如下:

```
package ayit.edu.cn.servicetest;

import android.app.Service;
import android.content.Intent;
import android.os.IBinder;

public class MyService extends Service {

    @Override
    public IBinder onBind(Intent intent){
        return null;
    }
}
```

代码中定义的 MyService 类继承自 android.app.Service,说明 MyService 是一个服务。父类 Service 中定义了抽象方法 onBind()需要实现。关于 onBind()方法的作用后面会做详细阐释,所以 onBind()方法中暂时不加入任何代码。

9.1.2 配置清单文件

创建好的 Service 对象需要在清单文件 Androidmanifest.xml 中进行注册才可以使用。注册 MyService 的代码如下:

```
<?xml version="1.0" encoding="utf-8"?>
<manifest xmlns:android="http://schemas.android.com/apk/res/android"
    package="ayit.edu.cn.servicetest" >
```

```
    <application
        android:allowBackup = "true"
        android:icon = "@mipmap/ic_launcher"
        android:label = "@string/app_name"
        android:supportsRtl = "true"
        android:theme = "@style/AppTheme" >
        <activity android:name = ".MainActivity" >
            <intent-filter>
                <action android:name = "android.intent.action.MAIN" />

                <category android:name = "android.intent.category.LAUNCHER" />
            </intent-filter>
        </activity>
        <!--service 的注册-->
        <service
            android:name = ".MyService"
            android:enabled = "true"
            android:permission = "ayit.edu.cn.MY_SERVICE_PERMISSION" >
        </service>
    </application>

</manifest>
```

以上就是创建一个 Service 的基本过程，其中 android:permission 属性确保 Service 只能由自己的应用程序来控制，所有想要访问这个 Service 的第三方应用程序，需要在它的清单文件中包含 <uses-permission android:name = "ayit.edu.cn.MY_SERVICE_PERMISSION" />属性。

9.2 启动 Service

启动 Service 有两种方式：started 方式和 bound 方式。两种方式启动的 Service 其启停控制、生命周期都会有很大差别，分别用于不同情况下。

如果一个应用程序组件（比如一个 Activity）通过调用 startService()来启动服务，则该服务就是以 started 方式启动的。一旦 Service 被启动，它就能在后台一直运行下去，即使启动它的组件已经被销毁了。以 started 方式启动的 Service，可以通过在其他组件调用 stopService()方法，或者 Service 自行用 stopSelf()方法，来终止 Service 的运行。

如果一个应用程序组件通过调用 bindService()方法来启动服务，则该服务就是以 bound 方式启动的。bound 服务提供了一个客户端/服务器接口，允许组件与服务进行交互、发送请求、获取结果，甚至可以利用进程间通信（IPC）跨进程执行这些操作。绑定服务的生存期和被绑定的应用程序组件一致。多个组件可以同时与一个服务绑定，不过当所有的组件解除绑定后，服务也就会被销毁。

9.2.1 started 方式启动 Service

started Service 是指其他组件通过调用 startService()来启动的 Service。这会引发对该 Service 的 onStartCommand()方法的调用。诸如 Activity 之类的应用程序组件调用 startService()启动服务时，需要传递一个给出了服务和服务所需数据的 Intent 对象参数。服务将在 onStartCommand()方法中接收到该 Intent 对象参数。started Service 的生命周期如图 9-1 所示。

当 startService( )方法被调用后,如果 Service 还未运行,系统会首先调用 onCreate( )方法,然后再去调用 onStartCommand( )。Service 的一个完整生命周期中,onCreate( )方法只会被调用一次,而 OnStartCommand( )方法可能会被调用多次——每一次 startService( )方法的调用都将会引发相应 Service 的 onStartCommand( )方法的调用。OnStartCommand( )方法的调用表明 Service 已经进入了活跃生存期,直到其他组件调用 stopService( )方法或自身调用 stopSelf( )方法来终止 Service。终止 Service 会触发 onDestroy( )的调用,应该在 onDestroy( )中释放所有未释放的资源。

通过 startService( )传入的 intent 将是应用程序组件与 started Service 进行交互的唯一途径。如果期望 Service 能返回结果,可以以广播的形式通知其他组件某一事件的发生。

一定要注意,以上这些生命周期方法,都是运行在 UI 线程中的。这意味着,如果服务要执行一些很耗 CPU 的工作或者阻塞的操作(比如播放 MP3 或网络操作),那么应该在服务中创建一个新的线程来执行这些工作。

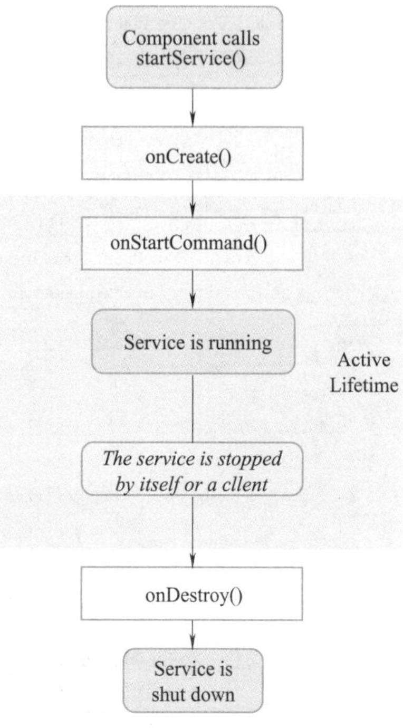

图 9-1 started Service 的生命周期

9.2.2 started Service 实例

1. 创建工程 StartedServiceExp

创建名为 StartedServiceExp 的 Android 工程,在工程创建向导中默认创建 MainActivity 和它的布局文件 activity_main. xml。

2. 创建 Service

在工程 StartedServiceExp 中创建新的 Java Class:MyServie,类创建信息如图 9-2 所示。

在 MyService 中代码如下所示:

```
package cn. edu. ayit. startedserviceexp;

import android. app. Service;
import android. content. Intent;
import android. os. IBinder;
import android. util. Log;
public class MyService extends Service {

    public static final String TAG = "
MyService";

    @Override
    //onBind 方法依然没有用到不用添加任何代码。
    public IBinder onBind(Intent intent){
        return null;
    }
```

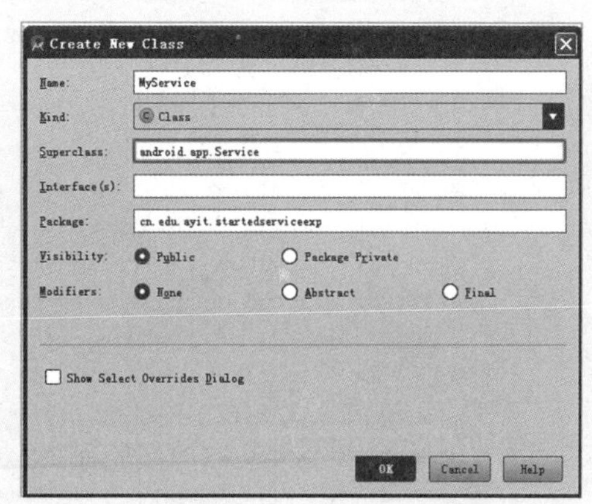

图 9-2 MyService 类创建信息

```
    @Override
    public void onCreate(){
        Log.d(TAG,"onCreate()方法被调用");
        super.onCreate();
    }

    @Override
    public int onStartCommand(Intent intent,int flags,int startId){
        Log.d(TAG,"onStartCommand()方法被调用");
        return super.onStartCommand(intent,flags,startId);
    }

    @Override
    public void onDestroy(){
        super.onDestroy();
        Log.d(TAG,"onDestroy()方法被调用");
    }
}
```

3. 清单文件 Androidmanifest.xml 中注册 Service

打开清单文件,添加 MyService 的注册信息,如下所示:

```
<service android:name=".MyService" />
```

4. 程序显示界面

打开布局文件 activity_main.xml,输入如下代码:

```
<?xml version="1.0" encoding="utf-8"?>
<LinearLayout
    xmlns:android="http://schemas.android.com/apk/res/android"
    xmlns:tools="http://schemas.android.com/tools"
    android:id="@+id/activity_main"
    android:layout_width="match_parent"
    android:layout_height="match_parent"
    android:paddingLeft="@dimen/activity_horizontal_margin"
    android:paddingRight="@dimen/activity_horizontal_margin"
    android:paddingTop="@dimen/activity_vertical_margin"
    android:paddingBottom="@dimen/activity_vertical_margin"
    android:orientation="vertical"
    tools:context="cn.edu.ayit.startedserviceexp.MainActivity">

    <Button
        android:id="@+id/btn_start"
        android:layout_width="wrap_content"
        android:layout_height="wrap_content"
        android:text="启动 MyService" />
    <Button
        android:id="@+id/btn_shutdown"
        android:layout_width="wrap_content"
        android:layout_height="wrap_content"
        android:text="关闭 MyService" />
</LinearLayout>
```

5. Service 的启动和关闭

打开 MainActivity，输入如下代码：

```
package ayit.edu.cn.ch9_exp1;

import android.app.Activity;
import android.content.Intent;
import android.os.Bundle;
import android.view.View;
import android.widget.Button;

public class MainActivity extends Activity implements View.OnClickListener {

    private Button btnStart;
    private Button btnShutdown;

    @Override
    protected void onCreate(Bundle savedInstanceState) {
        super.onCreate(savedInstanceState);
        setContentView(R.layout.activity_main);
        this.btnStart = (Button) findViewById(R.id.btn_start);
        this.btnShutdown = (Button) findViewById(R.id.btn_shutdown);
        this.btnStart.setOnClickListener(this);
        this.btnShutdown.setOnClickListener(this);
    }

    @Override
    public void onClick(View v) {
        Intent intent;
        switch (v.getId()) {
            case R.id.btn_start:
                intent = new Intent(this,MyService.class);
                startService(intent);
                break;
            case R.id.btn_shutdown:
                intent = new Intent(this,MyService.class);
                stopService(intent);
        }
    }
}
```

6. 程序运行结果

编译运行程序，程序初始界面如图 9-3 所示。

第一次单击“启动 MYSERVICE”按钮，Logcat 会一次输出“onCreate( )方法被调用”和“onStartCommand( )方法被调用”两条调试信息。随后再多次单击“启动 MYSERVICE”按钮，每次单击都只输出“onStartCommand( )方法被调用”一条调试信息。单击“关闭 MYSERVICE”按钮，随后会输出“onDestroy( )方法被调用”调试信息。调试信息输出如图 9-4 所示。

图 9-3　程序初始界面

通常，started 的 Service 在 onStartCommand( )方法中执行单一的操作并且不会向调用者返回结果。例如，它可以通过网络下载或上传文件。当操作完成后，Service 应该调用 stopSelf( )方法自行终止。

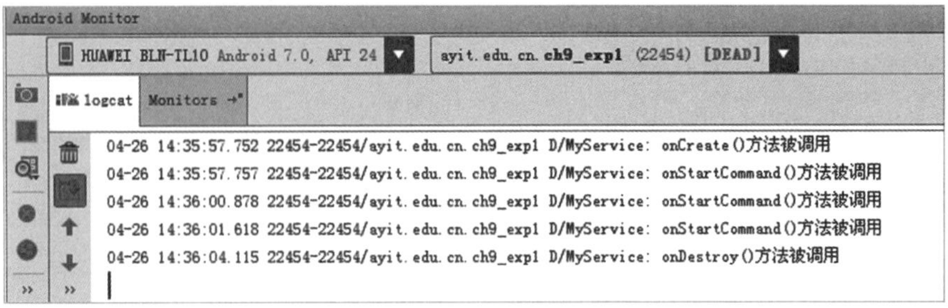

```
Android Monitor
HUAWEI BLN-TL10 Android 7.0, API 24    ayit.edu.cn.ch9_exp1 (22454) [DEAD]
logcat  Monitors
04-26 14:35:57.752 22454-22454/ayit.edu.cn.ch9_exp1 D/MyService: onCreate()方法被调用
04-26 14:35:57.757 22454-22454/ayit.edu.cn.ch9_exp1 D/MyService: onStartCommand()方法被调用
04-26 14:36:00.878 22454-22454/ayit.edu.cn.ch9_exp1 D/MyService: onStartCommand()方法被调用
04-26 14:36:01.618 22454-22454/ayit.edu.cn.ch9_exp1 D/MyService: onStartCommand()方法被调用
04-26 14:36:04.115 22454-22454/ayit.edu.cn.ch9_exp1 D/MyService: onDestroy()方法被调用
```

图 9-4 Logcat 调试信息输出

9.2.3 Service 重启行为控制

onStartCommand()方法是从 Android 2.0 开始才引入的，代替了已经过时的 onStart()方法。onStartCommand()方法提供了和 onStart()方法一样的功能。但是 onStartCommand()方法还可以通过返回值的方式，告诉系统，如果由于系统资源紧缺，在程序显示调用 stopService()方法或 stopSelf()方法之前终止了 Service。当条件允许的情况下，系统应当如何重新启动 Service。如下代码重写了 onStartCommand 方法。通过返回值 Service. START_STICKY。告诉系统，当 Service 被终止运行后，一旦条件允许，则立即重新启动 Service。

```
@Override
public int onStartCommand(Intent intent,int flags,int startId){
    //TODO 此出添加启动后台操作的代码
    return Service.START_STICKY
}
```

onStartCommand()方法的返回值，常用的有如下一些：

1. START_STICKY

如果系统在 onStartCommand()返回后杀死了这个服务，系统就会重新创建这个服务并且调用 onStartCommand()方法，但是它不会重新传递最后的 Intent 对象，系统会用一个 null 的 Intent 对象来调用 onStartCommand()方法，在这个情况下，除非有一些被发送的 Intent 对象在等待启动服务。这适用于不执行命令的媒体播放器(或类似的服务)，它只是无限期的运行着并等待工作的到来。

2. START_NOT_STICKY

如果系统在 onStartCommand()方法返回之后杀死这个服务，那么直到接收到新的 Intent 对象，这个服务才会被重新创建。这是最安全的选项，用来避免在不需要的时候运行服务。

3. START_REDELIVER_INTENT

如果系统在 onStartCommand()方法返回后杀死这个服务，系统就会重新创建了这个服务，并且用发送给这个服务的最后的 Intent 对象调用 onStartCommand()方法。这适用于那些应该立即恢复正在执行的工作的服务，如下载文件。

9.2.4 bound 方式启动 Service

bound Service 是指允许被应用程序组件绑定的服务。其他组件(有时候也称客户端)通过调用 bindService()来启动一个 bound Service 并与这个 bound Service 进行绑定，用于创建一个长期存在的连接(并且一般不再允许组件通过调用 startService()来 start 服务)。

要创建一个 bound Service，首先必须实现 onBind( )回调方法。onBind( )方法返回一个 IBinder 对象，此对象定义了与 Service 进行通信的接口。在客户端调用 bindService( )时，必须提供一个 ServiceConnection 的实现代码，用于监控与服务的连接。bindService( )将会立即返回，没有返回值。但是 Android 系统在创建客户端与 Service 之间的绑定连接时，会调用 ServiceConnection 中的 onServiceConnected( )方法，传递 bound Service 在 onBind( )回调方法中返回的 IBinder 对象，客户端将用它与服务进行通信。

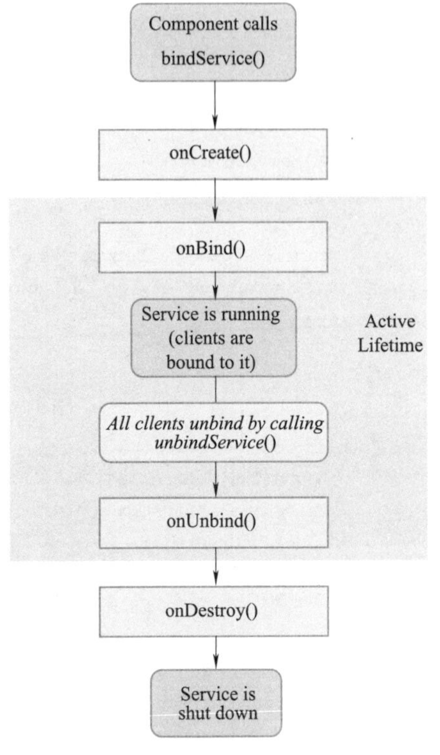

图 9-5　bound Service 的生命周期

总结起来，与 started Service 不同的是，bound Service 会与调用了 bindService( )方法的组件建立绑定关系。与 bound Service 建立绑定关系后，组件可以获得一个由 bound Service 创建的 Ibinder 对象，该对象定义了与服务进行通信的接口，用于实现被绑定服务和组件之间的通信。

同一个服务可以被多个客户端绑定。当客户端完成交互时，会调用 unbindService( )来解除绑定。一旦不存在客户端与服务绑定时，系统就会销毁该服务。所以，bound Service 的生命周期与它和其他组件的绑定关系有关。bound Service 的生命周期如图 9-5 所示。

当 bindService( )方法被调用后，如果 Service 还未运行，系统会首先调用 onCreate( )方法创建 Service，然后再去调用 onBind( )方法。Service 的一个完整生命周期中，onCreate( )方法只会被调用一次，而 onBind( )方法可能会被调用多次——每一次 bindService( )方法的调用都将会引发相应 Service 的 onBind( )方法的调用。onBind( )方法的调用表明 Service 已经进入了活跃生存期。客户端可以通过调用 unbindService( )来关闭联接。多个客户端可以绑定到同一个服务上，当所有的客户端都解除绑定后，系统会销毁 Service，调用 onDestroy( )方法。

9.2.5　bound Service 实例

1. 创建工程 BoundedServiceExp

创建名为 BoundedServiceExp 的 Android 工程，在工程创建向导中默认创建 MainActivity 和它的布局文件 activity_main.xml。

2. 创建 Service

在工程 BoundedServiceExp 中创建新的 Java Class：MyService。在 MyService 中代码如下所示。

```
package cn.edu.ayit.boundedserviceexp;

import android.app.Service;
import android.content.Intent;
import android.os.Binder;
import android.os.IBinder;
import android.util.Log;
```

```
public class MyService extends Service {

    public static final String TAG = "MyService";

    private String name;

    //创建 Service 调用接口
    public class MyBinder extends Binder
    {
        public String getServiceName() {
            return MyService.this.name;
        }
    }

    @Override
    public void onCreate() {
        Log.d(TAG,"onCreate()方法被调用");
        this.name = "first bound service";
        super.onCreate();
    }

    @Override
    //onBind()方法返回值将会传递到客户端的服务绑定状态监听器的 onServiceConnected 方法中
    public IBinder onBind(Intent intent) {
        Log.d(TAG,"onBind()方法被调用");
        return new MyBinder();
    }

    @Override
    public boolean onUnbind(Intent intent) {
        Log.d(TAG,"onUnbind()方法被调用");
        return super.onUnbind(intent);
    }

    @Override
    public void onDestroy() {
        super.onDestroy();
        Log.d(TAG,"onDestroy()方法被调用");
    }

}
```

我们发现,由于两种 Service 不同的生命周期,本例与 9.1 节中的例子不同的是,重写的方法有:onCreate()、onBind()、onUnbind()和 onDestroy()。同时还定义了一个内部类 MyBinder。并在 onBind()方法中创建了一个 MyBinder 实例并作为返回值返回给了它的调用者。这个内部类对象就是一个调用接口,类中定义的实例方法可以访问当前 Service 对象中的成员。

3. 清单文件 Androidmanifest.xml 中注册 Service

打开清单文件,添加 MyService 的注册信息,如下所示。

```
<service android:name=".MyService" />
```

4. 程序显示界面

打开布局文件 activity_main. xml，输入如下代码：

```
<?xml version = "1.0" encoding = "utf - 8"?>
<LinearLayout xmlns:android = "http://schemas.android.com/apk/res/android"
    xmlns:tools = "http://schemas.android.com/tools"
    android:id = "@ + id/activity_main"
    android:layout_width = "match_parent"
    android:layout_height = "match_parent"
    android:orientation = "vertical"
    android:paddingBottom = "@dimen/activity_vertical_margin"
    android:paddingLeft = "@dimen/activity_horizontal_margin"
    android:paddingRight = "@dimen/activity_horizontal_margin"
    android:paddingTop = "@dimen/activity_vertical_margin"
    tools:context = "cn.edu.ayit.boundedserviceexp.MainActivity" >

    <Button
        android:id = "@ + id/btn_bind"
        android:layout_width = "wrap_content"
        android:layout_height = "wrap_content"
        android:text = "绑定 Service" / >

    <Button
        android:id = "@ + id/btn_get_name"
        android:layout_width = "wrap_content"
        android:layout_height = "wrap_content"
        android:text = "访问 Service 中的数据" / >

    <Button
        android:id = "@ + id/btn_unbind"
        android:layout_width = "wrap_content"
        android:layout_height = "wrap_content"
        android:text = "解除绑定 Service" / >

</LinearLayout >
```

5. Service 的绑定和解绑

打开 MainActivity，输入如下代码：

```
package cn. edu. ayit. boundedserviceexp;

import android. app. Activity;
import android. content. ComponentName;
import android. content. Intent;
import android. content. ServiceConnection;
import android. os. Bundle;
import android. os. IBinder;
import android. util. Log;
import android. view. View;
import android. widget. Button;
```

```
public class MainActivity extends Activity implements View.OnClickListener {

    public static final String TAG = "MainActivity";

    private Button btnBind;
    private Button btnGetName;
    private Button btnUnbind;
    private MyService.MyBinder myBinder;
    private MyServiceConnection myServiceConnection;
    //绑定状态,true 表示已经绑定,false 表示尚未绑定。
    private boolean bindStatus;

    @Override
    protected void onCreate(Bundle savedInstanceState){
        super.onCreate(savedInstanceState);
        setContentView(R.layout.activity_main);
        this.btnBind = (Button)findViewById(R.id.btn_bind);
        this.btnGetName = (Button)findViewById(R.id.btn_get_name);
        this.btnUnbind = (Button)findViewById(R.id.btn_unbind);
        this.btnBind.setOnClickListener(this);
        this.btnGetName.setOnClickListener(this);
        this.btnUnbind.setOnClickListener(this);
    }

    @Override
    public void onClick(View v){
        switch(v.getId()){
            case R.id.btn_bind:
                //开始绑定 MyService
                if(this.myServiceConnection == null){
                    this.myServiceConnection = new MyServiceConnection();
                }
                Intent intent = new Intent(this,MyService.class);
                //参数 myServiceConnection 是服务绑定状态监听器
                bindService(intent,this.myServiceConnection,BIND_AUTO_CREATE);
                break;
            case R.id.btn_get_name:
                //调用 MyService 提供的接口,访问 MyService 中的数据。
                if(this.bindStatus){
                    //调用 myBinder 的 getServiceName 方法,读取 MyService 中的数据。
                    String name = this.myBinder.getServiceName();
                    Log.d(TAG,"Service 的名字叫" + name);
                }else{
                    Log.d(TAG,"错误,Service 尚未绑定,无法访问 MyService");
                }
                break;
            case R.id.btn_unbind:
                if(myServiceConnection != null){
                    unbindService(this.myServiceConnection);
                    this.bindStatus = false;
                    this.myServiceConnection = null;
                }
        }
    }
```

```
    //服务绑定状态监听器,用于监听绑定状态发生改变(绑定成功或绑定解除)。
    private class MyServiceConnection implements ServiceConnection {

        @Override
        //当 Service 绑定成功后该方法被调用,返回 MyService 里面的调用接口 MyBinder。
        public void onServiceConnected(ComponentName name,IBinder service){
            MainActivity.this.myBinder = (MyService.MyBinder)service;
            Log.d(TAG,"Sevice 绑定成功");
            MainActivity.this.bindStatus = true;
        }

        @Override
        public void onServiceDisconnected(ComponentName name){
            MainActivity.this.bindStatus = false;
        }
    }

}
```

在上面的代码中,创建了内部类 MyServiceConnection 以实现 ServiceConnection 监听器。MyServiceConnection 至少需要实现下面两个抽象方法:onServiceConnected()和 onServiceDisconnected()方法。MyServiceConnection 的实例在调用 bindService()方法时被当作参数传递给了 bindService()方法。这样,当 Service 绑定完成后,系统会调用 MyServiceConnection 中的实例方法 onServiceConnected()。这个方法的第二个参数 service 非常重要,它就是 MyService 中 onBind()方法的返回值,也就是 MyService 提供的调用接口。通过这个调用接口实现了访问 MyService 实例中的数据。

图 9-6　程序初始界面

6. 程序运行结果

编译运行程序,程序初始界面如图 9-6 所示。

单击"绑定 SERVICE"按钮,Logcat 会依次输出"onCreate()方法被调用""onBind()方法被调用"和"Sevice 绑定成功"。然后单击"访问 SERVICE 中的数据"按钮,Logcat 会输出"Service 的名字叫 first bound service",最后单击"解除绑定 SERVICE"按钮,Logcat 会依次输出"onUnbind()方法被调用"和"onDestroy()方法被调用"。调试信息输出如图 9-7 所示。

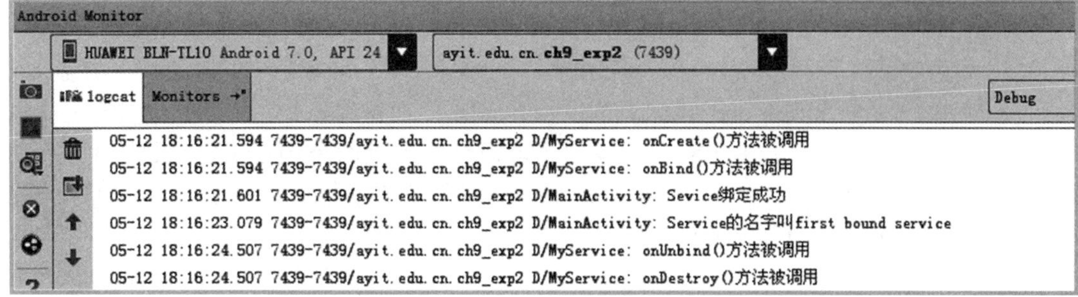

图 9-7　Logcat 调试信息输出

从上例中可以看到，bound 方式绑定 Service，可以在 ServiceConnection 监听器的 onServiceConnected( )方法中获取由 Service 的 onBind( )方法返回的调用接口。通过这个调用接口，我们使用 Service 提供的一些服务。例如访问 MyService 对象中的数据。还要记住，当不再需要 Service 提供的服务时，一定要使用 unbindService( )方法解绑 Service。

9.2.6 bound Service 的优先级

有些情况下，某个 Service 非常重要，如果系统终止这个 Service，会带来很差的用户体验，比如音乐播放器的音乐播放后台 Service。像这一类的服务，应该怎么来提高它的优先级，当系统需要终止一些组件获取资源的时候，不去首先选择这些 Service？使用 bindService( )方法的第三个参数，可以根据当前 Service 的重要性，来告诉系统这个 Service 的优先级，如何选择应该终止的 Service。常用的参数常量有如下几个：

1. BIND_AUTO_CREATE

只要存在绑定，就自动创建服务。这是最常使用的参数之一。

2. BIND_NOT_FOREGROUND

不允许此绑定将目标服务的进程提升到前台调度优先级。它仍然会被提升到至少与客户端相同的内存优先级(以使其进程不会在客户端不可杀死的任何情况下杀死)，但是对于 CPU 调度目的，它可能留在后台。这仅在绑定客户端是前台进程并且目标服务在后台进程中的情况下具有影响。

3. BIND_ABOVE_CLIENT

表示绑定到此服务的客户端应用程序认为该服务比应用程序本身更重要。当设置时，平台将尝试使内存杀手杀死应用程序，然后杀死它绑定到的服务，尽管这不能保证是这种情况。

4. BIND_WAIVE_PRIORITY

不影响目标服务的主机进程的调度或内存管理优先级。允许在后台 LRU 列表上管理服务的进程，就像在后台的常规应用程序进程一样。

9.3 后台异步操作与 Intent Service

我们之前讲到的 Android 应用程序组件，包括 Activity、Service、BroadcastReceiver，它们的生命周期方法都是运行在主线程中。包括 Service 的所有生命周期方法 onCreate( )、onStartCommand( )、onBind( )等，也都是运行在主线程中。所以，如果想在 Service 中启动一个费时操作，需要开启一个子线程来进行。如果直接在主线程中执行耗时操作，会导致主线程阻塞，无法及时响应用户的 UI 操作，大大降低应用程序的用户体验。

前面的章节已经讲述了 Android 多线程相关知识，不再赘述。除了使用相对复杂的多线程技术来完成后台费时操作，下面介绍一个 Android 提供的类 IntentService 来完成一些简单的异步任务。

IntentService 是一个基于 Service 的简单包装类，用来处理异步请求。当需要 IntentService 执行一个后台操作，可以通过 startService( )方法来提交请求，IntentService 将会接收到所有的 startService( )方法传递的 Intent 参数，放入它的请求队列中，并在后台线程中逐个处理它们。当完成所有的 Intent 请求后，IntentService 会自动终止自己。

IntentService 的优点就在于使用简单，不需要用户自己编程实现后台线程的创建、请求队列维护、UI 线程同步等一些复杂的问题。

想要把 Service 实现为 IntentService，需要让类继承自 IntentService 并重写 onHandleIntent( ) 方法，代码如下：

```
public class MyIntentService extends IntentService {

    public MyIntentService(){
        super("MyIntentService");
    }

    public MyIntentService(String name){
        super(name);
    }

@Override
public void onCreate(){
    super.onCreate();
}

    @Override
    protected void onHandleIntent(Intent intent){
    //这个方法执行在一个后台线程中
    //耗时操作应该在这个方法中实现
    //通过 startService()方法传入的 Intent 将在这里被逐个处理

    }
}
```

一旦接收到一个 Intent 请求，onHandleIntent( ) 方法就会在一个子线程中被执行。对于按顺序或者固定时间间隔执行一组任务等场景，IntentService 是绝佳选择。下面来看一个使用 IntentService 完成后台耗时操作的实例。

1. 创建工程 IntentServiceExp

创建名为 IntentServiceExp 的 Android 工程，在工程创建向导中默认创建 MainActivity 和它的布局文件 activity_main.xml。

2. 创建 Service

在工程 IntentServiceExp 中创建新的 Java Class：MyService。在 MyService 中代码如下：

```
package cn.edu.ayit.intentserviceexp;

import android.app.Service;
import android.content.Intent;
import android.os.IBinder;
import android.support.annotation.Nullable;
import android.util.Log;

public class MyService extends Service {

    public static final String TAG = "MyIntentService";

    @Nullable
    @Override
    public IBinder onBind(Intent intent){
```

```
        return null;
    }

    @Override
    public int onStartCommand(Intent intent,int flags,int startId){
        try {
            //当前线程阻塞休眠 5 秒,用来模拟耗时操作
            Thread.sleep(5000);
        } catch(InterruptedException e){
            e.printStackTrace();
        }
        Log.d(TAG,"耗时操作完成");
        return super.onStartCommand(intent,flags,startId);
    }

}
```

MyService 的 onStartCommand( )方法作用是进行一个耗时操作,这里使用 Thread.sleep( )方法使当前线程阻塞休眠 5 s,来模拟一个耗时操作。

3. 清单文件 Androidmanifest.xml 中注册 Service

打开清单文件,添加 MyService 的注册信息,如下所示。

```
<service android:name=".MyService" />
```

4. 程序显示界面

打开布局文件 activity_main.xml,输入如下代码:

```
<?xml version="1.0" encoding="utf-8"?>
<LinearLayout
    xmlns:android="http://schemas.android.com/apk/res/android"
    xmlns:tools="http://schemas.android.com/tools"
    android:id="@+id/activity_main"
    android:layout_width="match_parent"
    android:layout_height="match_parent"
    android:paddingLeft="@dimen/activity_horizontal_margin"
    android:paddingRight="@dimen/activity_horizontal_margin"
    android:paddingTop="@dimen/activity_vertical_margin"
    android:paddingBottom="@dimen/activity_vertical_margin"
    android:orientation="vertical"
    tools:context="cn.edu.ayit.intentserviceexp.MainActivity">

    <Button
        android:id="@+id/btn_start"
        android:layout_width="wrap_content"
        android:layout_height="wrap_content"
        android:text="启动一个后台操作" />
    <EditText
        android:layout_width="match_parent"
        android:layout_height="wrap_content"
        android:hint="此处输入一些文本"/>

</LinearLayout>
```

5. 启动耗时操作

打开 MainActivity，输入如下代码：

```
package cn.edu.ayit.intentserviceexp;

import android.app.Activity;
import android.content.Intent;
import android.os.Bundle;
import android.view.View;
import android.widget.Button;

public class MainActivity extends Activity implements View.OnClickListener {

    @Override
    protected void onCreate(Bundle savedInstanceState) {
        super.onCreate(savedInstanceState);
        setContentView(R.layout.activity_main);
        Button btnStart = (Button) findViewById(R.id.btn_start);
        btnStart.setOnClickListener(this);
    }

    @Override
    public void onClick(View v) {
        Intent intent = new Intent(this,MyService.class);
        startService(intent);
    }
}
```

在上面的代码中，通过 startService( )方法启动了 MyService 中的耗时操作，而 MyService 的耗时操作就定义在 onStartCommand( )方法中。下面运行程序来看一下，耗时操作运行起来会出现什么样的现象。

6. 程序运行结果

编译运行程序，程序初始界面如图 9-8 所示。

单击“启动一个后台操作”按钮，发现接下来的 5 s 时间，程序陷入“假死”状态，按钮下方的 EditText 无法输入文本，按返回键也没有响应。这是因为 MyService 的 onStartCommand( )方法执行在主线程中，所以在 onStartCommand( )方法中执行 Thread.Sleep(5000)方法，会导致主线程休眠 5 s。所以单击“启动一个后台操作”按钮后，界面无法及时响应用户的交互。如果将休眠时间修改的更长一些，会产生 Android ANR 事件，系统弹出“是否关闭当前应用”的询问对话框。

下面将 MyService 的代码修改为如下：

```
package cn.edu.ayit.intentserviceexp;

import android.app.IntentService;
import android.content.Intent;
import android.util.Log;

public class MyService extends IntentService {

    public static final String TAG = "MyIntentService";
```

```
    public MyService(String name){
        super(name);
    }

    public MyService(){
        super("MyIntentService");
    }

    @Override
    protected void onHandleIntent(Intent intent){
        try {
            //当前线程阻塞休眠5秒,用来模拟耗时操作
            Thread.sleep(5000);
        } catch(InterruptedException e){
            e.printStackTrace();
        }
        Log.d(TAG,"耗时操作完成");
    }
}
```

图 9-8　程序初始界面

我们发现,新的 MyService 类是继承自 IntentService,而不是 Service。也不用再实现 onStartCommand( )方法,而是需要实现 onHandleIntent( )作为替代,实现后台耗时操作。

重新运行程序,单击"启动一个后台操作"按钮,程序不会再陷入"假死"状态,按钮下方的 EditText 也可以随意输入文本。这是因为,当通过 startService( )方法开启 Service,系统会执行 IntentService 的 onHandleIntent( )方法,并将 startService( )方法的 Intent 参数传递给 onHandleIntent( )方法。IntentService 的 onHandleIntent( )方法工作在子线程中,子线程的休眠不会影响主线程的正常工作。连续单击"启动一个后台操作"按钮,发现 Logcat 会每隔 5 s 输出一次"耗时操作完成",如图 9-9 所示。这说明,每次通过 startService( )方法请求后台操作,IntentService 会将接收到的 Intent 放入队列中,依次完成。

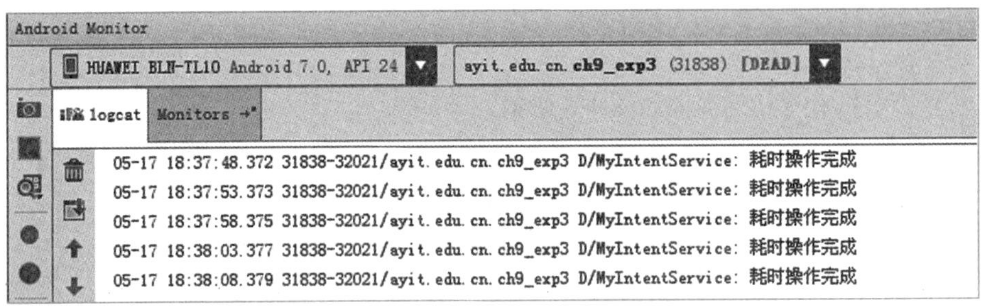

图 9-9　Logcat 调试信息输出

9.4 Service 通信

在 Android 应用开发中,所谓与 Service 通信包括两种情况:第一种情况是在当前应用程序内,其他组件(如 Activity)与程序中的 Service 进行通信,称为本地服务通信;第二种情况是当前应用程序的某个组件要与其他应用提供的 Service 进行通信,如微信支付、第三方登录等功能。

9.4.1　本地Service通信

其他组件和Service进行通信的方式很多,首先,无论是通过startService()方法还是通过bindService()方法请求后台服务,都需要传递一个Intent参数,可以通过这个Intent对象传递一些请求信息。

Service后台操作过程中,如果产生一些事件,需要向其他组件报告,可以采用广播方式,将事件发送出去。其他组件通过注册指定的广播,就可以在接收到事件发生的广播。

此外,我们在前面的内容中讲过,bound Service会向它的客户端提供一个调用接口,用于向客户端提供一些功能或数据服务,所以bound Service比起started Service,与客户端进行通信的能力要更强。可以通过这个接口调用它提供的各种服务。甚至可以在接口中定义一个getService()方法,将当前Service的对象引用交给客户端,这样,客户端可以更方便地访问Service中的成员。代码如下:

```
//创建Service调用接口
public class MyBinder extends Binder
{
    public String getServiceName(){
        return MyService.this.name;
    }
    public Service getService(){
        return MyService.this;
    }
}
```

当然,这种方法虽然可以很方便地访问Service中定义的数据和方法,但也存在很大的隐患。所以,非必要情况下不推荐使用这种方式。

9.4.2　远程Service通信

Android系统中,除了允许应用程序组件在自己的进程中进行通信和相互调用外,也可以通过一些手段实现进程间的通信。比如广播就是系统级的,我们发出的广播,只要是注册了的组件,都可以接收到。一些情况下,为了使Service能够向其他进程中的组件提供跨程序的服务,可以通过AIDL(Android Interface Definition Language)来实现。AIDL是一种接口定义语言,其语法结构非常简单,与Java中接口的定义很相似。

需要AIDL是因为远程Service通信涉及进程间通信(IPC)的问题。和大多数系统一样,在Android平台下,各个进程都占有一块自己独有的内存空间,各个进程在通常情况下只能访问自己独有的内存空间,而不能对其他进程的内存空间进行访问。进程之间如果要进行通信,就必须先把需要传递的对象分解成操作系统能够理解的基本类型,并根据需要封装跨边界的对象。而要完成这些封装工作,需要写的代码量十分地冗长而枯燥。因此Android提供了AIDL来帮助完成这些工作。

建立AIDL服务要比建立普通的服务复杂一些,具体步骤如下:

(1)在Android工程的Java包目录中建立一个扩展名为aidl的文件。该文件的语法类似于Java代码。

(2)如果aidl文件的内容是正确的,Android Studio会自动生成一个Java接口文件(*.java)。

(3)建立一个服务类(Service 的子类)。

(4)实现由 aidl 文件生成的 Java 接口。

(5)在 AndroidManifest. xml 文件中配置 AIDL 服务,尤其要注意的是,< action >标签中 android:name 的属性值就是客户端要引用该服务的 ID,也就是 Intent 类的参数值。

AIDL 不是书中的重点内容,不再做实例,需要了解的读者可以查询 Google 公司提供的 Android Developer 官方文档。

小结

本章主要讲解了 Android 系统应用框架中的 Service 组件。首先讲解了 Service 的概念和它的作用。举例讲述了如何创建 Service、Service 的两种启动方式和这两种方式之间的区别和应用场景,以及两种不同的方式启动的 Service 的生命周期。此外还讲解了如何使用 IntentService 来完成后台异步操作。最后讲解了如何在进程内和进程间与 Service 进行通信。

习题

1. 填空题

(1)在清单文件中,注册 Service 所使用的结点名称为________。

(2)Android 四大组件有________、BroadcastReceiver、________和________。

(3)远程 Service 通信需要用________来完成。

(4)启动 Service 可以通过________方法或________方法来实现。

2. 选择题

(1)通过 startService( )方法启动的服务需要重写(　　)方法。

A. onBind( )　　　　B. onStart( )

C. onCreate( )　　　　D. onStartCommand( )

(2)下面(　　)不属于四大组件之一。

A. Intent　　　　B. BroadcastReceiver

C. Activity　　　　D. Service

(3)两种启动方式都会调用的方法是(　　)。

A. onBind( )　　　　B. onCreate( )

C. onStartCommand( )　　　　D. onUnbind( )

(4)在(　　)方法中,可以获取 bound Service 提供的调用接口。

A. onBind( )　　　　B. onStart( )

C. onHandleIntent( )　　　　D. onServiceConnected( )

3. 简答题

(1)什么是 Service? 描述其生命周期。Service 有哪些启动方法? 有什么区别? 怎样停用 Service?

(2)Service 是否在主线程中执行? Service 里面是否能执行耗时的操作?

4. 编程题

编写一个程序,当程序 Activity 关闭 10 s 后重新启动。

第 10 章 Android 高级编程

教学目标：

（1）掌握补间动画和逐帧动画的使用。

（2）学会使用 MediaPlayer、SoundPool 及 VideoView 播放音频与视频。

（3）掌握常用传感器的使用。

（4）学会使用 Android 新增的一些控件。

前 9 章主要针对 Android 程序设计的基础知识进行讲解，牢牢掌握这些基础知识是开发成熟、稳定、优秀的 Android 应用程序的必要基石。同时，为了让读者能够更全面地掌握 Android 开发知识和了解更深一层的 Android 开发技术，本章将对动画、多媒体、传感器、新版本特性等高级编程知识做进一步的介绍。

10.1 Android 中的动画

在 Android 项目开发过程中，特别是在进行游戏开发时，经常需要用到动画。Android 中的动画通常可以分为逐帧动画和补间动画两种，下面分别针对这两种动画进行具体的介绍。

10.1.1 补间动画(Tween Animation)

补间动画就是通过对布局中的对象不断进行图像变化来产生动画效果。在实现补间动画时，只需要定义动画开始和结束的关键帧，其他过渡帧由系统自动计算并补齐。补间动画的效果既可以通过 XML 文件来定义，也可以通过编码方式来实现。通常情况下以 XML 形式定义的动画都会放置在程序的 res/anim 文件夹下。需要注意的是，这个文件夹在创建项目时不会自动创建，需要开发者手动定义该目录。

在 Android 中，提供了 4 种补间动画，分别是透明度渐变动画(AlphaAnimation)、旋转动画(RotateAnimation)、缩放动画(ScaleAnimation)和平移动画(TranslateAnimation)。接下来分别对这 4 种动画进行介绍。

1. 透明度渐变动画(AlphaAnimation)

透明度渐变动画是指通过 View 组件透明度的变化来实现 View 的渐隐渐显效果。它主要通过为动画指定开始时的透明度、结束时的透明度以及持续时间来创建动画。在 XML 文件中定义透明度渐变动画的基本语法格式如下所示。

```
<?xml version = "1.0" encoding = "utf - 8"?>
<alpha xmlns:android = "http://schemas.android.com/apk/res/android"
     android:duration = "2000"
     android:fillAfter = "true"
     android:fromAlpha = "0.0"
     android:repeatCount = "2"
     android:repeatMode = "reverse"
     android:toAlpha = "1.0" >

</alpha>
```

上述 XML 代码定义了一个让 View 从完全透明到不透明、且持续时间为 2 s 的动画。透明度渐变动画的常用属性如表 10-1 所示。

表 10-1　透明度渐变动画的常用属性

属性名称	功能描述
android:interpolator	用于控制动画的变化速度，使得动画效果可以匀速、加速、减速或抛物线速度等各种速度变化，其属性值如表 10-2 所示
android:repeatMode	用于设置动画的重复方式，可选值为 reverse(反向)或 restart(重新开始)
android:repeatCount	用于设置动画的重复次数，属性可以是代表次数的数值，也可以是 infinite(无限循环)
android:duration	用于指定动画持续的时间，单位为毫秒
android:fromAlpha	用于指定动画开始时的透明度，值为 0.0 代表完全透明，值为 1.0 代表完全不透明
android:toAlpha	用于指定动画结束时的透明度，值为 0.0 代表完全透明，值为 1.0 代表完全不透明

表 10-2　android:interpolator 属性的常用取值

属性值	功能描述
@android:anima/linear_interpolator	动画一直在做匀速改变
@android:anima/accelerate_interpolator	动画在开始时改变较慢,然后开始加速
@android:anima/decelerate_interpolator	动画在开始时改变速度较快,然后开始减速
@android:anima/accelerate_decelerate_interpolator	动画在开始和结束时改变速度较慢,在中间的时候加速
@android:anima/cycle_interpolator	动画循环播放特定的次数,变化速度按正弦曲线改变
@android:anima/bounce_interpolator	动画结束时采用弹球效果
@android:anima/anticipate_overshoot_interpolator	在动画开始的地方先向后退一小步,再开始动画,到结束时再超出一小步,最后回到动画结束的地方
@android:anima/overshoot_interpolator	动画快速到达终点并超出一小步,最后回到动画结束的地方
@android:anima/anticipate_interpolator	在动画开始的地方先向后退一小步,再快速到达动画结束的地方

透明度渐变动画也可以在代码中定义,需要用到 AlphaAnimation 类。具体代码如下所示。

```
// fromAlpha:透明度的变化范围
AlphaAnimation alphaAnimation = new AlphaAnimation(0.0f,0.5f);
//设置动画的持续时间
alphaAnimation.setDuration(3000);
//设置动画重复多少次
alphaAnimation.setRepeatCount(2);
//设置动画的重复模式,属性值有2个.restart:重新开始;reverse:反转
alphaAnimation.setRepeatMode(Animation.REVERSE);
//持久化(保存)动画的最后结束时候的效果
alphaAnimation.setFillAfter(true);
//设置动画保持开始时候的样子
// alphaAnimation.setFillBefore(true);
imageView.startAnimation(alphaAnimation);
```

上述代码定义了一个透明度渐变动画,并让 ImageView 控件播放了该动画。

注意:

表 10-1 中列出的前 4 个属性适用于所有的补间动画。

2. 旋转动画(RotateAnimation)

旋转动画就是通过为动画指定开始时的旋转角度、结束时的旋转角度以及持续时间来创建动画。在旋转时,还可以通过指定轴心点坐标来改变旋转的中心。和透明度渐变动画一样,也可以在 XML 文件中定义旋转动画,其基本语法格式如下所示。

```
<?xml version="1.0" encoding="utf-8"?>
<rotate xmlns:android="http://schemas.android.com/apk/res/android"
    android:duration="2000"
    android:fromDegrees="30"
    android:pivotX="0.5"
    android:pivotY="0.5"
    android:repeatCount="1"
    android:repeatMode="reverse"
    android:toDegrees="270">

</rotate>
```

上述 XML 代码定义了一个让 View 从 30°旋转到 270°、持续时间为 2 s、且轴心点在图片中心的旋转动画。旋转动画的常用属性如表 10-3 所示。

表 10-3 旋转动画的常用属性

属性名称	功能描述
android:fromDegrees	用于指定动画开始时的旋转角度
android:toDegrees	用于指定动画结束时的旋转角度
android:pivotX	用于指定轴心点的 X 坐标
android:pivotY	用于指定轴心点的 Y 坐标

在代码中定义旋转动画需要用到 RotateAnimation 类。具体代码如下：

```
//参数①fromDegrees:开始旋转时候的角度;参数②toDegrees:旋转结束时候的角度;
//参数③pivotXType:设置动画在 X 轴相对于物件位置类型;
//参数④pivotXValue:设置动画相对于物件的 X 坐标的开始位置;
//参数⑤pivotYType:设置动画在 Y 轴相对于物件位置类型;
//参数⑥pivotYValue:设置动画相对于物件的 Y 坐标的开始位置
RotateAnimation rotateAnimation = new RotateAnimation(0,360,
        Animation.RELATIVE_TO_PARENT,0.5f,Animation.RELATIVE_TO_SELF,
        0.5f);
rotateAnimation.setRepeatCount(2);
rotateAnimation.setDuration(2000);
rotateAnimation.setRepeatMode(Animation.REVERSE);
imageView.startAnimation(rotateAnimation);
```

上述代码创建了一个旋转动画实例，并让 ImageView 控件播放了该动画。

3. 缩放动画（ScaleAnimation）

缩放动画是指通过为动画指定开始时的缩放系数、结束时的缩放系数以及播放持续时间来创建动画。在缩放时，还可以通过指定轴心点坐标来改变缩放的中心。在 XML 文件中定义缩放动画的基本语法格式如下：

```
<?xml version="1.0" encoding="utf-8"?>
<scale xmlns:android="http://schemas.android.com/apk/res/android"
    android:duration="2000"
    android:fromXScale="1.0"
    android:fromYScale="1.0"
    android:toXScale="2.0"
    android:toYScale="0.5"
    android:pivotX="50%"
    android:pivotY="50%">

</scale>
```

上述 XML 代码定义了一个以 View 的中心为轴心点，让其在 X 轴上放大两倍，Y 轴上缩小一半，且持续时间为 2 s 的缩放动画。缩放动画的常用属性如表 10-4 所示。

表 10-4 缩放动画的常用属性

属性名称	功能描述
android:fromXScale	用于指定动画开始时水平方向上的缩放系数，值为 1.0 表示不变化
android:toXScale	用于指定动画结束时水平方向上的缩放系数，值为 1.0 表示不变化
android:fromYScale	用于指定动画开始时垂直方向上的缩放系数，值为 1.0 表示不变化
android:toYScale	用于指定动画结束时垂直方向上的缩放系数，值为 1.0 表示不变化
android:pivotX	用于指定轴心点的 X 坐标
android:pivotY	用于指定轴心点的 Y 坐标

缩放动画也可以在代码中定义，需要用到ScaleAnimation类。具体代码如下：

```
//参数①:表示动画起始时,X坐标上的伸缩尺寸;参数②:表示动画结束时,X坐标上的伸缩尺寸;
//参数③:表示动画起始时,Y坐标上的伸缩尺寸;参数④:表示动画结束时,Y坐标上的伸缩尺寸;
//参数⑤:设置动画在X轴相对于物件的位置类型;参数⑥:设置动画相对于物件的X坐标的开始位置
//参数⑦:设置动画在Y轴相对于物件位置类型;参数⑧:设置动画相对于物件的Y坐标的开始位置
ScaleAnimation sa = new ScaleAnimation(0.3f,0.8f,0.2f,0.9f,
        Animation.RELATIVE_TO_SELF,0.5f,Animation.RELATIVE_TO_SELF,
        0.5f);
sa.setDuration(2000);
sa.setRepeatCount(1);
sa.setRepeatMode(Animation.REVERSE);
imageView.startAnimation(sa);
```

上述代码定义了一个缩放动画，并让ImageView控件播放了该动画。

4. 平移动画(TranslateAnimation)

平移动画就是通过为动画指定开始时的位置、结束时的位置以及动画播放持续时间来创建动画的。在XML文件中定义平移动画的基本语法格式如下：

```
<?xml version="1.0" encoding="utf-8"?>
<translate xmlns:android="http://schemas.android.com/apk/res/android"
    android:duration="5000"
    android:fromXDelta="0"
    android:fromYDelta="0"
    android:repeatCount="2"
    android:repeatMode="reverse"
    android:toXDelta="100"
    android:toYDelta="50">

</translate>
```

上述XML代码定义了一个让View从坐标点(0,0)平移到坐标点(100,50)、且持续时间为5 s的动画。需要注意的是，这里的坐标并不是屏幕像素的坐标，而是相对于View所在位置的坐标。例如，开始位置为(0,0)表示的是在View最开始的地方平移，即布局文件定义View所在的位置。平移动画的常用属性如表10-5所示。

表10-5　平移动画的常用属性

属性名称	功能描述
android:fromXDelta	用于指定动画开始时水平方向上的起始位置
android:toXDelta	用于指定动画结束时水平方向上的起始位置
android:fromYDelta	用于指定动画开始时垂直方向上的起始位置
android:toYDelta	用于指定动画结束时垂直方向上的起始位置

平移动画也可以在代码中定义，需要用到TranslateAnimation类。具体代码如下：

```
//参数①fromXType:设置动画起始时,在X轴相对于物件的位置类型
//参数②fromXValue:设置动画起始时,相对于物件的X坐标的开始位置
//参数③toXType:设置动画结束时,在X轴相对于物件的位置类型
//参数④toXValue:设置动画结束时,相对于物件的X坐标的位置
```

```
TranslateAnimation ta = new TranslateAnimation(
        Animation.RELATIVE_TO_SELF,0,Animation.RELATIVE_TO_PARENT,0.5f,
        Animation.RELATIVE_TO_SELF,0,Animation.RELATIVE_TO_SELF,0.5f);
ta.setDuration(3000);
ta.setRepeatCount(1);
//设置动画的加速器的曲线
ta.setInterpolator(new BounceInterpolator());
ta.setRepeatMode(Animation.REVERSE);
imageView.startAnimation(ta);
```

上述代码创建了一个旋转动画实例，并让 ImageView 控件播放了该动画。

除了以上 4 种补间动画外，Android 中还提供了一个动画集合类，即 AnimationSet，顾名思义，一个 AnimationSet 可以包含一系列的 Animation。同样，创建动画集合也有两种方式：

(1)在 XML 文件中定义。示例代码如下：

```
<?xml version="1.0" encoding="utf-8"?>
<set xmlns:android="http://schemas.android.com/apk/res/android">
    <scale
        android:duration="2000"
        android:fromXScale="0.1"
        android:fromYScale="0.1"
        android:toXScale="0.5"
        android:toYScale="2" />
    <alpha
        android:duration="2000"
        android:fillAfter="true"
        android:fromAlpha="0.0"
        android:toAlpha="0.8" />

</set>
```

(2)在代码中定义。示例代码如下：

```
//参数的含义：如果想让这个动画集合中的每一种动画，
// 都使用和该集合相同的加速器，那么就传入 true；否则就传入 false.
AnimationSet set = new AnimationSet(false);

// 创建一个旋转动画对象
RotateAnimation rotateAnimation = new RotateAnimation(0,360,
      Animation.RELATIVE_TO_PARENT,0.5f,Animation.RELATIVE_TO_SELF,
      0.8f);
rotateAnimation.setRepeatCount(2);
rotateAnimation.setDuration(2000);
rotateAnimation.setRepeatMode(Animation.REVERSE);

// 创建一个平移动画对象
TranslateAnimation translateAnimation = new TranslateAnimation(
        Animation.RELATIVE_TO_SELF,0,Animation.ABSOLUTE,0.5f,
        Animation.RELATIVE_TO_SELF,0,Animation.RELATIVE_TO_SELF,0.5f);
translateAnimation.setDuration(3000);
translateAnimation.setRepeatCount(1);
translateAnimation.setRepeatMode(Animation.REVERSE);

set.addAnimation(rotateAnimation);
set.addAnimation(translateAnimation);

imageView.startAnimation(set);
```

至此，Android 中的补间动画就介绍完了，接下来通过一个实例来演示各种补间动画播放的效果，以便于读者能够更直观地感受并掌握它们的使用方法。具体操作步骤如下。

(1)创建一个名称为 TweenAnimation 的项目，然后修改 MainActivity 的布局文件，具体代码如下所示。

该代码中，将根元素指定为相对布局，里面添加了一个 ImageView 用于显示图片，最下面嵌套了一个水平线性布局，其中放置了 5 个 Button 控件，当单击不同的按钮时，图片会播放相应的动画。该布局的预览效果如图 10-1 所示。

```
<?xml version="1.0" encoding="utf-8"?>
<RelativeLayout xmlns:android="http://schemas.android.com/apk/res/android"
    android:id="@+id/activity_main"
    android:layout_width="match_parent"
    android:layout_height="match_parent"
    android:padding="6dp">

    <ImageView
        android:id="@+id/iv"
        android:layout_width="100dp"
        android:layout_height="100dp"
        android:layout_centerInParent="true"
        android:src="@mipmap/ic_launcher" />

    <LinearLayout
        android:layout_width="match_parent"
        android:layout_height="wrap_content"
        android:layout_alignParentBottom="true"
        android:orientation="horizontal">

        <Button
            android:layout_width="0dp"
            android:layout_height="wrap_content"
            android:layout_weight="1"
            android:onClick="alpha"
            android:text="渐变" />

        <Button
            android:layout_width="0dp"
            android:layout_height="wrap_content"
            android:layout_weight="1"
            android:onClick="rotate"
            android:text="旋转" />

        <Button
            android:layout_width="0dp"
            android:layout_height="wrap_content"
            android:layout_weight="1"
            android:onClick="scale"
            android:text="缩放" />

        <Button
            android:layout_width="0dp"
```

图 10-1　activity_main.xml 预览效果

```
            android:layout_height = "wrap_content"
            android:layout_weight = "1"
            android:onClick = "translate"
            android:text = "平移" />

        <Button
            android:layout_width = "0dp"
            android:layout_height = "wrap_content"
            android:layout_weight = "1"
            android:onClick = "animationSet"
            android:text = "集合" />
    </LinearLayout>
</RelativeLayout>
```

(2)在 res 目录下创建一个 anim 子目录用于存放补间动画资源,接着新建 5 个 XML 文件,分别命名为 alpha. xml、rotate. xml、scale. xml、traslate. xml 和 set. xml,如图 10-2 所示。

在图 10-2 所示的补间动画资源中,alpha. xml 的具体代码如下:

```
<?xml version = "1.0" encoding = "utf-8"?>
<alpha xmlns:android = "http://schemas.android.
com/apk/res/android"
        android:duration = "2000"
        android:fillAfter = "true"
        android:fromAlpha = "0.0"
        android:repeatCount = "2"
        android:repeatMode = "reverse"
        android:toAlpha = "0.8">

</alpha>
```

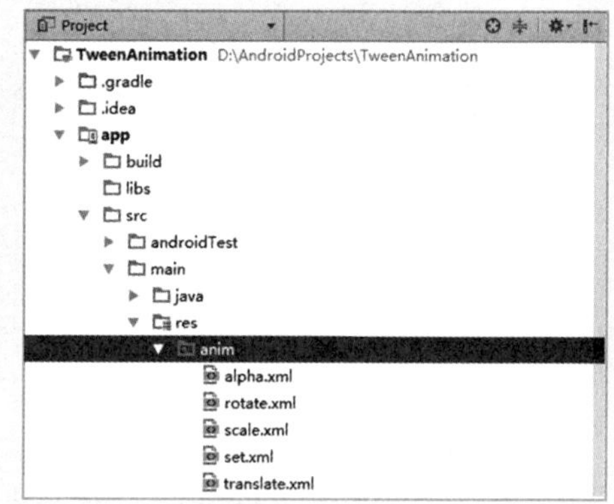

图 10-2 创建 anim 目录并新建 XML 动画资源

rotate. xml 的具体代码为:

```
<?xml version = "1.0" encoding = "utf-8"?>
<rotate xmlns:android = "http://schemas.android.com/apk/res/android"
     android:duration = "2000"
     android:fromDegrees = "30"
     android:pivotX = "0.5"
     android:pivotY = "0.5"
     android:repeatCount = "1"
     android:repeatMode = "reverse"
     android:toDegrees = "270">

</rotate>
```

scale. xml 的具体代码为:

```
<?xml version = "1.0" encoding = "utf-8"?>
<scale xmlns:android = "http://schemas.android.com/apk/res/android"
    android:duration = "2000"
```

```
    android:fromXScale="0.1"
    android:fromYScale="0.1"
    android:toXScale="0.5"
    android:toYScale="2">

</scale>
```

translate.xml 的具体代码为：

```
<?xml version="1.0" encoding="utf-8"?>
<translate xmlns:android="http://schemas.android.com/apk/res/android"
    android:duration="2000"
    android:fromXDelta="0"
    android:fromYDelta="0"
    android:repeatCount="2"
    android:repeatMode="reverse"
    android:toXDelta="100"
    android:toYDelta="100">

</translate>
```

set.xml 的具体代码为：

```
<?xml version="1.0" encoding="utf-8"?>
<set xmlns:android="http://schemas.android.com/apk/res/android">
    <rotate
        android:duration="2000"
        android:fromDegrees="30"
        android:pivotX="0.5"
        android:pivotY="0.5"
        android:toDegrees="270" />

    <alpha
        android:duration="2000"
        android:fillAfter="true"
        android:fromAlpha="0.0"
        android:toAlpha="0.8" />

    <scale
        android:duration="2000"
        android:fromXScale="0.1"
        android:fromYScale="0.1"
        android:toXScale="0.5"
        android:toYScale="2" />

</set>
```

(3)在XML文件中定义好补间动画后，需要将动画资源设置到控件上。要实现该动能，需要在MainActivity中调用AnimationUtils类的loadAnimation()方法加载动画资源，具体代码如下：

```java
public class MainActivity extends AppCompatActivity {

    private ImageView imageView;

    @Override
    protected void onCreate(Bundle savedInstanceState) {
        super.onCreate(savedInstanceState);
        setContentView(R.layout.activity_main);

        imageView = (ImageView) findViewById(R.id.iv);
    }

    // 透明度渐变动画
    public void alpha(View v) {

        // 动画工具类
        Animation alphaAnimation = AnimationUtils.loadAnimation(this,R.anim.alpha);
        imageView.startAnimation(alphaAnimation);
    }

    // 旋转动画
    public void rotate(View v) {

        Animation rotateAnimation = AnimationUtils.loadAnimation(this,R.anim.rotate);
        imageView.startAnimation(rotateAnimation);
    }

    // 平移动画
    public void translate(View v) {

        Animation translateAnimation = AnimationUtils.loadAnimation(this,R.anim.translate);
        imageView.startAnimation(translateAnimation);
    }

    // 缩放动画
    public void scale(View v) {

        Animation scaleAnimation = AnimationUtils.loadAnimation(this,R.anim.scale);
        imageView.startAnimation(scaleAnimation);
    }

    // 动画集合
    public void animationSet(View v) {

        Animation set = AnimationUtils.loadAnimation(this,R.anim.set);
        imageView.startAnimation(set);
    }
}
```

上述代码中分别实现了布局文件中 5 个 Button 控件的单击事件处理方法，以 animationSet( ) 方法为例，当“集合”按钮被单击时，将回调该方法，通过 AnimationUtils.loadAnimation( ) 方法加载动画并让 ImageView 进行播放。

运行当前应用,单击“渐变”和“旋转”按钮,效果如图 10-3 所示。

单击“缩放”和“平移”按钮,运行效果如图 10-4 所示。

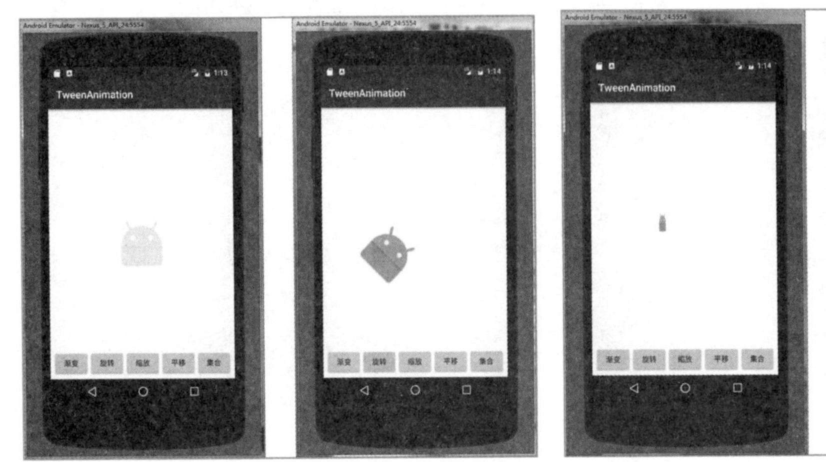

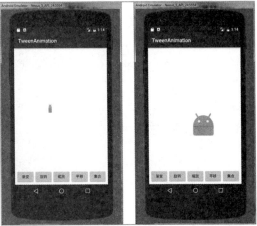

图 10-3　“渐变”和“旋转”动画运行效果　　图 10-4　“缩放”和“平移”动画运行效果

单击“集合”按钮,运行效果如图 10-5 所示。

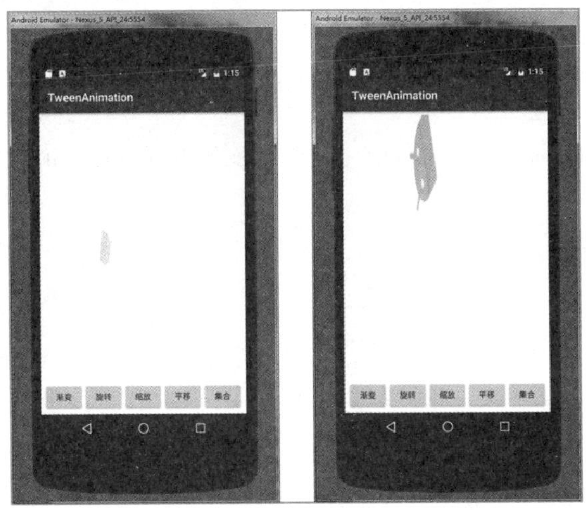

图 10-5　动画“集合”运行效果

从这个实例可以看出,补间动画使用起来非常方便,只需要指定动画开始以及结束的效果即可。

10.1.2　逐帧动画(Frame Animation)

逐帧动画就是顺序播放事先准备好的静态图像,利用人眼的“视觉暂留”原理,给用户造成动画的错觉。这与胶片电影的原理是一样的。

在 Android 中实现逐帧动画比较简单,只需要以下三个步骤:

(1)将预先准备好的一组用于生成动画的图片资源放至程序的 res/drawable 目录下。

(2)在 res/drawable 目录下定义动画的 XML 文件,其中可以使用包含一系列 <item> 子标签的 <animation-list> 标签来实现。具体语法格式如下:

```
<?xml version="1.0" encoding="utf-8"?>
<animation-list xmlns:android="http://schemas.android.com/apk/res/android"
    android:oneshot="true">

    <item
        android:drawable="@drawable/图片资源名1"
        android:duration="200" />
    <item
        android:drawable="@drawable/图片资源名2"
        android:duration="200" />
    …
    <item
        android:drawable="@drawable/图片资源名n"
        android:duration="200" />

</animation-list>
```

上述 XML 代码中,android:oneshot 属性用于设置是否循环播放,默认为 true;android:drawable 属性用于指定每个 item 对应的图片资源;android:duration 属性指定单个图片资源持续的时间。

(3)使用步骤(2)中定义的 XML 资源文件,为指定控件绑定动画效果,通常可以将其作为控件的背景使用,并调用 AnimationDrawable 类的 start()方法开启动画。

接下来通过实例演示如何在 XML 文件中定义 Frame 动画以及将如何在代码中加载 Frame 动画资源。具体操作步骤如下:

(1)创建一个名为 FrameAnimation 的项目,然后修改 MainActivity 的布局文件,具体代码如下:

```
<?xml version="1.0" encoding="utf-8"?>
<RelativeLayout xmlns:android="http://schemas.android.com/apk/res/android"
    android:id="@+id/activity_main"
    android:layout_width="match_parent"
    android:layout_height="match_parent"
    android:padding="10dp">

    <ImageView
        android:id="@+id/iv"
        android:layout_width="wrap_content"
        android:layout_height="wrap_content"
        android:layout_centerInParent="true" />

    <Button
        android:layout_width="wrap_content"
        android:layout_height="wrap_content"
        android:layout_below="@+id/iv"
        android:layout_centerHorizontal="true"
        android:onClick="play"
        android:text="播放逐帧动画" />
</RelativeLayout>
```

上述 XML 代码中,在一个相对布局里分别添加了一个 ImageView 控件和一个 Button 控件,单击按钮将在 ImageView 中播放逐帧动画。

(2)在 drawable 目录下创建逐帧动画资源文件 kick. xml,具体代码如下所示。当然在此之前需要首先将事先准备好的一系列图片也放置在 drawable 目录下,如图 10-6 所示。

```
<?xml version="1.0" encoding="utf-8"?>
<animation-list xmlns:android="http://schemas.android.com/apk/res/android"
    android:oneshot="true">

    <item
        android:drawable="@drawable/kick_1"
        android:duration="200" />
    <item
        android:drawable="@drawable/kick_2"
        android:duration="200" />
    <item
        android:drawable="@drawable/kick_3"
        android:duration="200" />
    <item
        android:drawable="@drawable/kick_4"
        android:duration="200" />
    <item
        android:drawable="@drawable/kick_5"
        android:duration="400" />
    <item
        android:drawable="@drawable/kick_6"
        android:duration="500" />
    <item
        android:drawable="@drawable/kick_7"
        android:duration="600" />
    <item
        android:drawable="@drawable/kick_8"
        android:duration="700" />
    <item
        android:drawable="@drawable/kick_9"
        android:duration="900" />
    <item
        android:drawable="@drawable/kick_10"
        android:duration="200" />
    <item
        android:drawable="@drawable/kick_11"
        android:duration="200" />

</animation-list>
```

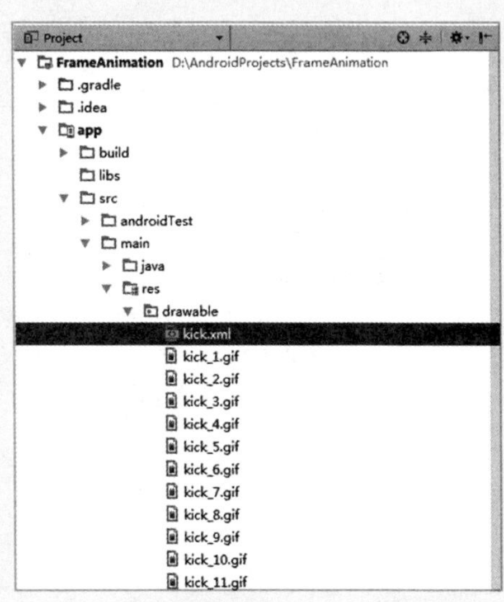

图 10-6　放置图片并创建逐帧动画 XML 文件

(3)完成上述操作后,需要在 MainActivity 中实现处理逻辑播放逐帧动画,具体代码如下:

```
public class MainActivity extends AppCompatActivity {

    private ImageView iv;
    private AnimationDrawable drawable;

    @Override
```

```
    protected void onCreate(Bundle savedInstanceState){
        super.onCreate(savedInstanceState);
        setContentView(R.layout.activity_main);

        iv = (ImageView)findViewById(R.id.iv);

        iv.setBackgroundResource(R.drawable.kick);
        // AnimationDrawable 用于创建一个逐帧动画
        drawable = (AnimationDrawable)iv.getBackground();
    }

    public void play(View view){
        //判断动画是否在播放
        if(!drawable.isRunning()){
            //动画没有在播放状态,则播放
            drawable.start();
        } else {
            //动画已经在播放了,则停止
            drawable.stop();
        }
    }

}
```

上述代码首先获取到 ImageView 控件的背景图片,并将该背景图片强转为 AnimationDrawable 类型,然后在 play( )方法中调用 AnimationDrawable 类的 start( )(/stop( ))方法播放(/停止播放)动画。

运行程序,效果如图 10-7 所示。单击"播放逐帧动画"按钮将会在屏幕中央的 ImageView 控件中看到连续播放的图片序列。

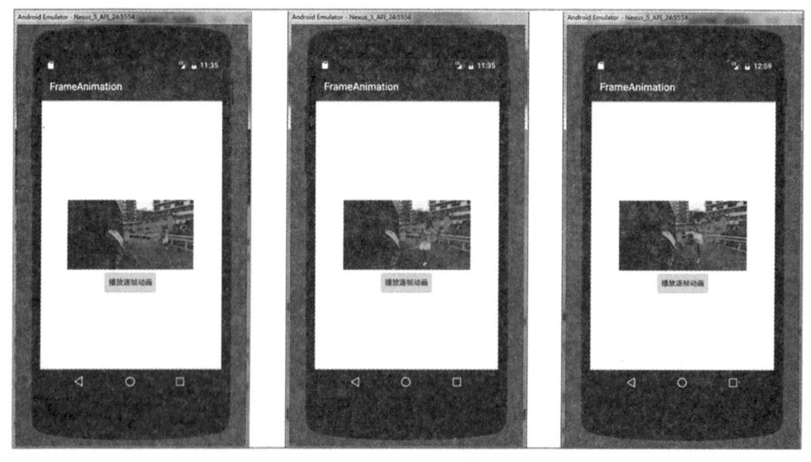

图 10-7 实例运行效果

多学一招:在 Java 代码中创建逐帧动画。

Android 同样支持在 Java 代码中创建逐帧动画,在代码中创建 Frame 动画首先需要创建 AnimationDrawable 对象,然后调用它的 addFrame( )方法向动画中添加图片,每调用一次该方法将

添加一个帧,示例代码如下:

```
//获取 AnimationDrawable 对象
AnimationDrawable drawable = new AnimationDrawable();
iv.setBackground(drawable);
// 在 AnimationDrawable 中添加动画播放的帧
drawable.addFrame(getResources().getDrawable(R.drawable.kick_1),200);
drawable.addFrame(getResources().getDrawable(R.drawable.kick_2),200);
drawable.addFrame(getResources().getDrawable(R.drawable.kick_3),200);
// 循环播放
drawable.setOneShot(false);
// 播放逐帧动画
drawable.start();
```

通过上述代码创建逐帧动画可以实现和前面的实例中一样的效果。

10.2 多媒体应用开发

随着 4G 时代的到来,多媒体在手机和平板电脑上的应用越来越广泛。人们可以使用智能手机进行听音乐、看视频、玩游戏等各式各样的娱乐。Android 对于多媒体应用提供了良好的支持。它提供了一系列的 API,开发者可以利用这些 API 调用手机的多媒体资源,从而开发出更加丰富多彩的应用程序。本节将对 Android 中一些常用的多媒体功能的使用技巧进行介绍。

10.2.1 使用 MediaPlayer 播放音频

在 Android 中,提供了 MediaPlayer 类来播放音频。MediaPlayer 支持多种格式的音频文件并提供了非常全面的控制方法,从而使得播放音乐的工作变得十分简单。表 10-6 列出了 MediaPlayer 类中一些较为常用的控制方法。

表 10-6　MediaPlayer 常用方法

方法声明	功能描述
setDataSource()	设置要播放的音频文件的位置
prepare()	在开始播放之前调用这个方法完成准备工作
start()	开始或继续播放音频
pause()	暂停播放音频
reset()	将 MediaPlayer 对象重置到刚刚创建的状态
seekTo()	从指定位置开始播放音频
stop()	停止播放音频,调用该方法后,MediaPlayer 对象无法再播放音频
release()	释放掉与 MediaPlayer 对象相关的资源
isPlaying()	判断当前 MediaPlayer 是否正在播放音频
getDuration()	获取载入的音频文件的时长

对 MediaPlayer 类控制音频播放的常用方法有了一个大概了解后,下面通过一个实例具体演示播放音频的完整过程,操作步骤如下:

(1)新建一个 MusicPlayerDemo 项目,然后修改 activity_main.xml 中的代码,具体如下所示。

在布局文件中放置了 3 个按钮,分别用于对音频文件进行播放、暂停和停止操作。此布局的预览效果如图 10-8 所示。

```
<?xml version="1.0" encoding="utf-8"?>
<RelativeLayout xmlns:android="http://schemas.android.com/apk/res/android"
    android:id="@+id/activity_main"
    android:layout_width="match_parent"
    android:layout_height="match_parent"
    android:padding="6dp">

    <TextView
        android:id="@+id/tv"
        android:layout_width="match_parent"
        android:layout_height="wrap_content"
        android:text="尚未播放音乐"/>

    <Button
        android:id="@+id/btn_play"
        android:layout_width="wrap_content"
        android:layout_height="wrap_content"
        android:layout_below="@+id/tv"
        android:text="播放"/>

    <Button
        android:id="@+id/btn_pause"
        android:layout_width="wrap_content"
        android:layout_height="wrap_content"
        android:layout_below="@+id/tv"
        android:layout_toRightOf="@+id/btn_play"
        android:text="暂停"/>

    <Button
        android:id="@+id/btn_stop"
        android:layout_width="wrap_content"
        android:layout_height="wrap_content"
        android:layout_below="@+id/tv"
        android:layout_toRightOf="@id/btn_pause"
        android:text="停止"/>
</RelativeLayout>
```

图 10-8 activity_main.xml 预览效果图

（2）修改 MainActivity 中的代码，首先在类初始化的时候创建 MediaPlayer 对象，并定义其他所需的成员变量。具体代码如下所示。

```
public class MainActivity extends AppCompatActivity implements View.OnClickListener {

    // 创建 MediaPlayer 对象
    private MediaPlayer player = new MediaPlayer();
    // 用于显示提示信息的文本框
    private TextView tvInfo;
    private Button btnPlay;
    private Button btnPause;
    private Button btnStop;

    @Override
```

```
protected void onCreate(Bundle savedInstanceState){
    super.onCreate(savedInstanceState);
    setContentView(R.layout.activity_main);

// 初始化控件
    tvInfo = (TextView)findViewById(R.id.tv);
    btnPlay = (Button)findViewById(R.id.btn_play);
    btnPause = (Button)findViewById(R.id.btn_pause);
    btnStop = (Button)findViewById(R.id.btn_stop);

    // 为 Button 控件设置监听
    btnPlay.setOnClickListener(this);
    btnPause.setOnClickListener(this);
    btnStop.setOnClickListener(this);

    // 动态权限申请
    if (ContextCompat.checkSelfPermission(this,Manifest.permission.
            READ_EXTERNAL_STORAGE) != PackageManager.PERMISSION_GRANTED){
      ActivityCompat.requestPermissions(this,new String[]{
            Manifest.permission.READ_EXTERNAL_STORAGE},1);
    } else {
        initMediaPlay();
    }
}

// 初始化 MediaPlayer
private void initMediaPlay() {
    try {
        File file = new File(Environment.getExternalStorageDirectory(), "fog.mp3");
        // 判断音频文件是否存在
        if(file.exists()) {
            // 指定音频文件的路径
            player.setDataSource(file.getPath());
            // 预加载音频
            player.prepare();
        } else {
            tvInfo.setText("要播放的音频文件不存在");
            btnPlay.setEnabled(false);
        }
    } catch (Exception e) {
        e.printStackTrace();
    }
}

@Override
public void onClick(View v) {
    switch (v.getId()) {
        // 开始播放
        case R.id.btn_play:
            if(! player.isPlaying()) {
                player.start();
                tvInfo.setText("正在播放优美的音乐...");
            }
            break;
```

```
            //暂停/继续播放
            case R.id.btn_pause:
                if(player.isPlaying()) {
                    player.pause();
                    ((Button) v).setText("继续");
                    tvInfo.setText("暂停播放音乐...");
                    btnPlay.setEnabled(false);
                    } else {
                        player.start();
                        ((Button) v).setText("暂停");
                        tvInfo.setText("继续播放音乐...");
                        btnPlay.setEnabled(true);
                    }
                    break;
            //停止播放
            case R.id.btn_stop:
                if(player.isPlaying()) {
                    player.reset();
                    tvInfo.setText("尚未播放音乐");
                    initMediaPlay();
                }
                break;
        }
    }

    @Override
    public void onRequestPermissionsResult(int requestCode, @NonNull String[] permissions,
                                            @NonNull int[] grantResults) {
        super.onRequestPermissionsResult(requestCode, permissions, grantResults);

        switch(requestCode) {
            case 1:
                if(grantResults.length > 0 && grantResults[0] == PackageManager.
                        PERMISSION_GRANTED) {
                    initMediaPlay();
                } else {
                    Toast.makeText(this, "拒绝权限将无法使用当前应用",
                            Toast.LENGTH_SHORT).show();
                    finish();
                }
            default:
                break;
        }
    }

    @Override
    protected void onDestroy() {
        super.onDestroy();
        if(player! =null) {
            player.stop();          //停止播放音频文件
            player.release();       //释放资源
        }
    }
}
```

上述代码在 onCreate()方法里进行了运行时权限处理,动态申请 READ_EXTERNAL_STORAGE 权限。这是由于当前应用需要在 SD 卡中放置一个音频文件,程序为了播放这个音频文件必须拥有访问 SD 卡的权限。用户同意授权之后就会调用 initMediaPlay()方法对 MediaPlayer 对象进行初始化操作。

接着简单介绍一下各个按钮的单击事件中的代码。当单击“播放”按钮时会进行判断,如果当前 MediaPlayer 没有播放音频,则调用 start()方法开始播放。当单击“暂停”按钮时分两种情况进行处理,如果当前 MediaPlayer 正在播放音频,则调用 paus()方法暂停播放并设置 TextView 中的提示信息;如果 MediaPlayer 已经处于暂停状态,则调用 start()方法继续播放音频。当单击“停止”按钮时将判断当前 MediaPlayer 是否正在播放音频,如果正在播放则调用 reset()方法将 MediaPlayer 重置为刚刚创建的状态,然后重新调用一遍 initMediaPlay()方法。

最后在 onDestroy()方法中,还需要依次调用 stop()方法和 release()方法,将与 MediaPlayer 相关的资源释放掉。

(3)最后一步,务必记得需要在 AndroidManifest. xml 文件中声明用到的权限,代码如下所示:

```
<?xml version="1.0" encoding="utf-8"?>
<manifest xmlns:android="http://schemas.android.com/apk/res/android"
    package="cn.edu.ayit.musicplayerdemo">

    <uses-permission android:name="android.permission.READ_EXTERNAL_STORAGE" />

    ...

</manifest>
```

完成上述操作之后运行程序,将首先弹出权限申请对话框,如图 10-9所示。

图 10-9　动态权限申请对话框

同意授权之后便可以开始操作音乐播放器。单击“播放”按钮,优美的音乐就会响起,然后单击“暂停”按钮,音乐就会停住,再次单击同一个按钮(这时“暂停”按钮上的文本已经修改为“继续”),会接着暂停之前的位置继续播放。此时如果单击“停止”按钮,音乐就会停止播放;之后再次单击“播放”按钮时,音乐就会从头开始播放了。实例的运行效果如图 10-10 所示。

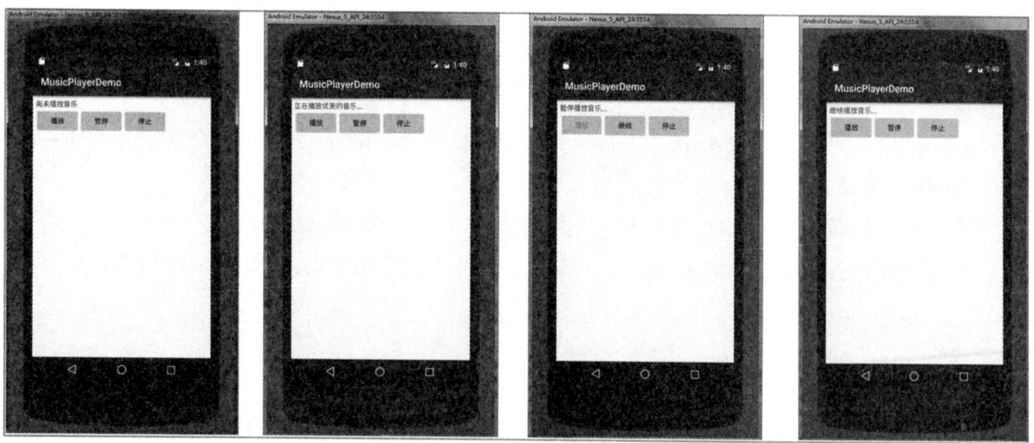

图 10-10　MusicPlayerDemo 运行效果图

注意：

为了使 MusicPlayerDemo 正常播放音乐，需要事先在 SD 卡的根目录下放置一个名为 fog. mp3 的音频文件。

10.2.2 使用 SoundPool 播放音频

在 Android 开发中经常使用 MediaPlayer 来播放音频文件，但是它也存在一些不足。例如，占用资源较高，延迟时间较长，且不支持同时播放多个音频文件等。为此，Android 还提供了另外一个播放音频的类——SoundPool。SoundPool 即音频池，可以同时播放多个短小的音频，而且占用的资源较少。SoundPool 适合在应用程序中播放按键音或者消息提示音等，在游戏中也经常用于播放密集而短促的声音，如炸弹爆炸、物体撞击等。

使用 SoundPool 播放音频，首先需要创建 SoundPool 对象，然后加载所要播放的音频文件，最后调用 play( ) 方法播放音频，下面分步讲解如何使用 SoundPool 播放音频。

1. 创建 SoundPool 对象

SoundPool 类提供了一个构造方法，用来创建它的对象。该构造方法的声明格式如下：

```
SoundPool(int maxStreams,int streamType,int srcQuality)
```

在使用 SoundPool 的构造方法创建对象时需要传入三个参数，它们各自的含义如下：

- maxStreams：用于指定最大可以容纳多少个音频。
- streamType：用于指定声音类型，可以通过 AudioManager 类提供的常量进行指定，一般为 AudioManager. STREAM_MUSIC。
- srcQuality：采样率转化质量，用于指定音频的品质，默认值为 0。

例如，可以使用下面的代码创建一个最多可以容纳 8 个音频的 SoundPool 对象：

```
SoundPool soundPool = new SoundPool(8,AudioManager.STREAM_MUSIC,0);
```

2. 加载所要播放的音频

创建好 SoundPool 对象之后可以调用 load( ) 方法来加载需要播放的音频文件，音乐素材一般放在 res/raw 目录下或者 assets 目录下。load( ) 方法提供了多种重载的形式，具体如下：

- public int load(Context context, int resId, int priority)：用于通过指定的资源 ID 来加载音频。
- public int load(String path, int priority)：用于通过音频文件的路径来加载音频。
- public int load(AssetFileDescriptor afd, int priority)：用于从 AssetFileDescriptor 所对应的文件中加载音频。
- public int load(FileDescriptor afd, long offset, long length, int priority)：用于加载 FileDescriptor 对象中从 offset 开始，长度为 length 的音频。

为了更好地管理所加载的每个音频，一般使用一个 Map 对象来管理这些音频。这时可以先创建一个 HashMap 对象，然后调用 put( ) 方法将加载的音频保存到该对象中。示例代码如下：

```
Map<Integer,Integer> soundMap = new HashMap<Integer,Integer>();
soundMap.put(1,soundPool.load(this,R.raw.login,1));
soundMap.put(2,soundPool.load(this,R.raw.online,1));
```

代码中调用了 SoundPool 对象的 load( ) 方法，通过指定的资源 ID 加载音频文件。这里有一点需要说明，在前面提到的几个重载的 load( ) 方法中，都有一个 priority 参数，它表示文件加载的优先级。

但实际上，该参数目前还没有任何作用，Android 建议将该参数设为 1，以保持和未来的兼容性。

3. 播放音频

调用 SoundPool 对象的 play()方法可以播放指定的音频，play()方法的定义格式为：

```
play(int soundID,float leftVolume,float rightVolume,int priority,int loop,float rate)
```

该方法总共接收 6 个参数，每个参数都很重要。其中，第一个参数表示要播放的音频 id，该 id 即为通过 load()方法返回的值，并且非 0 表示成功，0 表示失败；第二个参数表示左声道的音量，取值范围为 0.0 ~ 1.0；第三个参数表示右声道的音量，取值范围同参数二；第四个参数表示播放音频的优先级，数值越大，优先级越高；第五个参数表示循环次数，0 为不循环，-1 为无限循环，其他值表示要重复播放的次数；第六个参数表示速率，最低为 0.5，最高为 2，1 代表正常速率。

通过上面的介绍，相信读者已经掌握了 play()方法的使用，那么这时是不是可以直接调用 SoundPool.play()播放音频了呢？需要注意的是，使用 SoundPool 播放音频时，必须要等到音频文件加载完成后才能播放，否则在播放时可能会产生一些问题。为了防止这种情况出现，Android 中提供了一个 SoundPool.OnLoadCompleteListener 接口，该接口中有一个 onLoadComplete(SoundPool soundPool,int sampleId,int status)方法，当音频文件载入完成后会执行该方法。因此为了确保成功播放，应该将播放音频的操作放入该方法中执行。

结合上述分步讲解，接下来给出一个使用 SoundPool 播放音频的完整示例，具体代码如下：

```
//创建一个可以容纳两个音频流的 SoundPool 对象
SoundPool soundPool = new SoundPool(2,AudioManager.STREAM_MUSIC,0);
// 创建一个 HashMap 对象
final Map<Integer,Integer> soundMap = new HashMap<Integer,Integer>();
// 将要播放的音频保存到 HashMap 对象中
soundMap.put(1,soundPool.load(this,R.raw.login,1));
soundMap.put(2,soundPool.load(this,R.raw.online,1));
soundPool.setOnLoadCompleteListener(new SoundPool.OnLoadCompleteListener(){
      @Override
      public void onLoadComplete(SoundPool soundPool,int sampleId,int status){
            // 播放音频
            soundPool.play(soundMap.get(1),1,1,0,1,(float)1.5);
            soundPool.play(soundMap.get(2),1,1,0,0,1);
      }
});
```

与 MediaPlayer 相比而言，使用 SoundPool 载入音频文件时使用的是独立线程，不会阻塞主线程，而且 SoundPool 还可以同时播放多个音频文件。

注意：

由于 SoundPool 只能播放时间较短的音频，如果音频文件较大则会造成 Heap size overflow 内存溢出异常。

10.2.3 使用 VideoView 播放视频

播放视频文件与播放音频文件类似，在 Android 中，主要是通过 VideoView 类来实现的。VideoView 将视频的显示和控制集于一身，使得开发者仅仅借助它就可以完成一个简易的视频播放器。VideoView 的用法和 MediaPlayer 比较类似，也提供了一些控制视频播放的方法，具体如表 10-7 所示。

表 10-7　VideoView 常用方法

方法声明	功能描述
setVideoPath()	设置要播放的视频文件的位置
start()	开始或继续播放视频
pause()	暂停播放视频
resume()	重新开始播放视频
seekTo()	从指定位置开始播放视频
isPlaying()	判断当前是否正在播放视频
getDuration()	获取载入的视频文件的时长

要想使用 VideoView 控件播放视频，首先需要在布局文件中创建该控件，然后在 Activity 中获取 VideoView 实例，并调用其 setVideoView() 方法或 setVideoURI() 方法加载要播放的视频，最后调用 start() 方法播放视频。在 Android 中还提供了一个可以与 VideoView 控件结合使用的 MediaController 控件，该控件提供一个友好的图形控制界面来控制视频的播放。

接下来，通过具体的步骤来演示如何使用 VideoView 播放视频文件。

1. 创建 VideoView 对象

不同于音乐播放，播放视频需要在界面中进行显示，因此首先要在布局文件中创建 VideoView 控件，具体 XML 代码如下所示。

```
<VideoView
    android:id="@+id/video_view"
    android:layout_width="match_parent"
    android:layout_height="match_parent" />
```

2. 播放视频

使用 VideoView 播放视频和音频的播放一样，既可以播放本地视频，也可以播放网络中的视频，具体代码如下：

```
VideoView videoView = (VideoView)findViewById(R.id.video_view);
//播放本地视频
videoView.setVideoPath("storage/emulated/0/movie.mp4");
//播放网络视频
videoView.setVideoURI(Uri.parse("http://www.xxx.mp4"));
videoView.start();
```

通过上述代码可以看出，播放网络视频非常简单，不需要做额外的处理，直接调用 setVideoURI()方法传入网络视频地址即可。当然，需要注意的是，播放网络视频时需要添加访问网络的权限。

3. 为 VideoView 添加控制器

使用 VideoView 播放视频时可以为它添加一个控制器 MediaController，它是一个与 MediaPlayer 相匹配的 Android 控件。MediaController 包含了一些典型的按钮，如播放/暂停(Play/Pause)、倒带(Rewind)、快进(Fast Forward)及进度滑块(progress slider)。它能够管理 MediaPlayer 的状态以保持控件的同步。可以使用下面的代码来为 VideoView 添加一个控制器。

```
MediaController controller = new MediaController(MainActivity.this);
//为 VideoView 绑定控制器
videoView.setMediaController(controller);
```

结合上述关键步骤，下面编写一个使用 VideoView 播放视频文件的具体实例，内容：

(1)新建一个 VideoPlayerDemo 项目，然后修改 activity_main. xml 中的代码，具体如下：

```
<?xml version="1.0" encoding="utf-8"?>
<RelativeLayout xmlns:android="http://schemas.android.com/apk/res/android"
    android:id="@+id/activity_main"
    android:layout_width="match_parent"
    android:layout_height="match_parent"
    android:padding="6dp">

    <VideoView
        android:id="@+id/video_view"
        android:layout_width="match_parent"
        android:layout_height="wrap_content"
        android:layout_centerInParent="true"
        android:background="@drawable/bg" />
</RelativeLayout>
```

上述 XML 代码在根布局中添加了一个 VideoView 控件用于显示视频。

(2)布局编写完成后，接下来在 MainActivity 中实现视频播放的处理逻辑，具体代码如下：

```
public class MainActivity extends AppCompatActivity {

    // 定义 VideoView 对象
    private VideoView videoView;

    @Override
    protected void onCreate(Bundle savedInstanceState) {
        super.onCreate(savedInstanceState);
        setContentView(R.layout.activity_main);
    // 实例化 VideoView 控件
        videoView = (VideoView) findViewById(R.id.video_view);
        // 为 VideoView 添加完成事件监听器
        videoView.setOnCompletionListener(new MediaPlayer.OnCompletionListener() {
            @Override
            public void onCompletion(MediaPlayer mp) {
                // 弹出吐司显示视频播放完毕
                Toast.makeText(MainActivity.this, "视频播放完毕",
                        Toast.LENGTH_SHORT).show();
            }
        });

        // 动态权限申请
        if (ContextCompat.checkSelfPermission(this, Manifest.permission.
                READ_EXTERNAL_STORAGE) != PackageManager.PERMISSION_GRANTED) {
            ActivityCompat.requestPermissions(this, new String[] {
                    Manifest.permission.READ_EXTERNAL_STORAGE}, 1);
        } else {
            initVideoView();
        }
    }
```

```
    //初始化 VideoView
    private void initVideoView(){
        try {
            File file = new File(Environment.getExternalStorageDirectory(),"oppo.mp4");
            //判断音频文件是否存在
            if(file.exists()){
                //指定要播放的视频
                videoView.setVideoPath(file.getPath());
                //设置 VideoView 与 MediaController 相关联
                videoView.setMediaController(new MediaController(this));
                //让 VideoView 获得焦点
                videoView.requestFocus();
                //开始播放视频
                videoView.start();
            } else {
                //弹出吐司提示文件不存在
                Toast.makeText(this,"要播放的视频文件不存在",
                        Toast.LENGTH_SHORT).show();
            }
            } catch(Exception e){
                e.printStackTrace();
            }

    }

    @Override
    public void onRequestPermissionsResult(int requestCode,String[] permissions,
                                          int[] grantResults){
        super.onRequestPermissionsResult(requestCode,permissions,grantResults);
        switch(requestCode){
            case 1:
                if(grantResults.length > 0 && grantResults[0] == PackageManager.
                        PERMISSION_GRANTED){
                  initVideoView();
                } else {
                    Toast.makeText(this,"拒绝权限将无法使用当前应用",
                            Toast.LENGTH_SHORT).show();
                    finish();
                }
            default:
                break;
        }
    }

    @Override
    protected void onDestroy(){
        super.onDestroy();
        //释放资源
        if(videoView != null){
            videoView.suspend();
        }
    }
}
```

上述处理过程和前面使用 MediaPlayer 播放音频的代码非常类似。首先在 onCreate( )方法中初始化 VideoView 控件并为其添加完成事件监听器,当视频播放完毕后将回调 onCompletion( )方法,在该方法里弹出 Toast 提示信息。接下来进行运行时权限处理,当用户同意授权之后就会调用 initVideoView( )方法来设置视频文件的路径,并为 VideoView 添加控制器 MediaController。该控制器可以显示视频的播放、暂停、快进快退和进度条功能。

(3)同样须在 AndroidManifest. xml 文件中声明用到的权限,代码如下:

```
<?xml version="1.0" encoding="utf-8"?>
<manifest xmlns:android="http://schemas.android.com/apk/res/android"
    package="cn.edu.ayit.videoplayerdemo">

     <uses-permission android:name="android.permission.READ_EXTERNAL_STORAGE" />

   ...
</manifest>
```

完成上述操作后,需要在 SD 卡的根目录下导入名为 oppo. mp4 视频文件,导入成功之后运行程序,效果如图 10-11 所示。

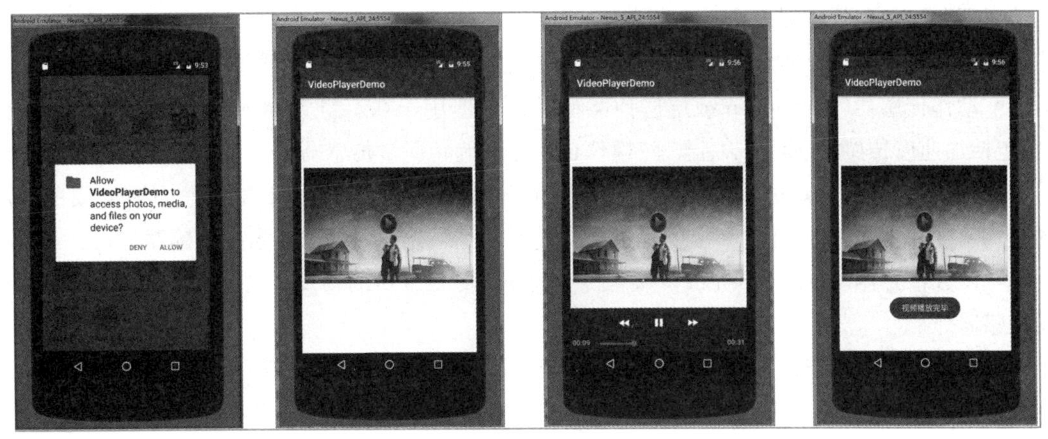

图 10-11　程序运行效果

程序开始运行时首先会弹出权限申请对话框,同意授权之后将开始播放视频,当单击屏幕时,在屏幕的底部会出现进度条以及前进后退的控制按钮,其实就是 MediaController 控制器,它不需要开发者手动创建。当视频播放完毕后,将显示吐司提示信息。

最后需要注意,VideoView 并不是一个万能的视频播放工具类,它在视频格式的支持以及播放效率方面都存在着较大的不足。因此,如果想要仅仅使用 VideoView 就编写出一个功能非常强大的视频播放器是不太现实的。但是,如果只是用于播放某个应用的宣传视频,或者一些游戏的片头动画,使用 VideoView 还是绰绰有余的。

注意:

由于 VideoPlayerDemo 应用是在模拟器上运行的,所以并没有显示视频画面,而在屏幕中央显示的图片是为 VideoView 控件设置的背景图。如果将该程序安装到真机上运行,就可以看到视频画面了。

10.3 传感器

传感器是一种物理检测装置,它能探测、感知外界的信号、物理条件(如光、热、温度)或化学组成(如烟雾),并将探知的信息传递给其他装置。可以将传感器理解为生物器官,当器官探知到信息时,就会将该信息传递给大脑进行加工处理。本节将对 Android 中传感器的相关内容进行详细的介绍。

10.3.1 Android 传感器简介

大部分 Android 设备都带有内置的用于测量运动、方位以及各种环境条件的传感器。这些传感器能够提供高精度、高准确性的原始数据,当用户需要监控设备的三维运动和位置或者监控周围条件的变化时,这些传感器很有效。Android 系统负责将这些传感器所输出的信息传递给开发者,开发者可以利用这些信息开发很多应用。例如,一款游戏 App 可以通过不断读取设备的重力传感器的方式推断用户的具体操作,如倾斜、摇晃、摆动等;一款跟天气相关的应用程序可以通过设备的温度传感器和湿度传感器计算并报告环境情况;一款跟旅游相关的应用程序可以利用磁场传感器和加速度传感器模拟一个罗盘等。

总的来说,Android 平台支持三种类型的传感器:

- 动作传感器(Motion Sensor):这种类型的传感器用于在三维方向上测量加速度和旋转角度,包括加速度传感器、重力传感器、陀螺仪传感器和旋转向量传感器等。
- 环境传感器(Environment Sensor):这类传感器可以测量不同环境的参数。例如,周围环境的空气温度和压强、光照强度和湿度等,包括湿度传感器、光线传感器和温度传感器等。
- 位置传感器(Position Sensor):这类传感器用于测量设备的物理位置,包括方向传感器和磁场传感器等。

开发者可以访问当前设备上支持的传感器,并且通过 Android 提供的传感器框架(Android Sensor Framework)获取相关的原始数据。Android 传感器框架提供了一系列的类和接口帮助开发者完成与传感器相关的各种任务,例如:

- 获取当前设备支持的传感器类型。
- 获取某个传感器的具体信息,如最大范围、生产厂商和功耗等。
- 从传感器获取传递回来的原始数据,以及定义传感器回传数据的精度、频率等。
- 注册或者注销用于监测传感器变化的监听器。

Android 的传感器框架允许开发者访问当前设备上各种类型的传感器,包括硬件传感器和软件传感器两类。硬件传感器指的是直接以芯片形式嵌入到 Android 设备中,它们直接测量具体数据并传递给应用程序;软件传感器不是以硬件方式存在于设备中,而是通过软件模拟出来的,因此又叫虚拟(Virtual)传感器或合成(Synthetic)传感器。它们的数据来自一个或者多个硬件传感器,但是获取的数据通常会经过二次加工。加速度传感器和重力传感器就是典型的软件传感器。

Android 系统提供了一个类 android. hardware. Sensor 代表传感器,该类将不同的传感器封装成了常量。常用的传感器对应的常量值如表 10-8 所示。

表 10-8　常用的传感器对应的常量值

传感器类型常量	对应整数值	传感器类型
Sensor. TYPE_ACCELEROMETER	1	加速度传感器
Sensor. TYPE_MAGNETIC_FIELD	2	磁场传感器
Sensor. TYPE_ORIENTATION	3	方向传感器(已废弃,但依然可用)
Sensor. TYPE_GYROSCOPE	4	陀螺仪传感器
Sensor. TYPE_LIGHT	5	光线传感器
Sensor. TYPE_PRESSURE	6	压力传感器
Sensor. TYPE_TEMPERATURE	7	温度传感器(已废弃,但依然可用)
Sensor. TYPE_PROXIMITY	8	距离传感器
Sensor. TYPE_GRAVITY	9	重力传感器
Sensor. TYPE_LINEAR_ACCELERATION	10	线性加速度
Sensor. TYPE_ROTATION_VECTOR	11	旋转矢量
Sensor. TYPE_RELATIVE_HUMIDITY	12	湿度传感器
Sensor. TYPE_AMBIENT_TEMPERATURE	13	温度传感器

注意:

TYPE_TEMPERATURE 已经被弃用,Google 官方推荐使用 TYPE_AMBIENT_TEMPERATURE 来获取温度传感器。

10.3.2　传感器的使用

了解了传感器的基本知识之后,接下来讲解如何通过 Android 系统提供的传感器框架使用 Android 设备中的传感器。由于传感器并不是所有型号的手机都支持,或者说各种型号的手机不一定支持所有的传感器,因此在使用传感器之前需要先查看手机中集成了哪些传感器,然后再使用指定的传感器。

Android 对每个设备的传感器都进行了抽象,除了前面已经介绍过的 Sensor 外,还涉及 SensorManager、SensorEvent 和 SensorEventListener 接口,现将这几个类或者接口的作用简单介绍如下:

- SensorManager:这个类用于创建传感器服务实例,它提供了访问和获得传感器列表的各种方法,以及注册和注销传感器事件监听器的方法。该类还提供了与传感器精度、数据获取频率、校正有关的常量。
- Sensor:这个类用作创建某个特定传感器的实例,它提供了一些用于获取传感器技术参数的方法。
- SensorEvent:该类用作创建传感器事件对象。传感器事件对象包含了传感器事件的相关信息,包括原始的传感器数据、传感器类型、产生的事件、事件精度以及事件发生的时间戳等。
- SensorEventListener:该接口包含了两个回调方法,当传感器的值发生改变或者传感器的精度发生改变时,相关方法就会被自动调用。

需要注意的是,由于模拟器不支持传感器,因此所有操作只能在真机上完成。使用传感器的一般步骤如下所示。

1. 获取所有传感器

首先从系统服务中获取传感器管理器(SensorManager),并从管理器中获取移动设备上支持的所有传感器信息,具体代码如下:

```
//获取传感器管理器
SensorManager sensorManager = (SensorManager)getSystemService(Context.SENSOR_SERVICE);
// 通过管理器获取当前设备支持的传感器列表
List < Sensor > allSensors = sensorManager.getSensorList(Sensor.TYPE_ALL);
// 使用 for 循环查看每一个传感器的详细信息
for(Sensor sensor:allSensors){
    // 获取传感器名称
    sensor.getName();
    ...
}
```

上述代码中，通过 SensorManager 获取到手机中所支持的所有传感器对象 Sensor，使用 Sensor 对象可以得到传感器的具体信息。

2. 获取指定传感器

如果要获取指定的传感器，在获得 SensorManager 管理器之后可以使用 getDefaultSensor(int type)方法获取，示例代码如下：

```
//获取传感器管理器
SensorManager sensorManager = (SensorManager)getSystemService(Context.SENSOR_SERVICE);
// 获取加速度传感器
Sensor sensor = sensorManager.getDefaultSensor(Sensor.TYPE_ACCELEROMETER);
if(sensor ! =null){
    // 当前设备支持加速度传感器
} else {
    // 不支持加速度传感器
}
```

调用 SensorManager 对象的 getDefaultSensor()方法，可以得到封装了传感器信息的 Sensor 对象，该方法接收相应的传感器常量作为参数，例如上面示例代码中的 Sensor. TYPE_ACCELEROMETER，又或者 Sensor. TYPE_GRAVITY(重力传感器)，如果没有该传感器则会返回 null 值。

Sensor 对象封装了传感器的信息，可以通过调用 Sensor 对象的方法，获取相应传感器的信息。Sensor 的常用方法如表 10-9 所示。

表 10-9　Sensor 的常用方法

方　法	功能描述
getName()	用于获取传感器名称
getVersion()	用于获取传感器版本
getVendor()	用于获取传感器制造商的名称
getType()	用于获取传感器类型
getPower()	用于获取传感器的功率
getResolution()	用于获取传感器精度值

3. 为传感器注册监听事件

在实际开发中，经常需要实时获取传感器的数据变化，因此在得到指定的传感器之后，需要为该传感器注册监听事件，具体代码如下：

```
sensorManager.registerListener(SensorEventListener listener,Sensor sensor,int samplingPeriodUs);
```

上述代码通过 SensorManager 的 registerListener()方法为传感器注册了监听，该方法接收三个参数，具体介绍如下：

(1)参数一为 SensorEventListener 对象，即传感器事件的监听器接口，该接口的两个抽象方法分别是 onSensorChanged(SensorEvent event)和 onAccuracyChanged(Sensor sensor,int accurarcy)。其中，第一个回调方法在传感器数据发生变化时调用，例如注册温度传感器，当外界温度发生变化时，就可以通过该方法中的 event 对象获取数据；第二个回调方法是当精度发生变化时调用，例如在坐地铁时使用磁场传感器，由于地铁中对磁场干扰比较强导致判断不准确，当离开地铁后磁场传感器恢复正常，这时候就会调用这个方法。

(2)参数二为 Sensor 实例，表示传感器对象，例如重力传感器、加速度传感器、湿度传感器等。

(3)参数三表示传感器数据变化的采样率，该采样率支持 4 种类型，具体如下：

① SensorManager. SENSOR_DELAY_FASTEST：延迟 10 ms。

② SensorManager. SENSOR_DELAY_GAME：延迟 20 ms，适合游戏的频率。

③ SensorManager. SENSOR_DELAY_UI：延迟 60 ms，适合普通界面的频率。

④ SensorManager. SENSOR_DELAY_NORMAL：延迟 200 ms，正常频率。

这里有一点需要注意，延迟越低意味着越频繁的检测，也就意味着更多的电量消耗，这对于用户来说体验不好。一般在实际开发中选择默认的 SensorManager. SENSOR_DELAY_NORMAL 参数就可以；开发游戏时可以选择 SensorManager. SENSOR_DELAY_GAME 参数。没有特殊需求的情况下，最好不要使用 SensorManager. SENSOR_DELAY_FASTEST 参数。

4. 注销传感器

由于 Android 系统中的传感器管理服务是系统底层服务，即使应用程序关闭后它也会一直在后台运行，而且传感器时刻都在采集数据，因此每秒都有大量数据产生，这样对设备电量造成极大的消耗。所以，在不使用传感器时要注销传感器的监听。注销传感器监听的方法如下所示：

```
if(listener ! =null){
    sensorManager.unregisterListener(listener);
    listener=null;
}
```

注销传感器时需要传入一个实现了 SensorEventListener 接口的类的实例，该实例就是前面注册传感器时创建的对象，注销完成后显式的把对象置为 null。

最后需要注意的是，为了节省手机电量，传感器不能一直运行。一般在 Activity 中获取一个传感器对象并进行注册，当 Activity 不在前台显示时应该注销传感器。所以，传感器的注册和注销推荐写在 Activity 的 onResume()和 onPause()方法中，这样会极大地节省手机电量。

10.3.3　几种常用的传感器

Android 系统本身支持多达十几种不同类型的传感器，本节将针对实际开发过程中较常使用的几种传感器的具体用法进行简单的介绍。

1. 加速度传感器

获取加速度传感器实例的代码如下：

```
SensorManager sensorManager=(SensorManager)getSystemService(Context.SENSOR_SERVICE);
//获取加速度传感器
Sensor sensor=sensorManager.getDefaultSensor(Sensor.TYPE_ACCELEROMETER);
```

从加速度传感器获取数据并进行相关处理的示例代码如下：

```
@Override
public void onSensorChanged(SensorEvent event){
    float gravity = SensorManager.STANDARD_GRAVITY;
    float xValue = event.values[0];  //加速度在 X 轴的负值
    float yValue = event.values[1];  //加速度在 Y 轴的负值
    float zValue = event.values[2];  //加速度在 Z 轴的负值
    tvInfo.setText("x 轴:" + xValue + "  y 轴:" + yValue + "  z 轴:" + zValue);
    if(xValue > gravity){
        tvInfo.append("\\n 重力指向设备左边");
    } else if(xValue < -gravity){
        tvInfo.append("\\n 重力指向设备右边");
    } else if(yValue > gravity){
        tvInfo.append("\\n 重力指向设备下边");
    } else if(yValue < -gravity){
        tvInfo.append("\\n 重力指向设备上边");
    } else if(zValue > gravity){
        tvInfo.append("\\n 屏幕朝上");
    } else if(zValue < -gravity){
        tvInfo.append("\\n 屏幕朝下");
    }
}
```

2. 重力传感器

重力传感器是加速度传感器的一种，其数据处理方式也相似。此处不再重复重力传感器的数据计算方法。获取重力传感器的代码如下：

```
SensorManager sensorManager = (SensorManager)getSystemService(Context.SENSOR_SERVICE);
//获取重力传感器
Sensor sensor = sensorManager.getDefaultSensor(Sensor.TYPE_GRAVITY);
```

3. 距离传感器

距离传感器用于探测 Android 设备与其他物体的距离，例如手机与头部的距离等。现实生活中接打电话时如果手机距离头过近屏幕会熄灭，这个功能就是利用距离传感器来实现的。

获取距离传感器实例的代码如下：

```
SensorManager sensorManager = (SensorManager)getSystemService(Context.SENSOR_SERVICE);
//获取距离传感器
Sensor sensor = sensorManager.getDefaultSensor(Sensor.TYPE_PROXIMITY);
```

下面的代码演示了使用距离传感器的方法：

```
@Override
public void onSensorChanged(SensorEvent event){
    float distance = event.values[0];
    tvInfo.setText("距离传感器获取到的值为:" + distance);
    //贴近手机
    if(distance == 0.0){
        //熄灭屏幕
    } else {//远离手机
        //点亮屏幕
    }
}
```

4. 光线传感器

Android 手机自带光线传感器，手机屏幕的自动亮度调整功能就是借助光线传感器来实现的，该传感器一般在前置摄像头附近。获取光线传感器实例的代码如下：

```
SensorManager sensorManager = (SensorManager) getSystemService(Context.SENSOR_SERVICE);
//获取光线传感器
Sensor sensor = sensorManager.getDefaultSensor(Sensor.TYPE_LIGHT);
```

获取到 Sensor 对象后，还需要对该传感器注册监听，代码如下：

```
sensorManager.registerListener(new SensorEventListener() {
    //当传感器监测到的数据发生变化时调用
    @Override
    public void onSensorChanged(SensorEvent event) {
        //values 数组中第一个元素就是当前的光照强度
        float value = event.values[0];
        tvInfo.setText("当前亮度为:" + value + "lx(勒克斯)");
    }

    //当传感器的精度发生变化时调用
    @Override
    public void onAccuracyChanged(Sensor sensor, int accuracy) {

    }
}, sensor, SensorManager.SENSOR_DELAY_NORMAL);
```

10.3.4 手机摇一摇实例

微信中的摇一摇功能就是利用加速度传感器实现的，本节将编写一个实例模仿微信摇一摇的功能，具体步骤如下：

(1)创建一个名为 ShakingDemo 的项目，然后修改 layout 目录下的 activity_main.xml 布局文件，具体代码如下：

```
<?xml version="1.0" encoding="utf-8"?>
<RelativeLayout xmlns:android="http://schemas.android.com/apk/res/android"
    android:id="@+id/activity_main"
    android:layout_width="match_parent"
    android:layout_height="match_parent">

    <ImageView
        android:id="@+id/iv_flower"
        android:layout_width="wrap_content"
        android:layout_height="wrap_content"
        android:layout_centerInParent="true" />
</RelativeLayout>
```

上述 XML 代码只在根元素 RelativeLayout 中添加了一个 ImageView 控件，其作用是播放“花开”的逐帧动画。

(2)接下来将已经准备好的一组花开过程的分解图片复制至 drawable 目录下，然后同在 drawable 目录下创建逐帧动画资源文件 flower.xml，如图 10-12 所示。

修改 flower. xml 文件的内容,具体代码如下:

```
<?xml version="1.0" encoding="utf-8"?>
<animation-list xmlns:android="http://schemas.android.com/apk/res/android"
    android:oneshot="true">

    <item
        android:drawable="@drawable/flower_1"
        android:duration="300" />
    <item
        android:drawable="@drawable/flower_2"
        android:duration="300" />
    <item
        android:drawable="@drawable/flower_3"
        android:duration="300" />
    <item
        android:drawable="@drawable/flower_4"
        android:duration="300" />
    <item
        android:drawable="@drawable/flower_5"
        android:duration="300" />
    <item
        android:drawable="@drawable/flower_6"
        android:duration="300" />

</animation-list>
```

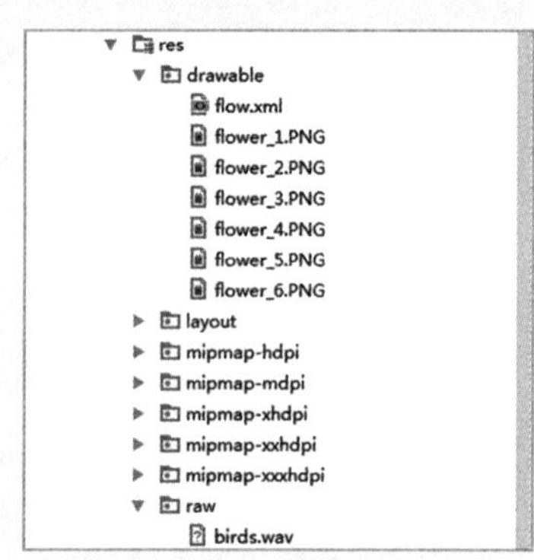

图 10-12 复制图片并创建逐帧动画 XML 文件

上述 XML 代码是定义逐帧动画的基本语法格式,不再赘述。

(3)在 MainActivity 中实现具体操作,它的主要作用是处理摇一摇动画效果和音效播放,以及注册加速度传感器监听器启动监听的逻辑,具体代码如下:

```
public class MainActivity extends AppCompatActivity {

    private ImageView ivFlower;
    private AnimationDrawable drawable;
    private SoundPool soundPool;
    private Map<Integer,Integer> soundMap;
    private ShakeListener listener;
    private SensorManager manager;

    @Override
    protected void onCreate(Bundle savedInstanceState){
        super.onCreate(savedInstanceState);
        setContentView(R.layout.activity_main);

        //初始化数据
        init();
    }

    private void init(){
        ivFlower = (ImageView)findViewById(R.id.iv_flower);
```

```
        ivFlower.setBackgroundResource(R.drawable.flow);
        // AnimationDrawable 用于创建一个逐帧动画
        drawable = (AnimationDrawable) ivFlower.getBackground();

        // 创建 SoundPool 对象
        soundPool = new SoundPool(1,AudioManager.STREAM_MUSIC,5);
        // 将要播放的音频保存到 HashMap 中
        soundMap = new HashMap<Integer,Integer>();
        soundMap.put(1,soundPool.load(this,R.raw.birds,1));
        // 获得传感器管理器
        manager = (SensorManager) getSystemService(Context.SENSOR_SERVICE);
    }

    @Override
    protected void onResume(){
        super.onResume();

        // 创建加速度监听器对象
        listener = new ShakeListener(){
            @Override
            public void shakeProcessing(){
                // 动画没有在播放状态,则播放
                if(drawable.isRunning()){
                    drawable.stop();
                }
                drawable.start();
                soundPool.play(soundMap.get(1),1,1,0,0,1);
            }
        };
        // 获得加速度传感器
        Sensor sensor = manager.getDefaultSensor(Sensor.TYPE_ACCELEROMETER);
        // 注册
        if(sensor != null){
            manager.registerListener(listener,sensor,SensorManager.SENSOR_DELAY_GAME);
        } else {
            Toast.makeText(this,"您的手机不支持该功能",Toast.LENGTH_SHORT).show();
        }
    }

    @Override
    protected void onPause(){
        super.onPause();

        // 应用失去焦点则注销监听器
        manager.unregisterListener(listener);
    }
}
```

上述代码中,首先在 onCreate( )方法里调用 init( )方法初始化数据,然后在 onResume( )方法中创建自定义的加速度监听器对象,并实现了其中的抽象方法 shakeProcessing( );当手机摇晃并达到一定指标时将会调用这个方法,播放花开的逐帧动画,并使用 SoundPool 播放同步音效。接下来获得了加速度传感器对象，再调用 SensorManager 的 registerListener( )方法为其注册监听。

需要注意的是，最后一定要在 onPause( )方法中注销传感器监听，避免浪费手机电量和内存资源。

(4)实现自定义的传感器事件监听器——ShakeListener 类，代码如下：

```
public abstract class ShakeListener implements SensorEventListener {
    // 手机上一个位置时加速度感应坐标
    private float lastX;
    private float lastY;
    private float lastZ;

    // 上次检测时间
    private long lastTime;

    // 存储增量汇总值
    private float total;

    // 两次检测的时间间隔
    private static final long INTERVAL_TIME = 100;
    // 多次测试的经验值:增量汇总阈值,当 total 达到该值后执行处理
    private static final float THRESHOLD = 200;

    @Override
    public void onSensorChanged(SensorEvent event) {

        if(event.sensor.getType() == Sensor.TYPE_ACCELEROMETER) {
            // 初始化检测数据
            if(lastTime == 0) {
                lastX = event.values[0];
                lastY = event.values[1];
                lastZ = event.values[2];

                lastTime = System.currentTimeMillis();
            } else {
                long curTime = System.currentTimeMillis();
                // 判断是否达到了检测时间间隔
                if(curTime - lastTime > = INTERVAL_TIME) {
                    // 获得 x,y,z 坐标
                    float x = event.values[0];
                    float y = event.values[1];
                    float z = event.values[2];

                    // 手机静止不动加速度也会有微小的改变
                    float dX = Math.abs(lastX - x);
                    if(dX < 1) {
                        dX = 0;
                    }

                    // 屏蔽极个别手机某个方向增量特别大
                    if(dX == 0 || Math.abs(lastY - y) == 0) {
                        init();
                    }
```

```
                    // 获得 x,y,z 的变化值的绝对值之和
                    float curDel = dX + Math.abs(lastY - y) + Math.abs(lastZ - z);

                    if(curDel == 0){
                        init();
                    }

                    // 对增量进行累加
                    total += curDel;

                    if(total >= THRESHOLD){
                        // 1. 达到汇总阈值,执行逻辑处理
                        shakeProcessing();
                        // 2. 重新初始化数据
                        init();
                    } else {
                        // 将现在的坐标赋值给 last 坐标
                        lastX = x;
                        lastY = y;
                        lastZ = z;

                        // 现在的时间变成 last 时间
                        lastTime = curTime;
                    }
                }
            }
        }
    }

    @Override
    public void onAccuracyChanged(Sensor sensor, int accuracy){

    }

    public abstract void shakeProcessing();

    // 初始化数据,重新进行监测
    private void init(){
        lastX = 0;
        lastY = 0;
        lastZ = 0;

        lastTime = 0;

        total = 0;
    }
}
```

上述代码中,创建 ShakeListener 类实现了 SensorEventListener 接口并重写了该接口中的 onSensorChanged( )和 onAccuracyChanged( )方法。当应用开启后,onSensorChanged( )方法将会不停地执行,在此方法中判断手机摇晃的频率是否超过设定的阈值,如果达到要求就调用抽象方法

shakeProcessing( )。在 MainActivity 中创建 ShakeListener 实例时实现了这个方法来执行摇一摇的具体处理。

在真机上运行程序，界面效果如图 10-13 所示。此时以稍大的频率晃动手机，屏幕中央的 ImageView 将会播放花开的逐帧动画，并且还会听到同步的音乐响起。

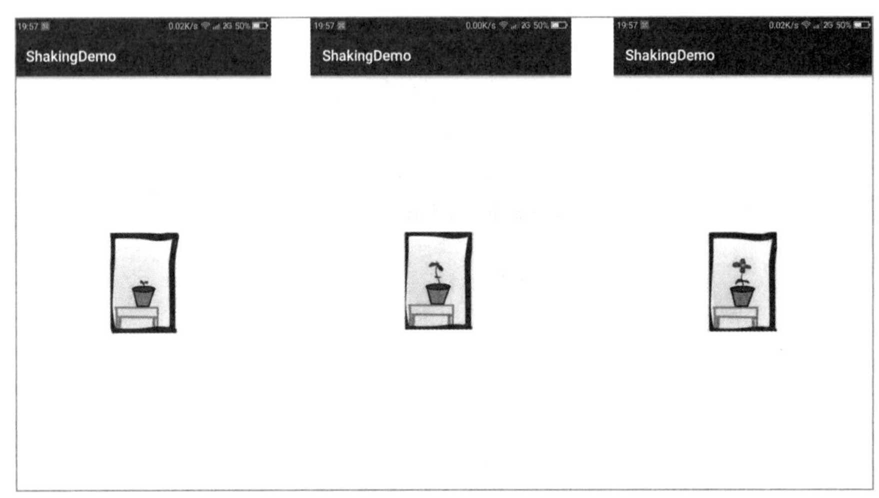

图 10-13 程序在真机上的运行效果

10.4 Android 新版本新特性

在 Android 5.0 和 6.0 版本中，新增了很多新特性以及新的 UI 控件，有利于开发者编写出用户体验更加优秀的 Android 应用程序，本节将针对新版本中的几个新控件进行具体的介绍。而在正式介绍这些控件的使用方法前，先来简单解释一下什么是 Material Design。

10.4.1 Material Design 简介

之所以先对 Material Design 进行简介，原因在于本小节后面所谈及的 5 个新版本中的控件都属于 Material Design 设计规范的具体内容。Material Design 是由 Google 的设计工程师们基于传统优秀的设计原则，结合丰富的创意和科学技术所发明的一套全新的界面设计语言，或者说是一套完整的设计规范，其中包含了视觉、运动、互动效果等特性。

为了做出表率，谷歌从 Android 5.0 系统开始，就将所有内置的应用都使用 Material Design 风格来进行设计。但 Material Design 的普及程度却不是特别理想。因为这只是一个推荐的设计规范，主要是面向 UI 设计人员的，而不是面向开发者的。很多开发者可能根本就搞不清楚什么样的界面和效果才叫 Material Design，就算搞清楚了，实现起来也会很费劲，因为不少 Material Design 的效果是很难实现的，而 Android 中却几乎没有提供相应的 API 支持，一切都要靠开发者自己从零写起。

谷歌也意识到了这个问题，于是在 2015 年的 Google I/O 大会上推出了一个 Design Support 库，这个库将 Material Design 中最具代表性的一些控件和效果进行了封装，使得开发者在即使不了解 Material Design 的情况下也能非常轻松地将自己的应用 Material 化。

10.4.2 DrawerLayout

Android 5.0 版本新增了 DrawerLayout 控件用于实现侧滑效果，在实际开发中侧滑效果的使用非常广泛,例如 QQ、网易新闻等流行的 App 都提供了滑动菜单的功能。

所谓的滑动菜单就是将一些菜单选项隐藏起来,而不是放置在主界面上,然后可以通过滑动的方式将菜单显示出来。这种方式既节省了屏幕空间,又带来了非常好的用户交互体验,是 Material Design 中推荐的做法。

从名称上容易看出,DrawerLayout 其实是一个布局,在其中允许放置两个直接子控件。第一个子控件是主界面中显示的内容,另一个子控件是侧滑栏中显示的内容。接下来通过实例对 DrawerLayout 控件的使用进行详细讲解,具体步骤如下:

(1)创建一个名为 DrawerLayout 的项目,然后修改 activity_main. xml 中的代码,具体如下。

```
<?xml version="1.0" encoding="utf-8"?>
<android.support.v4.widget.DrawerLayout xmlns:android="http://schemas.android.com/apk/res/
android"
    android:id="@+id/drawer_layout"
    android:layout_width="match_parent"
    android:layout_height="match_parent">

    <FrameLayout
        android:layout_width="match_parent"
        android:layout_height="match_parent"
        android:background="@android:color/holo_blue_light">

        <TextView
            android:layout_width="wrap_content"
            android:layout_height="wrap_content"
            android:layout_gravity="center"
            android:text="主界面"
            android:textSize="30sp" />
    </FrameLayout>

    <TextView
        android:layout_width="match_parent"
        android:layout_height="match_parent"
        android:layout_gravity="start"
        android:background="#ffffff"
        android:gravity="center"
        android:text="侧滑界面"
        android:textSize="30sp" />

</android.support.v4.widget.DrawerLayout>
```

上述布局中,将根元素指定为 DrawerLayout,该控件是由 support-v4 库提供的,使用时需要写出全路径名。DrawerLayout 中添加了两个子控件,第一个子控件是 FrameLayout,用于显示主界面中的内容;第二个子控件为 TextView,作为侧滑栏中显示的内容。需要注意的是,必须为 TextView 控件指定 layout_gravity 属性,通过该属性告知 DrawerLayout 侧滑栏是在屏幕的左边(指定为"left")还是右边(指定为"right")。这里的 layout_gravity 属性值为 start,表示会根据系统语言进行判断,如果系统语言是从左向右的,比如汉语、英语,侧滑栏就在左边,如果系统语言是从右向左的,比如阿拉伯语,侧滑栏就在右边。

(2)DrawerLayout 只需在布局文件中引入,不需要编写任何界面交互代码便可实现侧滑效果。运行程序,效果如图 10-14 所示。在屏幕的左侧边缘向右拖动,就可以让侧滑栏显示出来了。

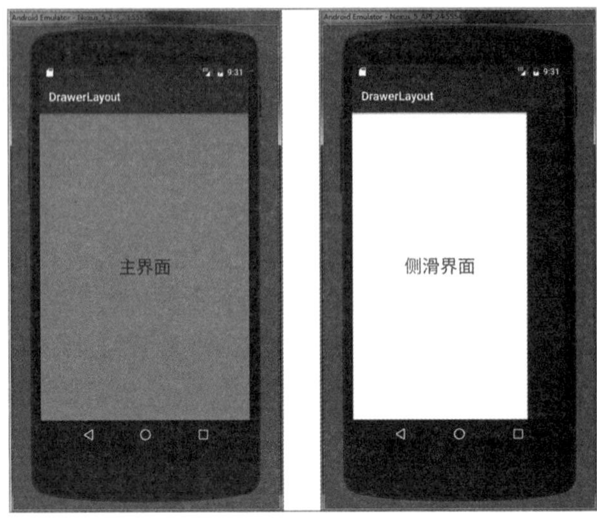

图 10-14　DrawerLayout 实例运行效果

10.4.3　NavigationView

在 Android 应用中，使用 DrawerLayout 时可以在滑动栏界面定制任意的布局，不过谷歌给开发者提供了一种更好的方法——使用 NavigationView。NavigationView 是 Design Support 库中提供的一个控件，它不仅是严格按照 Material Design 的要求来进行设计的，而且还可以将滑动菜单界面的实现变得非常简单。接下来仍然通过一个实例讲解 NavigationView 的用法，具体步骤如下：

（1）新建一个项目 NavigationView，由于 NavigationView 控件是 Design Support 库中提供的，首先需要将这个库引入到当前项目中。单击 Android Studio 工具栏中的按钮，将打开如图 10-15 所示的 Project Structure 对话框。

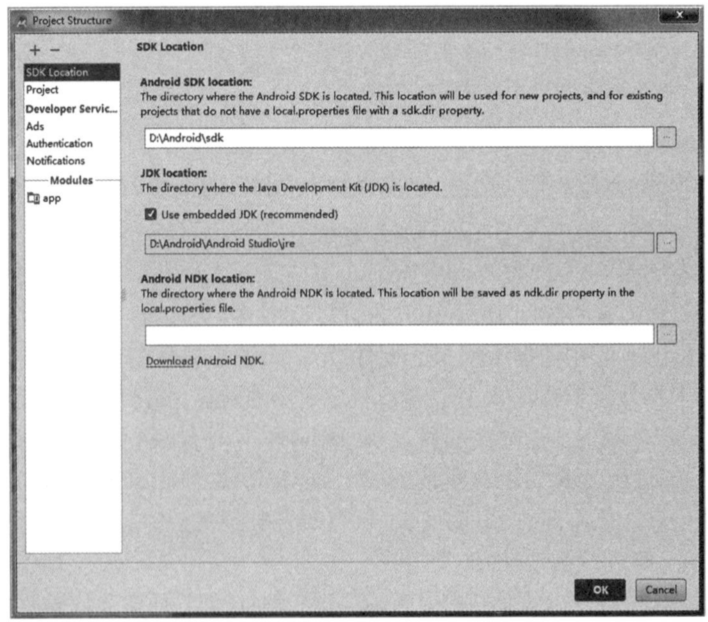

图 10-15　Project Structure 对话框

在 Project Structure 对话框左侧的 Modules 一栏选择 app，然后单击右侧的 Dependencies 选项卡，接着再单击右侧的“+”按钮，如图 10-16 所示。

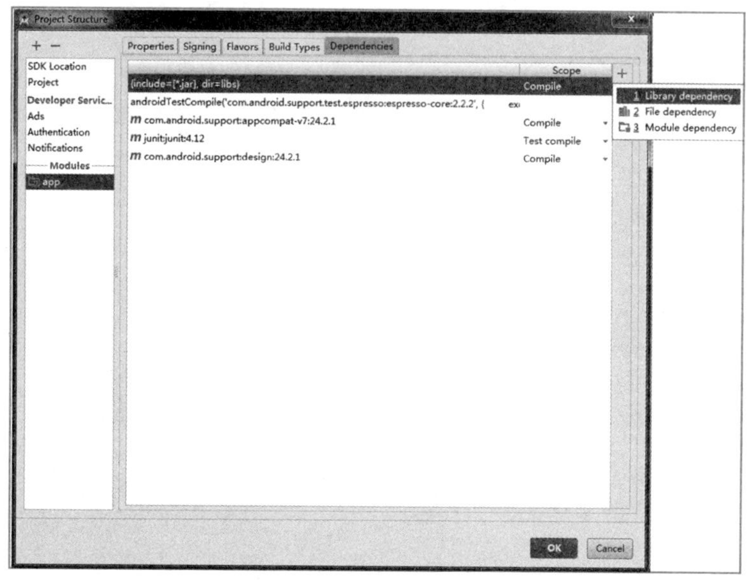

图 10-16　添加依赖

在弹出的菜单选项中选择 Library dependency，打开如图 10-17 所示的 Choose Library Dependency 对话框。可以在搜索栏中输入关键字 design，然后单击右侧的搜索按钮帮助快速查找所需导入的 Library，选择完毕单点击 OK 按钮即可完成 Support Design 库的引入。

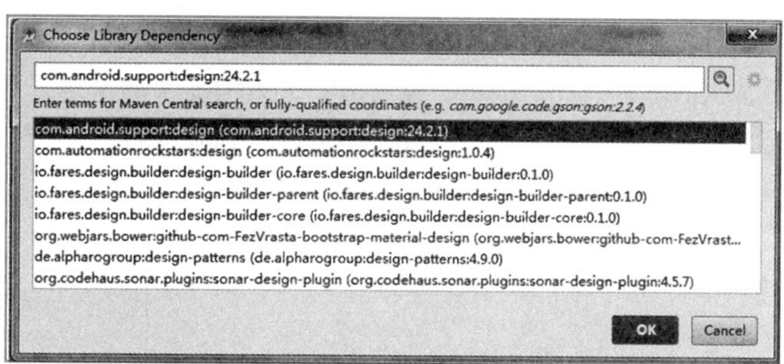

图 10-17　在 Choose Library Dependency 窗口中选择并确认添加

(2)在开始使用 NavigationView 之前，还需要提前准备 menu 和 headerLayout。其中，menu 是用于在 NavigationView 中显示具体的菜单项的，headerLayout 则是用于在 NavigationView 中显示头部布局的。

先来创建 menu。需要将事先准备好的几张图片拷贝至 res/drawable 目录，作为滑动菜单选项的图标，如图 10-18 所示。

准备好图片资源后，在 res 目录下建立 menu 子目录，然后在 menu 目录上右击，并在弹出的快捷菜单中依次选择 New→Menu resource file 命令，创建一个 nav_menu. xml 文件，创建完成后修改其代码如下：

```
<?xml version="1.0" encoding="utf-8"?>
<menu xmlns:android="http://schemas.android.com/apk/res/android">
    <group android:checkableBehavior="single">
        <item
            android:id="@+id/nav_tasks"
            android:icon="@drawable/iv_tasks"
            android:title="Tasks" />
        <item
            android:id="@+id/nav_messages"
            android:icon="@drawable/iv_messages"
            android:title="Messages" />
        <item
            android:id="@+id/nav_new_post"
            android:icon="@drawable/iv_new_post"
            android:title="New Post" />
        <item
            android:id="@+id/nav_settings"
            android:icon="@drawable/iv_settings"
            android:title="Settings" />
        <item
            android:id="@+id/nav_logout"
            android:icon="@drawable/iv_logout"
            android:title="Logout" />
    </group>
</menu>
```

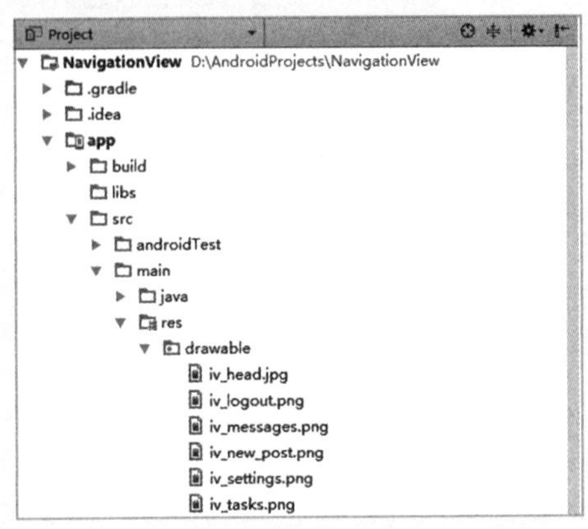

图 10-18　复制菜单项图片至 res/drawable 目录

上述 XML 代码中，首先在 <menu> 中嵌套了一个 <group> 标签，然后将其 checkableBehavior 属性指定为 single。group 表示一个组，checkableBehavior 指定为 single 表示组中所有菜单项只能单选。接着在 group 中又定义了 5 个 item，并分别使用 android:id 属性指定菜单项的 id；android:icon 属性指定菜单项显示的图标；android:title 属性指定菜单项显示的文本。

完成上述操作后，menu 就定义好了。下面再来创建 headerLayout。需要在 res/layout 目录下新建一个 nav_header.xml 文件，然后修改其中的代码，具体如下：

```
<?xml version="1.0" encoding="utf-8"?>
<LinearLayout xmlns:android="http://schemas.android.com/apk/res/android"
    android:layout_width="match_parent"
    android:layout_height="180dp"
    android:background="?attr/colorPrimary"
    android:orientation="vertical"
    android:padding="10dp">

    <ImageView
        android:layout_width="120dp"
        android:layout_height="120dp"
        android:layout_gravity="center"
        android:src="@drawable/iv_head" />

    <TextView
        android:layout_width="match_parent"
        android:layout_height="wrap_content"
        android:layout_marginTop="10dp"
```

```
    android:gravity="center"
        android:text="fengxiaowang"
        android:textSize="20sp" />

</LinearLayout>
```

上述 XML 代码中,在一个垂直的线性布局里添加了一个 ImageView 控件和一个 TextView 控件。通过 android:src 属性给 ImageView 指定了一张图片作为头像,这张图片资源(即 iv_head. jpg)已经在前面和菜单项的图标一起复制至 drawable 目录中了;TextView 用于显示用户名。至此,menu 和 headerLayout 就都准备好了。

(3)修改 activity_main. xml 布局文件的内容,具体代码如下:

```
<?xml version="1.0" encoding="utf-8"?>
<android.support.v4.widget.DrawerLayout xmlns:android="http://schemas.android.com/apk/res/
android"
    xmlns:app="http://schemas.android.com/apk/res-auto"
    android:id="@+id/drawer_layout"
    android:layout_width="match_parent"
    android:layout_height="match_parent">

    <FrameLayout
        android:layout_width="match_parent"
        android:layout_height="match_parent"
        android:background="@android:color/holo_blue_light">

        <TextView
            android:layout_width="wrap_content"
            android:layout_height="wrap_content"
            android:layout_gravity="center"
            android:text="主界面"
            android:textSize="30sp" />
    </FrameLayout>

    <android.support.design.widget.NavigationView
        android:id="@+id/nav_view"
        android:layout_width="match_parent"
        android:layout_height="match_parent"
        android:layout_gravity="start"
        app:headerLayout="@layout/nav_header"
        app:menu="@menu/nav_menu" />

</android.support.v4.widget.DrawerLayout>
```

上述代码将 DrawerLayout 实例中的 TextView 替换成了 NavigationView,这样,侧滑栏中显示的内容也就变成 NavigationView 了;并且通过 app:menu 和 app:headerLayout 属性将刚刚准备好的 menu 和 headerLayout 设置了进去。

(4)在 MainActivity 中处理菜单项的单击事件,具体代码如下:

```
public class MainActivity extends AppCompatActivity {
    private DrawerLayout drawerLayout;

    @Override
    protected void onCreate(Bundle savedInstanceState) {
        super.onCreate(savedInstanceState);
        setContentView(R.layout.activity_main);

        drawerLayout = (DrawerLayout)findViewById(R.id.drawer_layout);
        NavigationView navView = (NavigationView)findViewById(R.id.nav_view);
        navView.setCheckedItem(R.id.nav_tasks);
        navView.setNavigationItemSelectedListener(new NavigationView.
                OnNavigationItemSelectedListener() {
            @Override
            public boolean onNavigationItemSelected(MenuItem item) {
                drawerLayout.closeDrawers();
                return true;
            }
        });
    }
}
```

上述代码中,首先获取 NavigationView 的实例,然后调用它的 setCheckedItem( )方法将菜单项 Tasks 设置为默认选中。接着调用 setNavigationItemSelectedListener( )方法给 NavigationView 对象添加了一个菜单项选中事件的监听器。当用户单击任意菜单项时,就会回调 onNavigationItemSelected( )方法,开发者可以在这个方法中编写相应的处理逻辑。我们这里只是调用了 DrawerLayout 的 closeDrawers( )方法将滑动菜单关闭掉。

运行程序,效果如图 10-19 所示。在主界面的左侧边缘按下鼠标左键并向右拖动,将会显示滑动菜单,此时如果单击某一个菜单选项,滑动菜单则向左滑回关闭。

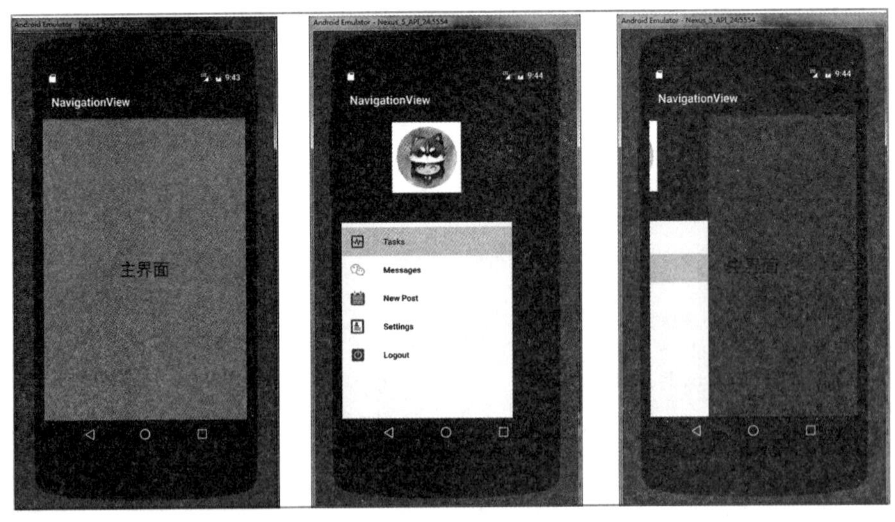

图 10-19 NavigationView 运行效果

10.4.4 RecyclerView

通常情况下,当有大量的数据需要进行展示时开发者首先会想到使用 ListView。但实际上

ListView 还存在一些不足，例如，ListView 的扩展性不够好，它只能实现条目纵向滚动的效果，而不能实现横向滚动；此外，在使用过程中，如果不采用一些技巧来提升 ListView 的运行效率，那么它的性能则会很差。

为此，在 Android 5.0 之后，谷歌公司提供了一个更强大的滚动控件，这个控件就是 RecyclerView。它可以说是一个增强版的 ListView，不仅可以轻松实现和 ListView 同样的效果，还优化了 ListView 中存在的各种不足之处。目前 Google 官方更加推荐使用 RecyclerView。本小节就将使用 RecyclerView 实现跟 6.4.3 节基本一样的展示系统联系人列表的功能，具体步骤如下：

（1）新建一个名为 RecyclerView 的项目，待项目创建成功后，由于考虑到 RecyclerView 控件是定义在 support-v7 库中的，使用该控件需要首先导入相应的依赖库，如图 10-20 所示，而具体导入方法可以参看上一小节的实例。

（2）接下来，因为实现的功能基本一致，所以可以将 ReadContacts 项目中的 Contact 类、drawable 图片资源及 list_item. xml 布局文件一并复制至当前项目对应的目录中。其中，实体类 Contact 用于封装系统联系人的信息；图片资源用于显示联系人的头像；list_item. xml 布局文件的作用则是展示 RecyclerView 每个 item 的数据。完成上述操作后 RecyclerView 项目的目录结构如图 10-21 所示。

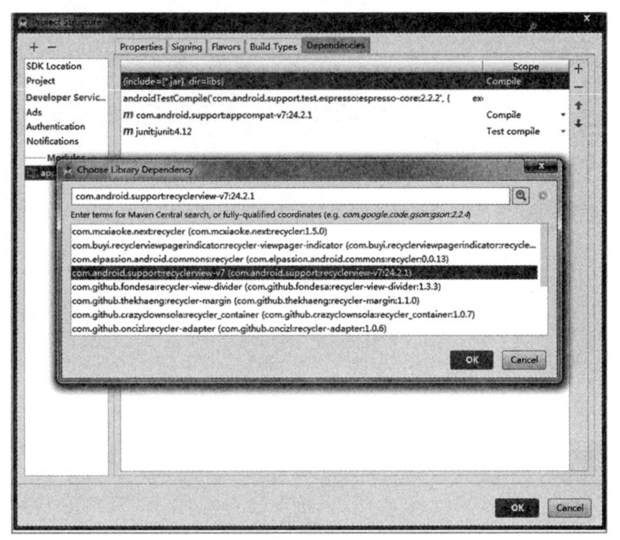

图 10-20 将 support-v7 库导入到当前项目中

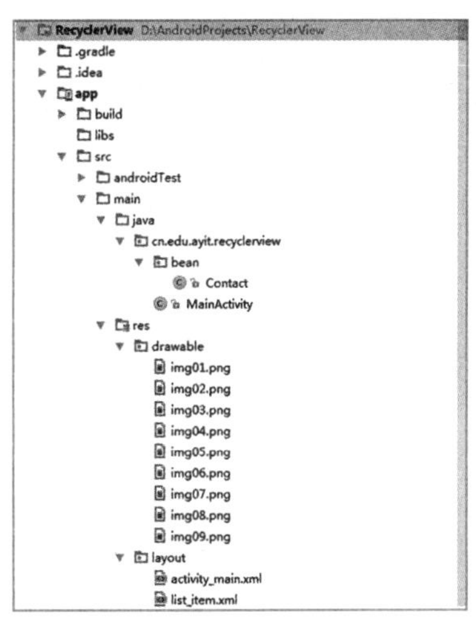

图 10-21 直接复制 RecyclerView 项目所需的实体类及部分资源

（3）编写 MainActivity 的布局文件 activity_main. xml，在其中添加一个 RecyclerView 控件，具体代码如下：

```
<?xml version="1.0" encoding="utf-8"?>
<RelativeLayout xmlns:android="http://schemas.android.com/apk/res/android"
    android:id="@+id/activity_main"
    android:layout_width="match_parent"
    android:layout_height="match_parent"
```

```
    android:padding="10dp">

    <android.support.v7.widget.RecyclerView
        android:id="@+id/recycler_view"
        android:layout_width="match_parent"
        android:layout_height="match_parent" />

</RelativeLayout>
```

需要注意的是，在布局文件中使用 RecyclerView 控件需要指明其完整路径。

(4)布局编写完成后，需要在 MainActivity 中实现处理逻辑，具体代码如下所示。

```
public class MainActivity extends AppCompatActivity {

    private RecyclerView recyclerView;
    //数据源
    private List<Contact> contacts = new ArrayList<Contact>();
    //头像资源数组
    private int[] headIds = {R.drawable.img01,R.drawable.img02,R.drawable.img03,
            R.drawable.img04,R.drawable.img05,R.drawable.img06,
            R.drawable.img07,R.drawable.img08,R.drawable.img09};

    private ContactAdapter adapter;

    @Override
    protected void onCreate(Bundle savedInstanceState) {
        super.onCreate(savedInstanceState);
        setContentView(R.layout.activity_main);


        recyclerView = (RecyclerView)findViewById(R.id.recycler_view);
        LinearLayoutManager layoutManager = new LinearLayoutManager(this);
        recyclerView.setLayoutManager(layoutManager);

        //动态权限申请
        if(ContextCompat.checkSelfPermission(this,Manifest.permission.READ_CONTACTS)
                != PackageManager.PERMISSION_GRANTED) {
            ActivityCompat.requestPermissions(this,new String[]{Manifest.
                    permission.READ_CONTACTS},1);
        } else {
            readContacts();
        }
    }

    //查询系统联系人信息
    private void readContacts() {
        Cursor cursor = null;
        ContentResolver resolver = getContentResolver();
        try {
            //查询系统联系人信息
            cursor = resolver.query(ContactsContract.CommonDataKinds.Phone.CONTENT_URI,
```

```
                new String[]{"display_name",ContactsContract.
                        CommonDataKinds.Phone.NUMBER},null,null,null);
        if(cursor!=null && cursor.getCount()>0){
            Contact contact=null;
            int i=0;
            while(cursor.moveToNext()){
                //创建一个联系人对象
                contact=new Contact();
                //获取联系人姓名
                String displayName=cursor.getString(0);
                //获取联系人手机号码
                String number=cursor.getString(1);
                //设置联系人属性
                contact.setHeadImgId(headIds[i++]);
                contact.setName(displayName);
                contact.setNumber(number);
                //将联系人添加到 List 集合中
                contacts.add(contact);
            }
            //给 RecyclerView 设置适配器
            adapter=new ContactAdapter();
            recyclerView.setAdapter(adapter);
        }
    }catch(Exception e){
        e.printStackTrace();
    }finally{
        if(cursor!=null){
            cursor.close();
        }
    }
}

@Override
public void onRequestPermissionsResult(int requestCode,@NonNull String[] permissions,
                                        @NonNull int[] grantResults){
    switch(requestCode){
        case 1:
            if(grantResults.length > 0 && grantResults[0]==PackageManager.
                    PERMISSION_GRANTED){
                readContacts();
            }else{
                Toast.makeText(this,"你拒绝了权限",Toast.LENGTH_SHORT).show();
            }
            break;
    }
}

class ContactAdapter extends RecyclerView.Adapter<ContactAdapter.MyViewHolder>{

    class MyViewHolder extends RecyclerView.ViewHolder{
```

```
            ImageView ivHead;
            TextView tvName;
            TextView tvNumber;

            public MyViewHolder(View itemView){
                super(itemView);
                ivHead = (ImageView)itemView.findViewById(R.id.iv_head);
                tvName = (TextView)itemView.findViewById(R.id.tv_name);
                tvNumber = (TextView)itemView.findViewById(R.id.tv_number);
            }
        }

        @Override
        public MyViewHolder onCreateViewHolder(ViewGroup parent,int viewType){
            View view = LayoutInflater.from(MainActivity.this).
                    inflate(R.layout.list_item,parent,false);
            MyViewHolder holder = new MyViewHolder(view);
            return holder;
        }

        @Override
        public void onBindViewHolder(MyViewHolder holder,int position){
            Contact contact = contacts.get(position);
            holder.ivHead.setImageResource(headIds[position]);
            holder.tvName.setText(contact.getName());
            holder.tvNumber.setText(contact.getNumber());
        }

        @Override
        public int getItemCount(){
            return contacts.size();
        }
    }
}
```

从上述代码可以看出，RecyclerView 与 ListView 的使用方法非常相似，都需要自定义 Adapter 进行数据适配。此外，在 onCreate( ) 方法中创建了一个 LinearLayoutManager 对象，并调用 RecyclerView 的 setLayoutManager( ) 方法将其作为参数设置进去。LayoutManager 用于指定 RecyclerView 的布局方式，这里使用的 LinearLayoutManager 是线性布局的意思，可以实现和 ListView 类似的效果。

(5) 在 AndroidManifest.xml 文件中添加读取系统联系人的权限，代码如下所示。

```
<?xml version="1.0" encoding="utf-8"?>
<manifest xmlns:android="http://schemas.android.com/apk/res/android"
    package="cn.edu.ayit.recyclerview">

    <uses-permission android:name="android.permission.READ_CONTACTS" />

    ...
</manifest>
```

运行程序，效果如图 10-22 所示，这样也就实现了使用 RecyclerView 展示系统联系人信息的功能。

实际上，利用 RecyclerView 控件还可以实现诸如横向滚动、网格布局、瀑布流布局等很多其他酷炫的效果，读者可以自行查阅相关文档去做进一步的了解。

图 10-22　RecyclerView 运行效果

10.4.5　SwipeRefreshLayout

下拉刷新是一个使用非常广泛的功能，例如微信朋友圈、今日头条等都使用到了下拉刷新操作。在 Android 5.0 版本中，谷歌公司推出了一个全新的控件 SwipeRefreshLayout 用于实现下拉刷新，使得开发过程中实现此功能更加方便简捷。接下来在上一小节实例的基础之上进行修改，通过使用 SwipeRefreshLayout 控件实现 RecyclerView 的下拉刷新，具体步骤如下：

（1）修改布局文件 activity_main.xml 的内容，具体代码如下：

```
<?xml version="1.0" encoding="utf-8"?>
<RelativeLayout xmlns:android="http://schemas.android.com/apk/res/android"
    android:id="@+id/activity_main"
    android:layout_width="match_parent"
    android:layout_height="match_parent"
    android:padding="10dp">

   <android.support.v4.widget.SwipeRefreshLayout
        android:id="@+id/swipe_refresh"
        android:layout_width="match_parent"
        android:layout_height="match_parent">

   <android.support.v7.widget.RecyclerView
            android:id="@+id/recycler_view"
            android:layout_width="match_parent"
            android:layout_height="match_parent" />
    </android.support.v4.widget.SwipeRefreshLayout>

</RelativeLayout>
```

上述 XML 代码在 <RecyclerView> 标签的外面又嵌套了一层 <SwipeRefreshLayout> 标签，这样 RecyclerView 控件就自动拥有下拉刷新功能了。

（2）在 MainActivity 中处理具体的刷新逻辑，将其代码修改如下：

```
public class MainActivity extends AppCompatActivity {

    private SwipeRefreshLayout swipeRefresh;
    ...

    @Override
    protected void onCreate(Bundle savedInstanceState) {
        super.onCreate(savedInstanceState);
        setContentView(R.layout.activity_main);
```

```
        ...
        swipeRefresh = (SwipeRefreshLayout) findViewById(R.id.swipe_refresh);
        swipeRefresh.setColorSchemeResources(R.color.colorPrimary);
        swipeRefresh.setOnRefreshListener(new SwipeRefreshLayout.OnRefreshListener() {
            @Override
            public void onRefresh() {
                //刷新联系人信息
                refreshContacts();
            }


        });
        ...
    }

    private void refreshContacts() {
        new Thread() {
            @Override
            public void run() {
                try {
                    Thread.sleep(2000);
                } catch (InterruptedException e) {
                    e.printStackTrace();
                }
                runOnUiThread(new Runnable() {
                    @Override
                    public void run() {
                        readContacts();
                        adapter.notifyDataSetChanged();
                        swipeRefresh.setRefreshing(false);
                    }
                });
            }
        }.start();
    }

    ...

    class ContactAdapter extends RecyclerView.Adapter<ContactAdapter.MyViewHolder> {
        ...

        @Override
        public void onBindViewHolder(MyViewHolder holder, int position) {
            Contact contact = contacts.get(position);
            holder.ivHead.setImageResource(headIds[position % headIds.length]);
            holder.tvName.setText(contact.getName());
            holder.tvNumber.setText(contact.getNumber());
        }

        ...
    }
}
```

上述代码中，首先通过 findViewById( ) 方法获取 SwipeRefreshLayout 的实例，然后调用 setColorSchemeResources( ) 方法设置下拉刷新进度条的颜色，接着再调用 setOnRefreshListener( ) 方法为 SwipeRefreshLayout 添加了一个监听器，当触发了下拉刷新操作的时候就会回调此监听器的 onRefresh( ) 方法，在这个方法中处理具体的刷新逻辑。

这里，在 onRefresh( ) 方法中调用了 refreshContacts( ) 方法模拟去网络上请求最新数据的操作：在该方法里开启了一个子线程并让其休眠 2 s，以便于观察刷新的过程；休眠结束之后，重新读取一遍系统联系人信息，接着调用 ContactAdapter 的 notifyDataSetChanged( ) 方法通知 RecyclerView 更新数据，最后调用 SwipeRefreshLayout 对象的 setRefreshing( ) 方法结束刷新事件并隐藏刷新进度条。

代码中还有一点需要注意，在 ContactAdapter 类的 onBindViewHolder( ) 方法中，调用 setImageResource( ) 方法为 ImageView 设置头像图片资源时，需要通过 position 获取 headIds 数组中对应图片资源的 id，此处增加了一个取模运算，否则将会因数组越界导致程序崩溃。

完成上述操作后，重新运行程序，效果如图 10-23 所示。在主界面向下拖动鼠标，屏幕上将会显示一个下拉刷新的进度条，松开鼠标后便开始自动进行刷新操作。待刷新进度条消失后，可以观察到所有联系人的信息又被重新加载了一遍。

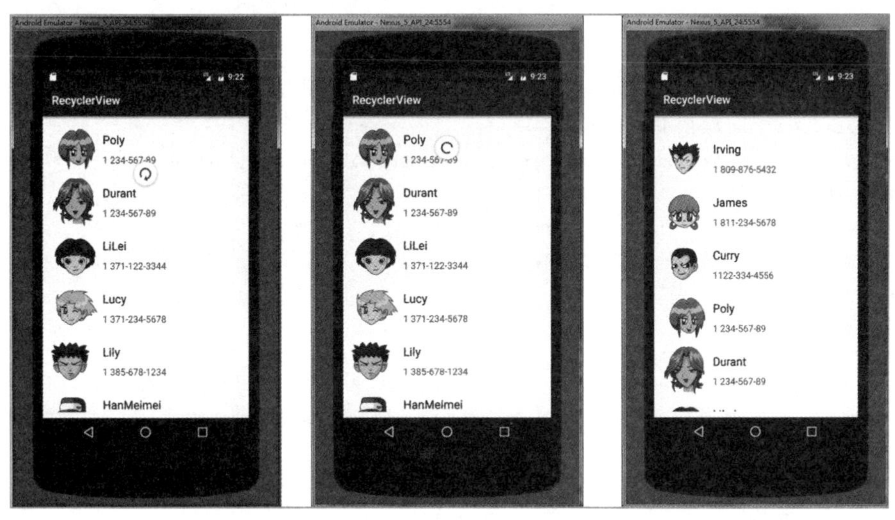

图 10-23　SwipeRefreshLayout 运行效果

10.4.6　SnackBar

SnackBar 同样是 Android Design Support 库中提供的一个新控件，可以用于在屏幕底部快速的弹出提示消息。可以简单地把它理解成一个增强版的 Toast，或者是一个轻量级的 Dialog。下面通过一个小实例演示 SnackBar 的具体使用，操作步骤如下：

(1) 创建一个名称为 SnackBar 的项目，并且待项目创建成功后，需要将 Support Design 库导入进来，如图 10-24 所示。

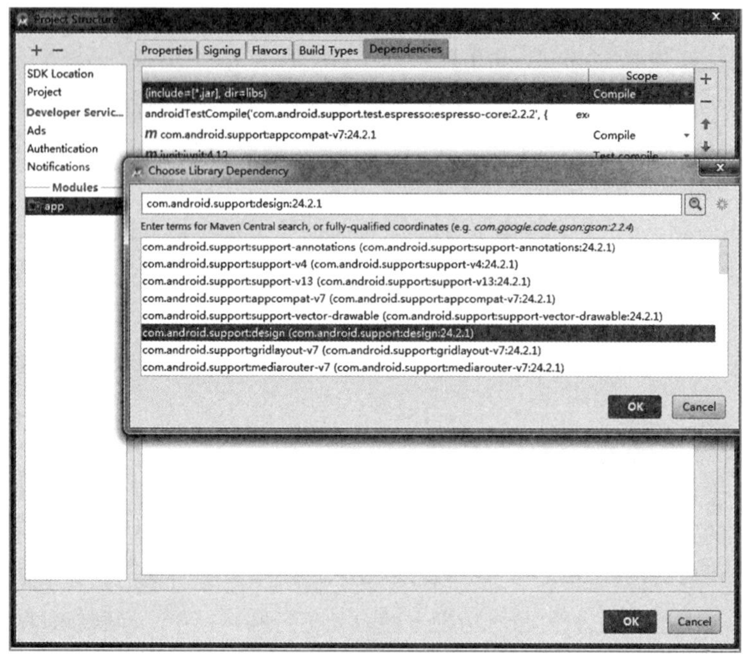

图 10-24　将 Support Design 库导入到当前项目中

（2）修改布局文件 activity_main.xml 的内容，具体代码如下：

```
<?xml version="1.0" encoding="utf-8"?>
<RelativeLayout xmlns:android="http://schemas.android.com/apk/res/android"
    android:id="@+id/activity_main"
    android:layout_width="match_parent"
    android:layout_height="match_parent"
    android:padding="6dp">

    <android.support.design.widget.CoordinatorLayout
        android:layout_width="match_parent"
        android:layout_height="match_parent">

        <Button
            android:id="@+id/btn_show_snackbar"
            android:layout_width="wrap_content"
            android:layout_height="wrap_content"
            android:text="弹出 SnackBar"
            android:textAllCaps="false"/>
    </android.support.design.widget.CoordinatorLayout>
</RelativeLayout>
```

上述 XML 代码中，将根元素指定为相对布局，其中添加了一个 Button 控件，单击按钮将弹出 SnackBar；此外，Button 的外面又嵌套了一层 <CoordinatorLayout> 标签，通过使用该控件可以实现 SnackBar 的向右滑动关闭的操作。

（3）布局编写完成后，接下来在 MainActivity 中实现处理逻辑，具体代码如下所示。

```
public class MainActivity extends AppCompatActivity {

    private Button btnShowSnackbar;

    @Override
    protected void onCreate(Bundle savedInstanceState) {
        super.onCreate(savedInstanceState);
        setContentView(R.layout.activity_main);

        btnShowSnackbar = (Button) findViewById(R.id.btn_show_snackbar);
        btnShowSnackbar.setOnClickListener(new View.OnClickListener() {
            @Override
            public void onClick(View view) {
                Snackbar.make(view, "Hi, I'm SnackBar!", Snackbar.LENGTH_SHORT).
                        setAction("Got it", new View.OnClickListener() {
                            @Override
                            public void onClick(View v) {
                                Toast.makeText(MainActivity.this, "Action performed",
                                        Toast.LENGTH_SHORT).show();
                            }
                        }).show();
            }
        });
    }
}
```

在上述代码中，当 Button 被单击时，将调用 onClick( ) 方法处理点击事件。在该方法中，首先调用 SnackBar 的 make( ) 方法来创建一个 SnackBar 对象，make( ) 方法接收三个参数：第一个参数需要传入一个 View，只要是当前布局中的任意一个 View 都可以，SnackBar 会使用这个 View 来自动查找最外层的布局，用于展示 SnackBar；第二个参数就是 SnackBar 中显示的内容；第三个参数用于设置 SnackBar 显示的时长。接着又调用了 setAction( ) 方法来设置一个动作，从而实现了 SnackBar 和用户之间的交互；最后调用 show( ) 方法将 SnackBar 显示出来。

运行程序，效果如图 10-25 所示。单击"弹出 SnackBar"按钮将会从屏幕底部弹出 SnackBar 控件，接下来如果不对其进行任何操作，一段时间后 SnackBar 将会自动消失；在 SnackBar 弹出以后，可以单击其右侧的 GOT IT 按钮从而显示 Toast 提示信息；此外，还可以向右滑动关闭这个 SnackBar。

图 10-25　SnackBar 运行效果

小结

本章主要介绍了 Android 中的动画、多媒体、传感器以及新版本特性等具体内容。这些知识属于 Android 程序设计中的高级部分，因此，一方面要求读者在学习本章之前必须首先熟练掌握前面讲解的基础知识；另一方面，通过本章的学习能够进一步地掌握更全面的 Android 开发技术，从而编写出界面更美观、功能更实用、体验更丰富的应用程序。

习题

1. 填空题

(1) 对图片添加缩放、平移等特效需要使用________。

(2) 在 Android 应用中，________适合播放按键音或者消息提示音等时间较短的音频。

(3) 手机摇一摇功能主要是利用________传感器实现的。

(4) Android Design Support 库中提供的________控件可以用于在屏幕底部快速的弹出提示消息，还可以设置一个动作实现与用户之间的交互。

2. 选择题

(1) (　　)动画通过顺序播放排列好的图片来实现动画效果，类似电影。

A. 补间　　　　B. 旋转

C. 透明度渐变　　　　D. 逐帧

(2) VideoView 控件可以与(　　)控件结合使用，该控件提供一个友好的图形控制界面来控制视频的播放。

A. MediaPlayer　　　　B. SurfaceView

C. MediaController　　　　D. SoundPool

(3) 在使用大多数智能手机接打电话时，如果手机距离头过近屏幕将会熄灭，这个功能是利用(　　)传感器来实现的。

A. 重力　　　　B. 光线

C. 温度　　　　D. 距离

(4) 利用(　　)控件可以很方便地实现条目的横向滚动、网格布局、瀑布流布局等效果，并且优化了 ListView 中存在的各种不足之处。

A. DrawerLayout　　　　B. NavigationView

C. RecyclerView　　　　D. SwipeRefreshLayout

3. 简答题

(1) 简述 Android 中的动画有哪几类，以及它们的特点和区别是什么。

(2) 简述在 Android 中使用传感器的一般步骤。

4. 编程题

(1) 使用方向传感器实现一个手机指南针应用。

(2) 编写一个符合 Material Design 设计规范的 Android 程序。

参考文献

[1] [美] MEIER R. Android 4 高级编程[M].3 版. 佘建伟,赵凯,译. 北京:清华大学出版社,2013.

[2] 郭霖. 第一行代码 Android [M].2 版. 北京:人民邮电出版社,2016.

[3] 传智播客高教产品研发部. Android 移动应用基础教程[M]. 北京:中国铁道出版社,2015.

[4] 明日科技. Android 从入门到精通[M]. 北京:清华大学出版社,2012.

[5] 李波,史江萍,李丰鹏,等. Android 5 从入门到精通[M]. 北京:清华大学出版社,2016.

[6] 罗文龙. Android 应用程序开发教程 Android Studio 版[M]. 北京:电子工业出版社,2016.

[7] 黑马程序员. Android 移动开发基础案例教程[M]. 北京:人民邮电出版社,2017.

[8] 胡敏,黄宏程,李冲. Android 移动应用设计与开发:基于 Android Studio 开发环境[M].2 版. 北京:人民邮电出版社,2017.

[9] [美] SMITH D, FRIESEN. Android 5.0 开发范例代码大全[M].4 版. 张永强,译. 北京:清华大学出版社,2015.

参考文献

[1] [美] MEIER R. Android 4 高级编程[M].3 版. 佘建伟,赵凯,译. 北京:清华大学出版社,2013.
[2] 郭霖. 第一行代码 Android [M].2 版. 北京:人民邮电出版社,2016.
[3] 传智播客高教产品研发部. Android 移动应用基础教程[M]. 北京:中国铁道出版社,2015.
[4] 明日科技. Android 从入门到精通[M]. 北京:清华大学出版社,2012.
[5] 李波,史江萍,李丰鹏,等. Android 5 从入门到精通[M]. 北京:清华大学出版社,2016.
[6] 罗文龙. Android 应用程序开发教程 Android Studio 版[M]. 北京:电子工业出版社,2016.
[7] 黑马程序员. Android 移动开发基础案例教程[M]. 北京:人民邮电出版社,2017.
[8] 胡敏,黄宏程,李冲. Android 移动应用设计与开发:基于 Android Studio 开发环境[M].2 版. 北京:人民邮电出版社,2017.
[9] [美] SMITH D, FRIESEN. Android 5.0 开发范例代码大全[M].4 版. 张永强,译. 北京:清华大学出版社,2015.